新世纪普通高等教育电子信息类课程规划教材

（第二版）
微型计算机原理及应用

主　编　李宝营

副主编　牛悦苓　祁建广　王裕如

主　审　王学俊

U0245001

微课

微课配套资源

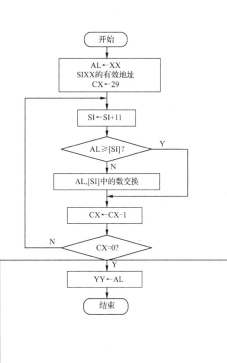

 大连理工大学出版社

图书在版编目(CIP)数据

微型计算机原理及应用 / 李宝营主编. -- 2 版. --
大连：大连理工大学出版社，2022.10
新世纪普通高等教育电子信息类课程规划教材
ISBN 978-7-5685-3547-2

Ⅰ. ①微… Ⅱ. ①李… Ⅲ. ①微型计算机－高等学校
－教材 Ⅳ. ①TP36

中国版本图书馆 CIP 数据核字(2022)第 013163 号

大连理工大学出版社出版

地址：大连市软件园路 80 号　邮政编码：116023
发行：0411-84708842　邮购：0411-84708943　传真：0411-84701466
E-mail:dutp@dutp.cn　URL:https://www.dutp.cn
辽宁星海彩色印刷有限公司印刷　　大连理工大学出版社发行

幅面尺寸:185mm×260mm　　印张:18.75　　字数:480 千字
2017 年 2 月第 1 版　　　　　　　　2022 年 10 月第 2 版
2022 年 10 月第 1 次印刷

责任编辑:王晓历　　　　　　　　　　责任校对:常　皓
封面设计:张　莹

ISBN 978-7-5685-3547-2　　　　　　　定　价:50.80 元

本书如有印装质量问题,请与我社发行部联系更换。

　　《微型计算机原理及应用》(第二版)是新世纪普通高等教育教材编审委员会组编的电气工程及其自动化类课程规划教材之一。

　　本教材是为电子信息类(非计算机专业)和其他理工类专业的基础课程微型计算机原理及应用的教学而编写的,目的是使学生掌握微型计算机的工作原理、汇编语言程序设计及接口应用。

　　计算机已经成为解决工程问题不可缺少的工具。随着工业自动化水平的不断提高,高等院校非电专业的毕业生所面临的大量任务中都涉及计算机原理及应用知识。工科院校非计算机专业的学生学习和掌握微型计算机原理及应用知识,已经成为几乎所有理工类专业培养计划的一个重要环节。编者结合多年来的教学实践与探索,并征求相关专业教师以及学生对微型计算机原理及应用教材的要求,从教和学的角度出发,编写了本教材。在编写本教材的过程中力求做到取材少而精,结构清晰,概念清楚,通俗易懂,系统性强。在透彻讲解基本概念、基本理论的基础上,从实际应用的角度出发,尽量列举应用实例,使读者加深对微型计算机原理及应用的理解,具有汇编语言编程和接口电路设计开发的初步应用能力,进而达到灵活运用的目的。

　　本教材共7章。第1章介绍了微型计算机基础:计算机中数的表示和编码,微型计算机的发展、应用及分类,微型计算机系统及工作过程;第2章阐述了8086微处理器:8086的结构、引脚及其功能、存储器组织及8086/8088的操作时序;第3章详细讲述了8086指令系统:8086指令的构成、编码格式、寻址方式和类型;第4章介绍了汇编语言程序设计:汇编语言程序格式、伪指令、BIOS中断调用和DOS系统功能调用,以及汇编语言程序设计基础;第5章介绍了半导体存储器:存储器概述、读/写存储器RAM、只读存储器ROM、存储器芯片的扩展及其与系统总线的连接;第6章介绍了输入/输出接口技术:输入/输出的基本方式、DMA控制器8237A,以及中断系统;第7章介绍了常用接口芯片:可编程并行接口芯片8255A、可编程定时/计数器8253、可编程串行通信接口芯片8251A。

　　本教材随文提供视频微课供学生即时扫描二维码进行观看,实现了教材的数字化、信息化、立体化,增强了学生学习的自主性与自由性,将课

新世纪

堂教学与课下学习紧密结合,力图为广大读者提供更为全面并且多样化的教材配套服务。

为响应教育部全面推进高等学校课程思政建设工作的要求,本教材融入思政目标元素,逐步培养学生正确的思政意识,树立肩负建设国家的重任,从而实现全员、全过程、全方位育人。指引学生树立爱国主义情感,立志成为社会主义事业建设者和接班人。

本教材由大连工业大学李宝营任主编;大连工业大学牛悦苓、祁建广、王裕如任副主编。具体编写分工如下:第1章、第2章由李宝营编写;第3章、第4章由牛悦苓编写;第5章、第6章由王裕如编写;第7章由祁建广编写。大连工业大学王学俊教授审阅了书稿,并提出了一些宝贵的建议,在此仅致谢忱。

在编写本教材的过程中,编者参考、引用和改编了国内外出版物中的相关资料以及网络资源,在此表示深深的谢意!相关著作权人看到本教材后,请与出版社联系,出版社将按照相关法律的规定支付稿酬。

尽管我们在教材特色的建设方面做了许多努力,但由于编者水平有限,教材中难免存在疏漏和不妥之处,恳请各教学单位和读者多提宝贵意见,以便下次修订时改进。

编 者

2022 年 10 月

所有意见和建议请发往:dutpbk@163.com

欢迎访问高教数字化服务平台:https://www.dutp.cn/hep/

联系电话:0411-84708462 84708445

Contents

目录

第1章

计算机中数的
表示和编码

微型计算机基础

计算机的产生和发展是 20 世纪重要的科技成果之一。随着微处理器制造技术的不断发展,计算机的结构越来越复杂,功能越来越强大,性能越来越优越,所涉及的内容越来越多,但是其基本原理没有根本性的变化,所以只要对计算机的基础知识有充分的理解,就能从容应对计算机日新月异的变化。以计算机为基础的互联网更需要有过硬的技术、丰富全面的信息服务、繁荣发展的互联网文化,以及良好的信息基础设施。建设互联网强国的战略部署要与"两个一百年"奋斗目标同步推进,向着基础设施基本普及、自主创新能力显著增强、信息经济全面发展、网络安全保障有力的目标不断前进。

本章主要介绍计算机中的数据表示和编码,微型计算机系统的发展、应用及分类,以及微型计算机系统的组成及工作原理等内容。要求熟悉和掌握微型计算机的数据表示与最基本计算机的结构及其工作原理,为后续内容的学习打下良好的基础。

1.1 计算机中数的表示和编码

计算机中的数是以器件的物理状态来表示的,这种器件物理状态与二进制数的 0、1 相对应,所以为了表示方便和可靠,在计算机中主要采用二进制数字系统进行信息的计算和处理加工。在计算机内,不论是指令还是数据,都采用了二进制编码形式,包括图形和声音等信息也必须转换成二进制数的形式,才能存入计算机中。因此必须首先掌握计算机中数的表示和编码。

1.1.1 计算机中的数制及其转换

计算机中的数据在使用上可分成数和码两类。数是客观事物的量（信息）在人脑中的反映，用来直接表示量的多少，有大小之分，能够进行加减等运算。码通常指代码或编码，在计算机中用来代表某个事物或描述某种信息。在计算机中，数和码仅在使用场合上有区别，用于表示不同性质的数据，而在使用形态上并没有区别。

1.数制的基本概念

（1）数的表示

人们在日常生活中最熟悉、最常用的数是十进制数，它采用 0～9 共 10 个数字符号及其进位来表示数的大小。0～9 这些数字符号称为数码。全部数码的个数称为基数，十进制数的基数为 10。用逢基数进位的原则进行计数，称为进位计数制，简称为数制。十进制数的基数是 10，所以其计数原则是逢十进一。进位以后的数码，按其所在位置的前后，将代表不同的数值，表示各位有不同的位权。十进制数个位的"1"，代表 1，即个位的位权是 1；十进制数十位的"1"，代表 10，即十位的位权是 10；十进制数百位的"1"，代表 100，即百位的位权是 100；以此类推。

位权与基数的关系是位权的值等于基数的若干次幂。例如，十进制数 2518.234 可以展开为下面的多项式：

$$2518.234 = 2 \times 10^3 + 5 \times 10^2 + 1 \times 10^1 + 8 \times 10^0 + 2 \times 10^{-1} + 3 \times 10^{-2} + 4 \times 10^{-3}$$

式中 10^3、10^2、10^1、10^0、10^{-1}、10^{-2}、10^{-3} 即各位的位权，每一位上的数码与该位权的乘积就是该位的数值。

任何一种数制表示的数都可以写成按位权展开的多项式之和，其一般形式为

$$N = d_{n-1}b^{n-1} + d_{n-2}b^{n-2} + d_{n-3}b^{n-3} + \cdots + d_{-m}b^{-m} \tag{1-1}$$

式中　n——整数部分的总位数；

　　　m——小数部分的总位数；

　　　d_i——第 i 位的数码；

　　　b——基数；

　　　b^i——第 i 位的位权。

　　　$(-m \leqslant i \leqslant n-1)$

（2）计算机中常用的数制

计算机内部的电子部件有两种工作状态，即电流的"通"与"断"（或电压的"高"与"低"）。因此计算机能够直接识别的只是二进制数，这就使得它所处理的数字、字符、图像、声音等信息，都是以 1 和 0 组成的二进制数的某种编码。由于二进制在表达一个数时，位数太长，不易识别，且容易出错，因此在书写计算机程序时，经常将它们写成对应的十六进制数或八进制数，也采用人们熟悉的十进制数表示。

在计算机内部可以根据实际情况的需要分别采用二进制数、八进制数、十进制数和十六进制数。计算机中常用数制的基数和数码以及进位关系见表 1-1。

表 1-1　　　　　　　　　　　　计算机中常用数制的基数和数码以及进位关系

数 制	基 数	数 码	进位关系
二进制	2	0,1	逢二进一
八进制	8	0,1,2,3,4,5,6,7	逢八进一
十进制	10	0,1,2,3,4,5,6,7,8,9	逢十进一
十六进制	16	0,1,2,3,4,5,6,7,8,9,A,B,C,D,E,F	逢十六进一

（3）计数制的书写规则

为了区分各种数制的数据,经常采用如下的方法进行书写表达。

①在数字后面加写相应的英文字母作为标志。例如,B（Binary）表示二进制数,二进制数的 100 可写成 100B;Q（Octonalry）表示八进制数,八进制数 100 可写成 100Q;D（Decimal）表示十进制数,十进制数的 100 可写成 100D,通常其后缀可以省略;H（Hexadecimal）表示十六进制数,十六进制数的 100 可写成 100H。

②在括号外面加数字下标。例如,$(1011)_2$ 表示二进制数的 1011;$(3157)_8$ 表示八进制数的 3157;$(2468)_{10}$ 表示十进制数的 2468;$(2DF2)_{16}$ 表示十六进制数的 2DF2。

2. 数制之间的转换

（1）十进制数转换为二进制数

一个十进制数通常由整数部分和小数部分组成,这两部分的转换规则是不相同的,在实际应用中,整数部分与小数部分要分别进行转换。

①十进制整数转换为二进制整数:采用基数 2 连续去除该十进制整数,直至商等于 0,然后逆序排列余数,就可以得到与该十进制整数相应的二进制整数各位的系数。这种方法称为"除基取余法"。

例 1-1　将十进制整数 $(105)_{10}$ 转换为二进制整数。

解　采用除 2 倒取余法,过程如下。

```
2 | 105
  2 | 52          余数为1
    2 | 26        余数为0
      2 | 13      余数为0
        2 | 6     余数为1
          2 | 3   余数为0
            2 | 1 余数为1
              0   余数为1
```

所以,$(105)_{10} = (1101001)_2$。

②十进制小数转换为二进制小数:连续用基数 2 去乘以该十进制小数,直至乘积的小数部分等于 0,然后顺序排列每次乘积的整数部分,就可以得到与该十进制小数相应的二进制小数各位的系数。这种方法称为"乘基取整法"。

例 1-2　将十进制小数 $(0.8125)_{10}$ 转换为二进制小数。

解　采用乘 2 顺取整法,过程如下。

$$0.8125 \times 2 = 1.625 \qquad \text{取整数位 } 1$$
$$0.625 \times 2 = 1.25 \qquad \text{取整数位 } 1$$
$$0.25 \times 2 = 0.5 \qquad \text{取整数位 } 0$$
$$0.5 \times 2 = 1 \qquad \text{取整数位 } 1$$

所以,$(0.8125)_{10} = (0.1101)_2$。

如果乘积的小数部分一直不为 0,则根据精度的要求截取一定的位数即可。

(2)十进制数转换为八进制数或十六进制数

同理,十进制数转换为八进制数或十六进制数时,可以参照十进制数转换为二进制数的对应方法来处理。

①十进制整数转换为八进制整数或十六进制整数:采用基数 8 或基数 16 连续去除该十进制整数,直至商等于 0,然后逆序排列余数,就可以得到与该十进制整数相应的八进制整数或十六进制整数各位的系数。

例 1-3 将十进制整数 $(1687)_{10}$ 转换为八进制整数。

解 采用除 8 倒取余法,过程如下。

$$
\begin{array}{rl}
8 \ \underline{|\ 1687} & \\
8 \ \underline{|\ 210} & \text{余数为7} \\
8 \ \underline{|\ 26} & \text{余数为2} \\
8 \ \underline{|\ 3} & \text{余数为2} \\
0 & \text{余数为3}
\end{array}
$$

所以,$(1687)_{10} = (3227)_8$。

例 1-4 将十进制整数 $(2347)_{10}$ 转换为十六进制整数。

解 采用除 16 倒取余法,过程如下。

$$
\begin{array}{rl}
16 \ \underline{|\ 2347} & \\
16 \ \underline{|\ 146} & \text{余数为11(十六进制数为B)} \\
16 \ \underline{|\ 9} & \text{余数为2} \\
0 & \text{余数为9}
\end{array}
$$

所以,$(2347)_{10} = (92B)_{16}$。

②十进制小数转换为八进制小数或十六进制小数:连续用基数 8 或基数 16 去乘以该十进制小数,直至乘积的小数部分等于 0,然后顺序排列每次乘积的整数部分,就可以得到与该十进制小数相应的八进制或十六进制小数各位的系数。

例 1-5 将十进制小数 $(0.9525)_{10}$ 转换为八进制小数。

解 采用乘 8 顺取整法,过程如下。

$$0.9525 \times 8 = 7.62 \qquad \text{取整数位 } 7$$
$$0.62 \times 8 = 4.96 \qquad \text{取整数位 } 4$$
$$0.96 \times 8 = 7.68 \qquad \text{取整数位 } 7$$
$$0.68 \times 8 = 5.44 \qquad \text{取整数位 } 5$$

取数据的计算精度为小数点后 4 位数,所以,$(0.9525)_{10} = (0.7475)_8 = 0.7475Q$。

例 1-6 将十进制小数$(0.5432)_{10}$转换为十六进制小数。

解 采用乘 16 顺取整法,过程如下。

$0.5432 \times 16 = 8.6912$ 取整数位 8

$0.6912 \times 16 = 11.0592$ 取整数位 11(十六进制数为 B)

$0.0592 \times 16 = 0.9472$ 取整数位 0

$0.9472 \times 16 = 15.1552$ 取整数位 15(十六进制数为 F)

取数据的计算精度为小数点后 4 位数,所以,$(0.5432)_{10} = (0.8B0F)_{16}$。

(3)二进制数、八进制数、十六进制数转换为十进制数

二进制数、八进制数、十六进制数转换为十进制数时,按照位权展开求和法就可以得到。

①二进制数转换为十进制数:用二进制数各位所对应的数 1(数为 0 时可以不必计算)乘以基数为 2 的相应位权,就可以得到与该二进制数相应的十进制数。

例 1-7 将二进制数$(1011001.101)_2$转换为十进制数。

解 采用位权展开求和法,过程如下。

$$(1011001.101)_2 = 1 \times 2^6 + 1 \times 2^4 + 1 \times 2^3 + 1 \times 2^0 + 1 \times 2^{-1} + 1 \times 2^{-3}$$
$$= 64 + 16 + 8 + 1 + 0.5 + 0.125$$
$$= (89.625)_{10}$$

②八进制数转换为十进制数:用八进制数各位所对应的数乘以基数为 8 的相应位权,就可以得到与该八进制数相应的十进制数。

例 1-8 将八进制数$(1456.62)_8$转换为十进制数。

解 采用位权展开求和法,过程如下。

$$(1456.62)_8 = 1 \times 8^3 + 4 \times 8^2 + 5 \times 8^1 + 6 \times 8^0 + 6 \times 8^{-1} + 2 \times 8^{-2}$$
$$= 512 + 256 + 40 + 6 + 0.75 + 0.03125$$
$$= (814.78125)_{10}$$

③十六进制数转换为十进制数:用十六进制数各位所对应的数来乘以基数为 16 的相应位权,就可以得到与该十六进制数相应的十进制数。

例 1-9 将十六进制数$(2D7.A)_{16}$转换为十进制数。

解 采用位权展开求和法,过程如下。

$$(2D7.A)_{16} = 2 \times 16^2 + 13 \times 16^1 + 7 \times 16^0 + 10 \times 16^{-1} = 512 + 208 + 7 + 0.625 = (727.625)_{10}$$

(4)二进制数与八进制数和十六进制数之间的转换

①二进制数与八进制数之间的转换:因为$8 = 2^3$,所以 1 位八进制数相当于 3 位二进制数,这样八进制数与二进制数之间的转换就很方便。从八进制数转换成二进制数时,只要将每位八进制数用 3 位二进制数表示即可。而由二进制数转换成八进制数时,先要从小数点开始分别向左或向右,将每 3 位二进制数分成 1 组,不足 3 位数的要补 0,然后将每 3 位二进制数用 1 位八进制数表示即可。八进制数转换为二进制数的方法是一分为三法。

八进制数: 0 1 2 3 4 5 6 7

二进制数: 000 001 010 011 100 101 110 111

例 1-10 将八进制数$(3257.461)_8$转换为二进制数。

解 采用一分为三法,过程如下。

3	2	5	7.	4	6	1
↓	↓	↓	↓	↓	↓	↓
011	010	101	111.	100	110	001

所以，$(3257.461)_8 = (11010101111.100110001)_2$。

二进制数转换为八进制数的方法是三合一法。整数部分自右向左每 3 位分成 1 组，不足 3 位时要补 0，每组对应 1 个八进制数。小数部分自左向右每 3 位分成 1 组，不足 3 位时要补 0，每组对应 1 个八进制数。

例 1-11　将二进制数 $(11010010110.10101101)_2$ 转换为八进制数。

解　采用三合一法，过程如下。

011	010	010	110.	101	011	010
↓	↓	↓	↓	↓	↓	↓
3	2	2	6.	5	3	2

所以，$(11010010110.10101101)_2 = (3226.532)_8$。

② 二进制数与十六进制数之间的转换。因为 $16 = 2^4$，所以 1 位十六进制数相当于 4 位二进制数。从十六进制数转换为二进制数时，只要将每位十六进制数用 4 位二进制数表示即可。十六进制数转换为二进制数的方法是一分为四法。

十六进制数：　　0　　1　　2　　3　　4　　5　　6　　7

对应二进制数：　0000 0001 0010 0011 0100 0101 0110 0111

十六进制数：　　8　　9　　A　　B　　C　　D　　E　　F

对应二进制数：　1000 1001 1010 1011 1100 1101 1110 1111

例 1-12　将十六进制数 $(32A8.C69)_{16}$ 转换为二进制数。

解　采用一分为四法，过程如下。

3	2	A	8.	C	6	9
↓	↓	↓	↓	↓	↓	↓
0011	0010	1010	1000.	1100	0110	1001

所以，$(32A8.C69)_{16} = (11001010101000.110001101001)_2$。

二进制数转换为十六进制数的方法是四合一法。整数部分自右向左每 4 位分成 1 组，不足 4 位时要补 0，每组对应 1 个十六进制数。小数部分自左向右每 4 位分成 1 组，不足 4 位时要补 0，每组对应 1 个十六进制数。

例 1-13　将二进制数 $(1110110010110.010101101)_2$ 转换为十六进制数。

解　采用四合一法，过程如下。

0001	1101	1001	0110.	0101	0110	1000
↓	↓	↓	↓	↓	↓	↓
1	D	9	6.	5	6	8

所以，$(1110110010110.010101101)_2 = (1D96.568)_{16}$。

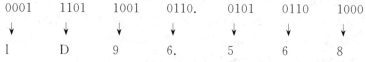

1.1.2　无符号二进制数的算术运算和逻辑运算

二进制数在表示上可以分为无符号数和带符号数两种。所谓无符号数，就是不考虑数的符号，数中的每一位 0 或 1 都是有效的或有意义的数据。

带符号数则不同于无符号数。在十进制数中,正数和负数分别用"+"和"−"来表示,但计算机不能直接识别这两种符号。因此在计算机中,表示二进制数的符号仍然用0和1,即在需要考虑数据符号的带符号数中,一个数的最高位的0和1表示的是该数的性质,即正数或负数,而不再是数据本身。带符号数的表示和运算在计算机中是非常重要的内容,将在1.4.3节中讨论。

1. 二进制数的算术运算

(1)加法运算

二进制数的加法运算遵循以下规则:0+0=0;0+1=1;1+0=1;1+1=0(有进位)。

例 1-14　计算 10110110B+01101100B=(?)B。

解

	被加数	1 0 1 1 0 1 1 0 B
	加数	0 1 1 0 1 1 0 0 B
+	进位	1 1 1 1 1 0 0 0 B
		1 0 0 1 0 0 0 1 0 B

即 10110110B+01101100B=100100010B。两个多位二进制数的加法运算是对应位相加,参加运算的二进制数为三目,即加数、被加数和低位来的进位。

(2)减法运算

二进制数的减法运算遵循以下规则:0−0=0;1−0=1;1−1=0;0−1=1(有借位)。

例 1-15　计算 11000100B−00100101B=(?)B。

解

	被减数	1 1 0 0 0 1 0 0 B
	减数	0 0 1 0 0 1 0 1 B
−	借位	0 1 1 1 1 1 1 0 B
		1 0 0 1 1 1 1 1 B

即 11000100B−00100101B=10011111B。两个多位二进制数的减法运算是对应位相减,参加运算的二进制数为三目,即被减数、减数和低位来的借位。

(3)乘法运算

二进制数的乘法运算遵循以下规则:0×0=0;0×1=0;1×0=0;1×1=1。即仅当两个1相乘时结果为1,否则结果为0。所以,二进制数的乘法是非常简单的。若乘数位为1,就将被乘数照抄于中间结果;若乘数位为0,则中间结果此位为0,只是在相加时要每次中间结果的最后一位与相应的乘数位对齐。

例 1-16　计算 1100B×1001B=(?)B。

解

$$
\begin{array}{r}
1\ 1\ 0\ 0\quad\text{B 被乘数} \\
\times\quad 1\ 0\ 0\ 1\quad\text{B 乘数} \\
\hline
1\ 1\ 0\ 0 \\
0\ 0\ 0\ 0 \\
0\ 0\ 0\ 0 \\
1\ 1\ 0\ 0 \\
\hline
1\ 1\ 0\ 1\ 1\ 0\ 0\quad\text{B}
\end{array}
$$

即 1100B×1001B=1101100B。二进制数的乘法运算可以转换为加法和移位运算。事实上，在计算机中乘法运算就是这样做的。每左移一位，相当于乘以 2，而左移 n 位，相当于乘以 2^n。

（4）除法运算

除法是乘法的逆运算，所以二进制数的除法运算可转换为减法和右移运算。每右移一位，相当于除以 2，而右移 n 位，就相当于除以 2^n。

2. 无符号二进制数的表示范围及溢出判断

（1）无符号二进制数的表示范围

一个 n 位无符号二进制数 X，其可表示数的范围为 $0 \leqslant X \leqslant 2^n - 1$。

例如，一个 8 位的二进制数，即 $n=8$，其表示范围为 $0 \sim 2^8 - 1$，即 00H～FFH。若运算结果超出数的可表示范围，则会产生溢出，得到不正确的结果。

例 1-17　计算 10110111B＋01001101B=(?)B。

解

$$
\begin{array}{r}
1\,0\,1\,1\,0\,1\,1\,1\ \text{B} \\
+\quad 0\,1\,0\,0\,1\,1\,0\,1\ \text{B} \\
\hline
1\,0\,0\,0\,0\,0\,1\,0\,0\ \text{B}
\end{array}
$$

由此可知，上面两个 8 位二进制数相加结果为 9 位，超出了 8 位数的可表示范围。若仅取 8 位字长 00000100B，结果显然错误，这种情况称为溢出。其实，$(10110111)_2 = (183)_{10}$，$(01001101)_2 = (77)_{10}$，则 $183 + 77 = 260$，大于 8 位二进制数所能表示的最大值 255，所以最高位的进位（代表 256）就给丢失了，这样最后的结果变成了 $260 - 256 = 4$，即 00000100B。

（2）无符号数二进制数的溢出判断

对两个无符号数二进制数的加减运算，若最高位有效位 D_i 向更高位有进位（或相减有借位），则产生溢出。两个 8 位无符号数相加，最高有效位向更高位有进位，结果就出现了溢出。对乘法运算，由于两个 8 位数相乘，乘积为 16 位，两个 16 位数相乘，乘积为 32 位，故乘法运算无溢出的问题。对除法运算，当除数过小时会产生溢出，此时将使系统产生一次溢出中断。

3. 二进制数的逻辑运算

算术运算是将一个数据作为一个整体来考虑的，而逻辑运算则是对数据的每一位按位进行操作，这意味着逻辑运算没有进位和借位。基本逻辑运算包括与运算、或运算、非运算、异或运算四种。逻辑运算可以用于修改目标操作数。

（1）与运算

与运算的操作是实现两个数按位相与，其运算符号为 $\wedge$。其运算规则为：$1 \wedge 1 = 1$；$1 \wedge 0 = 0$；$0 \wedge 1 = 0$；$0 \wedge 0 = 0$。即参加与运算的两位数只要有一位为 0，则结果为 0；当且仅当两位均为 1 时，其结果为 1。

例 1-18　计算 10110110B $\wedge$ 10010011B=(?)B。

解

$$
\begin{array}{r}
1\,0\,1\,1\,0\,1\,1\,0\ \text{B} \\
\wedge\quad 1\,0\,0\,1\,0\,0\,1\,1\ \text{B} \\
\hline
1\,0\,0\,1\,0\,0\,1\,0\ \text{B}
\end{array}
$$

即 10110110B $\wedge$ 10010011B=10010010B。

（2）或运算

或运算的操作是实现两个数按位相或，其运算符号为 $\vee$。其运算规则为：$1 \vee 1 = 1$；$1 \vee 0 = 1$；$0 \vee 1 = 1$；$0 \vee 0 = 0$。即参加或运算的两位数只要有一位为 1，则结果为 1；当且仅当两位均为 0

时,其结果为 0。

例 1-19 计算 11011011B∨10010110B＝(?)B。

解

$$
\begin{array}{r}
1\ 1\ 0\ 1\ 1\ 0\ 1\ 1\ \ B\\
\vee\ \ 1\ 0\ 0\ 1\ 0\ 1\ 1\ 0\ \ B\\
\hline
1\ 1\ 0\ 1\ 1\ 1\ 1\ 1\ \ B
\end{array}
$$

即 11011011B∨10010110B＝11011111B。

（3）非运算

非运算的操作为将一个数的每一位按位取反,即 1 的非为 0,0 的非为 1,其运算符号为￣。其运算规则为:$\overline{1}=0,\overline{0}=1$。

例 1-20 计算 $\overline{11011001B}$＝(?)B。

解 只要对 11011001B 按位取反即可。即 $\overline{11011001B}$＝00100110B。

（4）异或运算

异或运算的操作是实现两个数按位相异或。两位相同,则结果为 0;两位相异,则结果为 1。其运算符号为⊕。其运算规则为:0⊕0＝0;1⊕1＝0;0⊕1＝1;1⊕0＝1。

例 1-21 计算 11010011B⊕10100110B＝(?)B。

解

$$
\begin{array}{r}
1\ 1\ 0\ 1\ 0\ 0\ 1\ 1\ \ B\\
\oplus\ \ 1\ 0\ 1\ 0\ 0\ 1\ 1\ 0\ \ B\\
\hline
0\ 1\ 1\ 1\ 0\ 1\ 0\ 1\ \ B
\end{array}
$$

即 11010011B⊕10100110B＝01110101B。

1.1.3 计算机中数值数据的表示

1. 机器数及真值

在计算机中,使用的是二进制数。计算机只认识二进制数,并且无论正数和负数,机器均看成二进制数,它是不管正负的,也不知道哪个是正数哪个是负数。但实际上,数显然有正有负,这样的数为符号数。那么如何使机器也会像人们那样实现带符号数的运算呢? 这就是带符号数的表示问题:通常人为约定把一个数的最高有效位作为符号位,其余位为数值位,最高位为"0"代表正数、为"1"代表负数。这种把一个数及其符号在机器中的表示加以数值化的数称为机器数。机器数所代表的数的原值称为该机器数的真值。

在计算机内部表示二进制数的这种方法通常称为数位编码。要全面完整地表示一个机器数,应考虑机器数的范围、机器数的符号和机器数中小数点的位置三个因素。

（1）机器数的范围

通常机器数的范围由计算机的硬件决定。当计算机使用 8 位寄存器时,字长为 8 位,所以一个无符号整数的最大值是 11111111B＝255,此时机器数的范围是 0～255。当计算机使用 16 位寄存器时,字长为 16 位,所以一个无符号整数的最大值是 1111111111111111B＝FFFFH＝65535,此时机器数的范围是 0～65535。

（2）机器数的符号

在算术运算中,数据是有正有负的,这类数据称为带符号数。为了在计算机中正确地表示带符号数,通常规定每个字长的最高位为符号位,并用 0 表示正数,用 1 表示负数。机器字长为 8 位二进制数时,D_7 为符号位;机器字长为 16 位二进制数时,D_{15} 为符号位。把符号数字化并和数值位一起编码的方法,很好地解决了带符号数的表示方法及其计算问题。

(3)机器数中小数点的位置

在计算机中,小数点的位置通常有两种规定:一种规定小数点的位置固定不变,这种机器数称为定点数;另一种规定小数点的位置可以浮动,这种机器数称为浮点数。

2. 带符号数的原码、反码和补码

为了运算方便,实现变减法运算为加法运算,在二进制数中,带符号数有原码、反码、补码三种表示方法。

(1)原码

正数的符号位用 0 表示,负数的符号位用 1 表示,其余各位为数值位,这样表示的机器数称为原码。

当机器字长为 8 位二进制数时:$X = +1011011B$,$[X]_{原码} = 01011011B$;$Y = -1011011B$,$[Y]_{原码} = 11011011B$;$[+1]_{原码} = 00000001B$,$[-1]_{原码} = 10000001B$;$[+127]_{原码} = 01111111B$,$[-127]_{原码} = 11111111B$。

在二进制数的原码表示中,0 的表示有正负之分:$[+0]_{原码} = 00000000B$;$[-0]_{原码} = 10000000B$。

原码表示的整数范围是 $-(2^{n-1}-1) \sim +(2^{n-1}-1)$,其中 n 为机器字长。8 位二进制原码表示的整数范围是 $-127 \sim +127$;16 位二进制原码表示的整数范围是 $-32767 \sim +32767$。

两个符号相异但绝对值相同的数的原码,除了符号位以外,其他位的表示都是一样的。数的原码表示简单直观,而且与其真值转换方便。但是,如果有两个符号相异的数要进行相加或两个同符号数相减,就要进行减法运算。减法运算会产生借位的问题,很不方便。为了将加法运算和减法运算统一起来用加法运算,以加快运算速度,就引进了数的反码和补码表示方法。

(2)反码

对于一个带符号数来说,正数的反码与其原码相同,负数的反码为原码除符号位以外的各个位数按位取反。

例 1-22　若 $X = +1011011B$,则 $[X]_{原码} = 01011011B$,$[X]_{反码} = 01011011B$;若 $Y = -1011011B$,则 $[Y]_{原码} = 11011011B$,$[Y]_{反码} = 10100100B$。

$[+1]_{原码} = 00000001B$,$[-1]_{反码} = 11111110B$;$[+127]_{反码} = 01111111B$,$[-127]_{反码} = 10000000B$。

可以看出,负数的反码与负数的原码有很大的区别,反码通常用作求补码过程中的中间形式。反码表示的整数范围与原码相同。

在二进制数的反码表示中,0 的表示有正负之分:$[+0]_{反码} = [+0]_{原码} = 00000000B$;$[-0]_{反码} = 11111111B$。

(3)补码

正数的补码与其原码相同,负数的补码为其反码在最低位加 1,所以正数不存在求补码的问题。负数的补码与其正数原码互为补充而得到一个进位数(模),所以称其为补码。

例如,$[-3]_{补码} + [+3]_{原码} = 11111101B + 00000011B = 100000000B$(模)。这里的模是指一个计数系统的量程或者是此计数系统所能表示的最大的数,它是自然丢失的。

补码是根据同余的概念得出的。例如以钟表来说明一下,若标准时间为 6 点,而现有一只表为 10 点,要拨到 6 点可以有两种方法:一种是倒拨 4 小时,即 10 点减去 4 点等于 6 点;另一种是顺拨 8 小时,即 10 点加上 8 点等于 6 点(模 12 自然丢失)。在这里 10 点减去 4 点和 10 点加上 8 点是相同的,它们对模 12 为相同余数,即 $+8$ 和 -4 对模 12 互为补数。

求一个负数的补码有三种方法:第一种方法是用负数的反码加 1,如 $[-2]_{补码} = [-2]_{反码} +$

1B＝11111101B＋1B＝11111110B＝FEH；第二种方法是用其正数原码按位取反后再加 1，如 $[-2]_{补码}＝[+2]_{原码}$ 按位取反＋1B＝11111101B＋1B＝11111110B＝FEH；第三种方法是模减去其正数原码，如 $[-2]_{补码}＝$ 100000000B－$[+2]_{原码}＝$100000000B－00000010B＝11111110B＝FEH。

例 1-23 若 $X＝+1011011B$，则 $[X]_{原码}＝[X]_{反码}＝01011011B$，$[X]_{补码}＝01011011B$；若 $Y＝-1011011B$，则 $[Y]_{原码}＝11011011B$，$[Y]_{反码}＝10100100B$，$[Y]_{补码}＝10100101B$。

$[+1]_{补码}＝00000001B$，$[-1]_{补码}＝11111111B$；$[+127]_{补码}＝01111111B$，$[-127]_{补码}＝10000001B$。

在二进制数的补码表示中，0 的表示是唯一的，即 $[+0]_{补码}＝[-0]_补＝00000000B$。8 位二进制补码中有一个特殊数——10000000B，此数定义为 $[-128]_{补码}$，本身为进位数（符号位刚好占据数值位）。

引入补码以后，加法和减法运算都可以统一用加法运算来实现，符号位也被当作数值参与处理。在很多计算机系统中都采用补码来表示带符号数。

由于计算机中存储数据的字节数是有限制的，所以能存储的带符号数也有一定的范围。补码表示的整数范围是 $-2^{n-1}\sim+(2^{n-1}-1)$，其中 n 为机器字长。8 位二进制补码表示的整数范围是 $-128\sim+127$；16 位二进制补码表示的整数范围是 $-32768\sim+32767$。当运算结果超出这个范围时，就不能正确表示数了，此时称为溢出。

对于 8 位二进制数，其原码、反码、补码的对应关系见表 1-2。

表 1-2   8 位二进制数的原码、反码、补码的对应关系

二进制数	无符号数	带符号数		
		原 码	反 码	补 码
00000000B	0	+0	+0	+0，-0
00000001B	1	+1	+1	+1
...	...	...	...	...
01111111B	127	+127	+127	+127
10000000B	128	-0	-127	-128
...	...	...	...	...
11111110B	254	-126	-1	-2
11111111B	255	-127	-0	-1

（4）补码与真值之间的转换

给定机器数的真值可以通过补码的定义来完成真值到补码的转换。若已知某数的补码求其真值，则可以采用以下的方法来计算：正数补码的真值等于补码的本身；负数补码转换为其真值时，将负数补码按位取反后末位加 1，即可得到该负数补码对应的真值的绝对值。

例 1-24 $[X]_{补码}＝01011001B$，求其真值 X。$[Y]_{补码}＝11011001B$，求其真值 Y。

解 由于 $[X]_{补码}$ 代表的数是正数，则其真值 $X＝+1011001B$。由于 $[Y]_{补码}$ 代表的数是负数，则其真值 $Y＝-(1011001B$ 按位取反＋1B$)＝-(0100110B＋1B)＝-0100111B$。

（5）补码的运算

补码的功能：一是可以将减法运算转换成加法运算，使计算机可以省去减法器，简化计算机硬件；二是把符号位当数值一样运算，使计算机能进行带符号数的运算。两个 n 位二进制数 X 和 Y 的补码运算有如下规则：

① X 与 Y 的和的补码等于补码之和，即 $[X+Y]_补＝[X]_补＋[Y]_补$。

②X 与 Y 的差的补码等于补码之差,即 $[X-Y]_补 = [X]_补 - [Y]_补$。

③X 与 Y 的差的补码也等于第一个数的补码与第二个数的负数(相反数)的补码之和,$[X-Y]_补 = [X]_补 + [-Y]_补$,根据此规则可以使计算机用加法实现减法运算。

(6)补码运算溢出判断

①进位与溢出:进位是指运算结果的最高位向更高位的进位,用来判断无符号数运算结果是否超出了计算机所能表示的最大无符号数的范围。用 CF 表征无符号数的进位,即当有最高位向更高位的进位时,CF=1,否则 CF=0。溢出是指带符号数的补码运算溢出,用来判断带符号数补码运算结果是否超出了补码所能表示的范围。溢出实质上是指运算结果出现数值位长度超出了目标单元长度,产生数值位占据符号位,使数据位丢失的情况。

②溢出的判断方法:两个二进制带符号数进行补码运算时,溢出的判断在计算机中采用的方法是双高位判断法。双高位判断法就是通过符号位和数值部分最高位的进位状态来判断结果是否溢出。

首先取补码运算结果的符号位的进位状态和数值部分的最高位的进位状态,并分别称其为 C_S 和 C_P。C_S 表征符号位的进位,C_P 表征数值部分的最高位的进位。即当最高位(符号位)有进位时,C_S=1,否则 C_S=0;当次高位有进位时,C_P=1,否则 C_P=0。根据这两个附加的符号,可得补码运算溢出的双高位判断法。在两数进行二进制补码加(或减)法过程中,若出现最高位和次高位之一有进位(减法为有借位),则有溢出发生;反之则无溢出发生。若取 OF 为溢出标志位,则有 $OF = C_S \oplus C_P$,OF=1 为溢出,OF=0 为无溢出发生。

例 1-25 设有两个操作数 $X = 01000100B$,$Y = 01001000B$,将这两个操作数送运算器作加法运算。试问:若为无符号数,计算结果是否正确?若为带符号补码,计算结果是否溢出?

解

	无符号数	带符号数
01000100B	68	$[+68]_补$
+ 01001000B	+ 72	+ $[+72]_补$
10001100B	140	$[+140]_补$

若为无符号数,由于 CF=0,则结果未超出 8 位无符号数能表示的数值范围(0~255),计算结果 10001100B 为无符号数,真值为 140,计算结果正确。若为带符号补码,由于 OF=1,结果溢出,结果超出 8 位带符号补码所能表示的范围(-128~+127)。

3. 定点表示和浮点表示

计算机中小数点的表示有定点表示和浮点表示两种。定点表示就是小数点在数中的位置是固定不变的;而浮点表示则是小数点的位置是浮动的。

(1)定点表示

由于定点位置不同,一般又分为两种情况。对于整数,小数点约定在最低位的右边,称为定点整数;对于纯小数,小数点约定在符号位之后,称为定点小数。如图 1-1 所示为 32 位定点数格式,其中 S 表示符号。如图 1-1(a)所示为小数点定在最低位的右边,表示此数是一个整数;如图 1-1(b)所示为小数点定在最高位的右边,表示此数为纯小数。

(2)浮点表示

如果要处理的数既有整数部分,又有小数部分,则采用定点数会遇到麻烦。为此可以采用浮点数,即小数点的位置不固定。浮点数用二进制表示方法与定点数有很大的不同,IEEE 国际标准的浮点数格式由 3 部分组成,包括符号 S、阶码(指数)和尾数(小数)。IEEE 国际标准中有两种浮点数,分别为单精度浮点数(4 个字节的浮点数)和双精度浮点数(8 个字节的浮点数),其格式如图 1-2 所示。

如图 1-2(a)所示为单精度浮点数格式,包括 1 位符号、8 位阶码和 23 位尾数。尾数可以用原码、补码或反码表示,为了使数有统一的表示,规定尾数的最高位为 1,称为规格化数。实际上尾数为 24 位,包含一个默认位(隐藏),存储 23 位即可表示 24 位,默认位是规格化数的第一位。规格化一个数时,调整其值大于或等于 1 且小于 2。例如,十进制数 12 转换为二进制数 1100B,规格化后结果为 1.1×2^3,其中整数 1 不存储在 23 位尾数部分内,为默认位。阶码(指数)以移码表示,对单精度浮点数格式偏移量为 7FH(127),对双精度浮点数格式偏移量为 3FFH(1023)。存储阶码前,偏移量要先加到阶码上。对于十进制数 12 来讲,在单精度浮点数格式中,移码后的阶码表示为 127+3 即 130(82H)。表 1-3 给出了几个单精度浮点数表示实例。

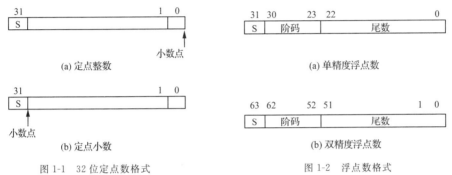

(a) 定点整数

(b) 定点小数

图 1-1 32 位定点数格式

(a) 单精度浮点数

(b) 双精度浮点数

图 1-2 浮点数格式

表 1-3   单精度浮点数表示实例

十进制数	二进制数	非规格化数	符 号	阶 码	尾 数
12	1100B	$1.1B \times 2^3$	0	10000010B(82H)	10000000000000000000000B
−12	1100B	$−1.1B \times 2^3$	1	10000010B(82H)	10000000000000000000000B
+100	1100100B	$1.1001B \times 2^6$	0	10000101B(85H)	10010000000000000000000B
−1.75	1.11B	$−1.11B \times 2^0$	1	01111111B(7FH)	11000000000000000000000B

表 1-4 中,十进制数 12 的二进制数为 1100B,非规格化数为 $1.1B \times 2^3$,符号为 0。

例 1-26 将数 112 转换成单精度浮点数。

解 112=01110000B,非规格化数为 $1.11B \times 2^6$,符号为 0,阶码为 127+6=133(85H)=10000101B,尾数为 11000000000000000000000B。

1.1.4 计算机中信息的编码

计算机除了用于数值计算之外,还要进行大量的十进制数、字符信息和汉字信息等处理,也就是要对表达各种信息的符号进行加工。例如,计算机和外设的键盘、显示器、打印机之间的通信都是采用字符方式输入和输出的。信息编码可分为十进制数的二进制编码(BCD 码)、字符信息和汉字编码。

1.十进制数的二进制编码

十进制数的二进制编码也称为 BCD(Binary Coded Decimal)码,就是采用二进制编码表示十进制数,使其成为二-十进制码。二-十进制编码的方法很多,有 8421 码、2421 码、5211 码、余 3 码等。其中最常用的是 8421 码,其编码方案是用 4 位二进制数表示 1 位十进制数,自左至右每一位对应的位权是8、4、2、1。

应该指出的是,4位二进制数有0000~1111共16种状态,而十进制数0~9只取0000~1001的10种状态,其余6种不用。通常BCD码有两种形式,即8421压缩BCD码和8421非压缩BCD码。

(1)8421压缩BCD码

8421压缩BCD码的每一位数采用4位二进制数来表示,即1个字节表示2位十进制数。例如,二进制数10001001B采用8421压缩BCD码表示为十进制数89。再例如,十进制数1234.5对应的8421压缩BCD码是0001001000110100.0101B。

8421压缩BCD码编码见表1-4。

表1-4   8421压缩BCD码编码

十进制数	8421压缩BCD码	十进制数	8421压缩BCD码
0	0000B	8	1000B
1	0001B	9	1001B
2	0010B	10	00010000B
3	0011B	11	00010001B
4	0100B	12	00010010B
5	0101B	13	00010011B
6	0110B	14	00010100B
7	0111B	15	00010101B

(2)8421非压缩BCD码

8421非压缩BCD码的每一位数采用8位二进制数来表示,即1个字节表示1位十进制数。而且只用每个字节的低4位来表示0~9,高4位为0。例如,十进制数89采用8421非压缩BCD码表示为二进制数是0000100000001001B。

2.美国信息交换标准编码(ASCII码)

字符在计算机里也必须用二进制数来表示,但是这种二进制数是按照特定规则编码表示的。计算机为了识别和区分这些符号,采用若干个位组成的二进制数去代表一个符号,一个二进制数只能与一个符号唯一对应,即符号集内所有的二进制数不能相同。二进制数的位数自然取决于符号集的规模。例如:128个符号的符号集,需要7位二进制数;256个符号的符号集,需要8位二进制数。这就是所谓的字符编码,由此可以看出计算机解决任何问题都是建立在编码技术上的。

在微型计算机中表示字符的常用码制是ASCII码,它是美国信息交换标准编码(American Standard Code for Information Interchange)的简称,用于给各种字符编码,包括大小写英文字母、数字、专用字符、控制字符等,多用于输入/输出设备上。它能用6位、7位或8位二进制数对字符编码。7位ASCII码可以表示128种字符,包括52个大小写英文字母、10个数字0~9和控制符号。7位ASCII码编码见表1-5。

表 1-5　　　　　　　　　　　　7 位 ASCII 码编码

低 4 位编码		高 3 位编码							
		0	1	2	3	4	5	6	7
		000	001	010	011	100	101	110	111
0	0000	NUL	DLE	SP	0	@	P	、	p
1	0001	SOH	DC1	!	1	A	Q	a	q
2	0010	STX	DC2	"	2	B	R	b	r
3	0011	ETX	DC3	#	3	C	S	c	s
4	0100	EOT	DC4	$	4	D	T	d	t
5	0101	ENQ	NAK	%	5	E	U	e	u
6	0110	ACK	SYN	&.	6	F	V	f	v
7	0111	BEL	ETB	'	7	G	W	g	w
8	1000	BS	CAN	(	8	H	X	h	x
9	1001	HT	EM	)	9	I	Y	i	y
A	1010	LF	SUB	*	:	J	Z	j	z
B	1011	VT	ESC	+	;	K	[	k	{
C	1100	FF	FS	,	<	L	\	l	|
D	1101	CR	GS	—	=	M	]	m	}
E	1110	SO	RS	.	>	N		n	~
F	1111	SI	US	/	?	O	_	o	DEL

　　在计算机中用 1 个字节来表示 1 个 ASCII 码字符,最高位置为 0。例如,字母 A 的 ASCII 码为 01000001B(41H);数字 9 的 ASCII 码为 00111001B(39H)等。8 位 ASCII 码是在 7 位 ASCII 码的基础上加一个奇偶校验位而构成的,也就是把最高位作为奇偶校验位,形成了 ASCII 码的奇偶校验码。奇偶校验码又分为奇校验码和偶校验码两种。通过将奇偶校验位置 0 或置 1,使每组二进制编码中 1 的个数为奇数时,则形成奇校验码;当 1 的个数为偶数时,则形成偶校验码。奇校验时,每个编码的二进制形式中应有奇数个 1;偶校验时,每个编码的二进制形式中应有偶数个 1。奇偶校验码中,校验位只用来使每组二进制编码中 1 的个数具有奇偶性,检验编码在存储和传送过程中是否发生错误,并无其他信息内容,在信息处理中通常应将该位屏蔽掉。奇偶校验码常用于数据传送中,用来检测被传送的一组代码是否出错。

　　之后 IBM 公司将 ASCII 码的位数增加了一位,用 8 位二进制数构成一个字符编码,共有 256 个符号。扩展后的 ASCII 码,除了原先的 128 个字符外,又增加了一些常用的科学符号和表格线条。

　　表中用英文字母缩写表示的"控制字符"在计算机系统中起各种控制作用,它们在表中占前两列,加上"SP"和"DEL",共 34 个。其余的是 10 个阿拉伯数字、52 个英文大小写字母、32 个专用符号等"图形字符",可以显示或打印出来,共 94 个。"控制字符"的含义见表 1-6。

表 1-6　　　　　　　　　　　　　　　　表 1-6 中控制字符的含义

NUL	空白	FF	换页	CAN	作废
SOH	标题开始	CR	回车	EM	载终
STX	正文开始	SO	移位输出	SUB	取代
ETX	本文结束	SI	移位输入	ESC	换码
EOT	传送结束	DLE	数据链换码	FS	文件分隔符
ENQ	询问	DC1	设备控制 1	GS	组分隔符
ACK	应答	DC2	设备控制 2	RS	记录分隔符
BEL	响铃	DC3	设备控制 3	US	单元分隔符
BS	退格	DC4	设备控制 4	SP	空格
HT	横向列表	NAK	未应答	DEL	删除
LF	换行	SYN	空转同步		
VT	纵向列表	ETB	信息组传送结束		

3. 汉字编码

计算机的应用应该具有汉字信息处理能力,对于这样的计算机系统,除了配备必要的汉字设备和接口外,还应该装配有支持汉字信息输入、输出及其处理的操作系统。汉字信息的输入、输出及其处理要比西文困难得多,原因是汉字的编码和处理非常复杂。

计算机处理汉字信息的前提条件是对每个汉字进行编码,这些编码统称为汉字编码。在汉字信息处理系统中,对于不同部位,存在着多种不同的编码方式。例如,从键盘输入汉字使用的汉字编码就与计算机内部对汉字信息进行存储、传送、加工所使用的编码不同,但它们都是为系统各相关部分标识汉字使用的。系统工作时,汉字信息在系统的各部分之间传送,它到达某个部分就要用该部分所规定的汉字编码表示汉字。因此,汉字信息在系统内传送的过程就是汉字编码转换的过程。这些编码构成该系统的编码体系,汉字编码的转换和处理是由相应的程序来完成的。

汉字编码的类型有四种:汉字输入码、汉字交换码、汉字机内码和汉字字形码。

(1)汉字输入码

汉字输入码是为用户由计算机外部输入汉字而编制的汉字编码,又称为外部码,每个汉字对应一个汉字输入码。汉字输入码位于人机界面上,面向用户,所以它的编码原则应该是简单易记、操作方便、有利于提高输入速度。目前使用较多的有以下四类:

①顺序码

将汉字按一定顺序排好,然后逐个赋予一个号码作为该汉字的编码。这种编码方法简单,但由于汉字的特征没有联系,所以很难记忆。例如区位码、电报码等。

②音码

根据汉字的语言进行编码。只要有汉语拼音的基础就会掌握,这种编码的最大弱点是对于那些不知道读音的字无法输入。例如拼音码、自然码等。

③形码

根据汉字的字形进行编码。一个汉字只要能写出来,即使不会读,也能得到它的编码。例如五笔字型、大众码等。

④音形码

根据汉字的读音和字形进行编码。它的编码规则既与音素有关,又与形素有关。即取音码实施简单、易于接受的优点和形码形象、直观之所长,从而获得了较好的输入效果。例如双拼码、五十字元等。

(2)汉字交换码

汉字交换码是汉字信息处理系统之间或通信系统之间传输信息时,对每个汉字所规定的统一编码。汉字交换码是《信息交换用汉字编码字符集 基本集》(GB 2312-1980)中规定的汉字编码,又称国标码,主要用于计算机之间或计算机与终端之间交换信息。

(3)汉字机内码

汉字机内码是汉字处理系统内部存储、处理汉字而使用的编码,简称为内部码。汉字机内码通常反映了汉字在字库中的位置。在设计汉字机内码时,应考虑以下基本原则:编码空间应该足够大;中西文兼容性要好;具有较好的定义完备性;编码要简单,系统应该容易实现;同时应与 GB 2312-1980 中规定的汉字编码字符集有简明的一一对应关系。

(4)汉字字形码

汉字字形码是表示汉字字形信息的编码。目前汉字信息处理系统中大多以点阵方式形成汉字,所以汉字字形码就是确定一个汉字字形点阵的编码。全点阵字形中的每一个点用一个二进制位来表示,随着字形点阵的不同,它们所需要的二进制位数也不同。例如 24×24 的字形点阵,每个字需要 72 个字节;32×32 的字形点阵,每个字需要 128 个字节。与每个汉字对应的这一串字节,就是汉字字形码。

实际上,汉字处理过程就是这些编码的转换过程,可以把汉字信息处理系统抽象为一个简单的模型,如图 1-3 所示。

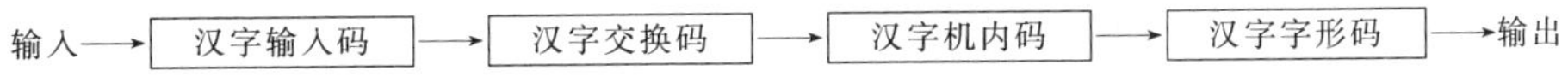

输入 ——→ 汉字输入码 ——→ 汉字交换码 ——→ 汉字机内码 ——→ 汉字字形码 ——→ 输出

图 1-3 汉字信息处理系统

为了将汉字的编码与 ASCII 码相区别,在计算机中汉字是以汉字机内码形式存储和传输的。一种计算机常用若干种汉字输入法,但汉字机内码是统一的,通常就是用汉字交换码的两个字节的最高位都置 1 形成的。例如,汉字"啊"的汉字交换码为 00110000B、00100001B,则它的汉字机内码为 10110000B、10100001B,即 B0H、A0H。

1.2 微型计算机的发展、应用及分类

计算机日益迅猛的发展对人类社会的进步带来了巨大的推动作用并产生了深刻的影响。最初计算机只是作为一种现代化的计算工具,随着计算机技术突飞猛进,尤其是微型计算机的出现为计算机的广泛应用开拓了极其广阔的前景,它已渗透到国民经济的各个领域和人民生活的各个方面,掌握计算机的基本知识和应用技术已经成为人们的迫切需要和参与社会竞争的必备条件,计算机的应用能力已成为当今衡量个人素质高低的重要标志。

1.2.1 微型计算机的发展

电子数字计算机是一种由各种电子器件组成的能高速自动地进行算术和逻辑运算以及信息处理的电子设备,它的出现标志着人类文明进入了一个崭新的历史阶段。所谓微型计算机,

是指把以大规模、超大规模为主要部件的微处理器作为核心,配以存储器、输入/输出接口及系统总线所制造出的计算机系统。

微处理器诞生于 20 世纪 70 年代初,是大规模集成电路发展的产物。大规模集成电路作为计算机的主要功能部件出现,为计算机的微型化打下了良好的物质基础。微型计算机的发展是与微处理器的发展对应的,将传统计算机的运算器和控制器集成在一块大规模集成电路芯片上作为中央处理部件,简称为微处理器(Microprocessor)。微型计算机是以微处理器为核心,再配上存储器、输入/输出接口等芯片构成的。

自从微处理器和微型计算机问世以来,按照计算机中央处理器 CPU(Central Processing Unit)、字长和功能划分,它经历了五代的演变。

1. 第一代(1971—1973 年):4 位和 8 位微处理器

第一代微处理器的代表产品是美国 Intel 公司的 4004 微处理器和由它组成的 MCS-4 微型计算机,以及随后的改进产品 8008 微处理器和由它组成的 MCS-8 微型计算机。Intel 公司于 1971 年顺利开发出全球第一块微处理器 4004,它采用 PMOS 工艺,集成了 2300 多个晶体管,主频为 108 kHz,寻址空间为 640 B,指令系统比较简单。主要用于处理算术运算、家用电器以及简单的控制等。

2. 第二代(1974—1977 年):8 位中高档微处理器

第二代微处理器以 Intel 公司的 8080 为代表。Intel 公司在 1974 年推出了新一代 8 位微处理器 8080,它采用 NMOS 工艺,集成了 6000 个晶体管,主频为 2 MHz,指令系统比较完善,寻址能力有所增强,运算速度提高了一个数量级。主要用于教学和试验、工业控制、智能仪器等。

3. 第三代(1978—1980 年):16 位微处理器

第三代微处理器以 Intel 公司的 8086 为代表。Intel 公司于 1978 年推出了 16 位的微处理器 8086,它采用 HMOS 工艺,各方面的性能指标比第二代又提高了一个数量级,它的出现成为 20 世纪 70 年代微处理器发展过程中的重要分水岭。8086 是真正的 16 位微处理器,其芯片内部集成了 29000 个晶体管,主频达 5 MHz/8 MHz/10 MHz,寻址空间达到 1 MB。其间,Intel 公司又推出了 8086 的一个简化版本 8088,它的主频为 4.77 MHz,它将 8 位数据总线独立出来,减少了引脚,成本也比较低。1979 年,IBM 公司采用了 Intel 公司的 8086 与 8088 微处理器作为个人计算机 IBM PC 的 CPU,个人计算机 PC 时代从此诞生。

Intel 公司的 8086 与 8088 微处理器为硬件平台配备了比较完备的操作系统和相对丰富的应用软件,使得以 Intel 16 位微处理器 8086 为平台的 PC 成为第一代微处理器的典型代表。

1982 年 2 月,Intel 公司推出了超级 16 位微处理器 80286,它集成了 13 万多个晶体管,主频达 20 MHz,各方面的性能有了很大的提高,它的 24 位地址总线可以寻址 16 MB 地址空间,还可以访问 1 GB 的虚拟地址空间,能够实现多任务并行处理。

4. 第四代(1981—1992 年):32 位微处理器

第四代微处理器的代表产品是 Intel 80386 微处理器。它是在 1985 年 10 月推出的,集成了 27.5 万个晶体管,主频达到 33 MHz,数据总线和地址总线均为 32 位,具有 4 GB 的物理寻址能力。由于在芯片内部集成了分段存储管理部件和分页存储管理部件,它能够管理高达 64 TB 的虚拟存储空间。另外还提供一种称为"虚拟 8086"的工作方式,使芯片能够同时模拟多个 8086 微处理器,可以同时运行多个 8086 应用程序,保证了多任务处理能够向上兼容。

1989 年 4 月,Intel 公司推出了 80486 微处理器,这是 Intel 公司第一次将微处理器的晶体管数目突破 100 万只。80486 微处理器在其芯片内集成了 120 万个晶体管。它不仅把浮点运算部件集成到芯片内,同时还把一个其规模大小为 8 KB 的一级高速缓冲存储器 Cache 也集成到 80486 微处理器芯片中。这种集成加上时钟倍频技术的引进极大地加快了 CPU 处理指令的速度,兼容性得到了更大的提高。

5. 第五代(1993 年以后):32 位全新高性能 Pentium(奔腾)系列微处理器

1993 年 3 月,Intel 公司推出 32 位的 Pentium 微处理器(俗称"586")。其芯片内部集成了 310 万个晶体管,采用了全新的体系结构,性能大大高于 Intel 公司其他系列的微处理器。由于 Pentium 系列微处理器制造工艺精良,其浮点性能是其他系列微处理器中最强的,可超频性能也是最好的。Pentium 系列微处理器的主频从 60 MHz 到 100 MHz 不等,它支持多用户、多任务,具有硬件保护功能,支持构成多处理器系统,由于采用超标量结构,它在一个时钟周期里可执行多条指令,处理速度大大加快。

1996 年,Intel 公司推出了 Pentium Pro(高能奔腾)微处理器,它集成了 550 万个晶体管,主频为 133 MHz,采用了独立总线和动态执行技术,处理速度大大提高。1996 年底,Intel 公司又推出了 Pentium MMX(多能奔腾)微处理器。MMX(Multi Media eXtension)技术是 Intel 公司最新发明的一项多媒体增强指令集技术,它为微处理器增加了 57 条 MMX 指令,此外,还将微处理器芯片内的高速缓冲存储器 Cache 由原来的 16 KB 增加到 32 KB,使处理多媒体的能力大大提高。

1997 年 5 月,Intel 公司推出了 Pentium Ⅱ 微处理器,它集成了 750 万个晶体管,8 个 64 位的 MMX 寄存器,主频达 450 MHz,二级高速缓冲存储器 Cache 达到 512 KB,它的浮点运算性能、MMX 性能都是最出色的。

1999 年 2 月,Intel 公司发布了 Pentium Ⅲ 微处理器。它在 Pentium Ⅱ 微处理器的基础上增加了 70 多条新指令,主要包括提高多媒体处理性能和浮点运算能力的指令,可以提高三维图像、视频、声音等程序的运行速度,并可优化操作系统和网络的性能。此外,将 256 KB 的二级高速缓冲存储器 Cache 与 CPU 集成在同一块芯片上,访问 Cache 的速度比 Pentium Ⅱ 提高了一倍。Pentium Ⅲ 微处理器集成了 950 万个晶体管,主频为 500 MHz。

2000 年 3 月,Intel 公司推出了新一代高性能 32 位 Pentium 4 微处理器,它采用了 NetBurst 的新式处理器结构,可以更好地处理互联网用户的需求,在数据加密、视频压缩和对等网络等方面的性能都有较大幅度的提高。

Pentium 4 微处理器有以下处理能力:采用超级流水线技术,指令流水线深度达到 20 级,使 CPU 指令的运算速度成倍增长,在同一时间内可以执行更多的指令,显著提高了微处理器主频以及其他性能;快速执行引擎使微处理器的算术逻辑单元达到了双倍内核频率,可以用于频繁处理诸如加、减运算之类的重复任务,实现了更高的执行吞吐量,缩短了等待时间;执行追踪缓存,用来存储和转移高速处理所需的数据;高级动态执行,可以使微处理器识别平行模式,并且对要执行的任务区分先后次序,以提高整体性能;400 MHz 的系统总线可以使数据以更快的速度进出微处理器,此总线在 Pentium 4 微处理器和内存控制器之间提供了 3.2 GB 的传输速度,是现有的最高带宽台式机系统总线,具备了响应更迅速的系统性能;增加了 114 条新指令,主要用来增强微处理器在视频和音频等方面的多媒体性能;为用户提供了更加先进的技术,使之能够获得丰富的互联网体验。

2005 年 5 月,Intel 公司发布了双核架构的微处理器 Pentium D 与 Pentium XE,正式揭开 x86 微处理器多核心时代。这两款微处理器并没有采用新的架构,而是基于 Pentium 4 架构基础的扩展,其主要特点如下:具有两个 1 MB 二级缓存,两个内核分别使用固定的一个二级缓存;两个内核共享相同的封装和芯片组接口,共享 800 MHz 前段总线与内存连接;支持 EM64T 扩展技术、Execute Disable Bit 安全技术,不支持超线程技术;采用了 EIST 节能技术,使得微处理器可根据应用程序选择所需要的运算能力,在性能和功耗间取得最理想的平衡点;通过降低工作效率来降低双核微处理器的功耗,最高主频为 3.2 GHz;引进了 Vanderpool 虚拟化技术、La Grande 安全技术和 IAMT(Intel Active Management Technology)技术。

6. 第五代(2006 年至今):酷睿(core)系列微处理器

"酷睿"是一款领先节能的新型微架构,设计的出发点是提供卓然出众的性能和能效,提高每瓦特性能,也就是所谓的能效比。早期的酷睿是基于笔记本处理器的。酷睿 2 的英文名称为 Core 2 Duo,是英特尔在 2006 年推出的新一代基于 Core 微架构的产品体系统称。于 2006 年 7 月 27 日发布。酷睿 2 是一个跨平台的构架体系,包括服务器版、桌面版、移动版三大领域。其中,服务器版的开发代号为 Woodcrest,桌面版的开发代号为 Conroe,移动版的开发代号为 Merom。

酷睿 2 处理器的 Core 微架构是 Intel 的以色列设计团队在 Yonah 微架构基础之上改进而来的新一代英特尔架构。继 LGA775 接口之后,Intel 首先推出了 LGA1366 平台,定位高端旗舰系列。作为高端旗舰的代表,早期 LGA1366 接口的处理器主要包括 45 nm Bloomfield 核心酷睿 i7 四核处理器。

随着 Intel 在 2010 年买入 32 nm 工艺制程,高端旗舰的代表被酷睿 i7－980X 处理器取代,全新的 32 nm 工艺解决了核心技术,拥有最强大的性能表现。对于准备组建高端平台的用户而言,LGA1366 依然占据着高端市场,酷睿 i7－980X 以及酷睿 i7－950 依旧是不错的选择。

Intel Core i7 是一款 45 nm 原生四核处理器,处理器拥有 8 MB 三级缓存,支持三通道 DDR3 内存。处理器采用 LGA1366 针脚设计,支持第二代超线程技术,也就是处理器能以八线程运行。根据网上流传的测试,同频 Core i7 比 Core 2 Quad 性能要高出很多。

2010 年 6 月,Intel 再次发布革命性的处理器——第二代 Core i3/i5/i7。第二代 Core i3/i5/i7 隶属于第二代智能酷睿家族,全部基于全新的 Sandy Bridge 微架构,相比第一代产品有重要革新。SNB(Sandy Bridge)是英特尔在 2011 年初发布的新一代处理器微架构,这一构架的最大意义莫过于重新定义了"整合平台"的概念,与处理器"无缝融合"的"核芯显卡"终结了"集成显卡"的时代。这一创举得益于全新的 32 nm 制造工艺。此外,第二代酷睿还加入了全新的高清视频处理单元。视频转解码速度的高与低跟处理器是有直接关系的,由于高清视频处理单元的加入,新一代酷睿处理器的视频处理时间比老款处理器至少提升了 30%。新一代 Sandy Bridge 处理器采用全新 LGA1155 接口设计,并且无法与 LGA1156 接口兼容。Sandy Bridge 是将取代 Nehalem 的一种新的微架构,不过仍将采用 32 nm 工艺制程。比较吸引人的一点是这次 Intel 不再是将 CPU 核心与 GPU 核心用"胶水"黏在一起,而是将两者真正做到了一个核心里。

在 2012 年 4 月 24 日,intel 正式发布了 ivy bridge(IVB)处理器。2 nm Ivy Bridge 会将执行单元的数量翻一番,达到最多 24 个,自然会带来性能上的进一步跃进。Ivy Bridge 会加入对 DX11 支持的集成显卡。另外新加入的 HCI USB 3.0 控制器则共享其中四条通道,从而提供最多四个 USB 3.0,从而支持原生 USB3.0。

随着微处理器的不断升级,微型计算机也在不断发展,其功能不断完善,应用领域扩展到了国民经济和人们生活中的各个方面。

1.2.2 微型计算机的应用

微型计算机以不同的形式应用于各行各业,几乎遍及所有领域。随着计算机技术的发展,其应用形式和应用领域是千变万化、日新月异的。按照传统的计算机应用分类,有以下五个方面的应用:

1. 科学计算

科学计算(也称为数值计算)是计算机应用最早,也是最成熟的应用领域。科学计算是指用计算机来解决科学研究和工程技术中所提出的复杂的数学及数值计算问题。计算机不仅计算速度快,而且精度高,对于许多人工难以完成的复杂计算,计算机都可以迎刃而解。随着人们对客观世界认识的日益深化,越来越多的研究工作从定性转为定量,需要设计的数学模型和计算工作规模越来越庞大。因此,在现代科学研究和工程设计中,计算机已成为必不可少的计算工具。例如,人造卫星轨道的计算、宇宙飞船的制导、天体演化形态学的研究、可控热核反应、新材料的研制、原子能的研究、气象预报等,都是借助计算机来进行计算工作的。

2. 数据处理

数据处理(也称为信息处理)是指人们利用计算机对所获取的信息进行采集、记录、整理、加工、存储和传输,并进行综合分析等。

数据处理在所有计算机的应用中稳居第一位。例如,用于企事业单位的各种管理信息系统,如财务、计划、物资、人事的管理,国家经济信息系统管理以及铁路运营、城市交通等各类自动化管理和信息管理系统;用于文本处理的编辑、排版和办公自动化系统;用于图像处理的图像信息系统;用于图书资料查询的情报检索系统等。这些都属于计算机在数据处理方面的应用。据统计,现在世界上75%的计算机用于数据处理工作。数据处理是现代信息管理的基础,它不仅处理日常事务,并且能够支持科学的管理与决策。对一个企业来说,从市场预测、情报检索,到经营决策、生产管理,都与数据处理有直接的关系。

3. 过程控制及智能化仪表

从20世纪60年代起,冶金、机械、电力、石油化工等产业就用计算机来进行过程控制或实时控制。其工作过程是用传感器在现场采集受控对象的信息数据,通过比较器求出与设定数据的偏差,由计算机根据控制模型进行计算,产生相应的控制信号,驱动伺服装置对受控对象进行控制和调整。应用于过程控制及智能化仪表方向的主要是一些专用计算机,如工业PC、STD总线工控机及微处理器构成的各种系统。

过程控制不仅能通过连续监控提高生产的安全性和自动化水平,同时也能提高产品的质量,降低成本,减轻劳动强度。过程控制在石油化工生产、钢铁及有色金属冶炼、环境保护监测系统、数控机床和精密机械制造、交通运输中的行车调度、农业人工气候箱的温湿度控制、家用电器中的自动功能控制等方面都得到了广泛的应用。在军事上也常用计算机控制导弹等武器的发射与导航、自动修正导弹在飞行中的航向控制。

目前对仪器仪表的自动化和智能化要求越来越高。在自动化测量、控制仪表中微型计算机应用十分普及。微型计算机的使用大大提高了仪器仪表的精度、稳定性、可靠性,同时简化结构、减小体积而易于携带和使用,加速仪器仪表向智能化、多功能化方向发展。

4. 计算机辅助系统

当前采用计算机进行各种辅助功能的系统越来越多,使得各领域的科学研究、辅助设计、生产制造、教育教学等技术有了突飞猛进的发展。例如,计算机辅助设计 CAD(Computer Aided Designing)、计算机辅助制造 CAM(Computer Aided Manufacturing)、计算机辅助测试 CAT(Computer Aided Testing)、计算机辅助工程 CAE(Computer Aided Engineering)和计算机辅助教学 CAI(Computer Aided Instruction)。

5. 人工智能

这是计算机应用的一个崭新领域,它是用计算机执行某些与人的智能活动有关的复杂功能,模拟人类的某些智力活动,如图形和声音的识别、推理和学习的过程,从本质上扩充了计算机处理能力。

人工智能是一门涉及计算机科学、控制论、信息论、仿生学、神经心理学和心理学等多学科交叉的边缘学科,目前的研究方向有模式识别、自然语言理解、自动定理证明、自动程序设计、知识表示、机器学习、专家系统、机器人等。

1.2.3　微型计算机的性能指标介绍

在描述微型计算机系统基本性能的时候,通常要用到下面一些术语及性能指标。

1. 基本字长

字长是计算机在交换、加工和存放信息时,其信息位的最基本的长度,决定了系统一次传送和处理的二进制位数。各种类型的微型计算机字长是不相同的,字长越长的微型计算机,处理数据的精度就越高,速度就越快。因此,字长是微型计算机中最重要的指标之一。

2. 主频

计算机的主频也称为时钟频率,通常是指计算机中时钟脉冲发生器所产生的时钟信号的频率,单位为 MHz(兆赫),它决定了微型计算机的处理速度。对于 Intel 系列微型计算机来说,8088 的主频为 4.77 MHz,8086 的主频为 5 MHz,Pentium 系列微型计算机的主频在 200 MHz 以上,可达到上千兆赫。

3. 访存空间

访存空间是衡量微型计算机处理数据能力的一个重要指标,是该微处理器构成的系统所能访问的存储单元数。访存空间越大,处理信息的能力越强。访存空间是由传送地址信息的地址总线的条数决定的。

通常,访存空间采用字节数来表示其容量。对于 8 位微处理器有 16 条地址总线,其编码方式为 $2^{16}=65\ 536$ 个存储单元,即 64 K 字节单元;16 位微处理器有 20 条地址总线,访存空间为 $2^{20}=1\ 048\ 576=1\ 024$ K,即 1 M 字节单元。

4. 指令数

计算机完成某种操作的命令被称为指令。一台微型计算机可有上百条指令,微型计算机完成的操作种类越多,即指令数越多,表示该类微型计算机系统的功能越强,编程越灵活。

5. 基本指令执行时间

计算机完成一项具体的操作所需的一组指令称为程序。执行程序所花的时间就是完成该任务的时间指标,时间越短,速度越快。

由于各种微处理器的指令的执行时间是不一样的,为了衡量微型计算机的速度,通常选用 CPU 中的加法指令作为基本指令,它的执行时间就作为基本指令执行时间。基本指令执行时间越短,表示微型计算机的工作速度越高。

6.可靠性

可靠性是指微型计算机在规定的时间和工作条件下,正常工作不发生故障的概率。其故障率越低,说明可靠性越高。

7.兼容性

兼容性是指微型计算机的硬件设备和软件程序可用于其他多种系统的性能。主要体现在数据处理、输入/输出接口、指令系统等的可兼容性。

8.性能价格比

这是衡量微型计算机优劣的综合性指标,它包括微型计算机的硬件和软件的性能与售价的关系,通常希望以最小的成本获取最大的功能。

1.3 微型计算机系统

从大型计算机到微型计算机,其基本结构属于冯·诺依曼型计算机,如图 1-4 所示。它由运算器、控制器、存储器、输入设备和输出设备 5 大部分组成。微型计算机的基本工作原理是存储器存储程序控制的原理。其中运算器和控制器是计算机的核心,统称为中央处理器 CPU(Central Processing Unit)。原始的冯·诺依曼型计算机在结构上以运算器和控制器为中心,但随着计算机系统结构的设计实践和发展,已逐步演变到以存储器为中心的计算机结构。

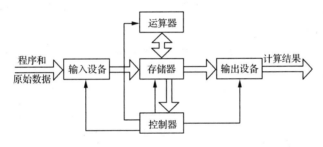

图 1-4 计算机基本结构

1.3.1 中央处理器

中央处理器(CPU)又称为微处理器(Microprocessor),主要由运算器和控制器两大部分组成,用于逻辑数据处理和产生各种控制信号,是一种可编程的逻辑器件,具有运算和控制功能。为使初学者便于理解微处理器的基本概念,这里介绍一种理想化的简单的 8 位微处理器,说明微处理器工作的基本原理。微处理器内部结构如图 1-5 所示。

1.运算器

运算器是微型计算机中加工和处理数据的功能部件,主要包括两个功能:一是对数据的加工处理,包括算术运算和逻辑运算。算术运算有加、减、乘、除等;逻辑运算有比较、判断、与、或、非等。这些功能是通过运算器内部的算术逻辑部件 ALU(Arithmetic Logic Unit)来完成的。二是暂时存放参与运算的数据和某些中间结果,通常是通过与 ALU 相连的寄存器来实现的。算术逻辑部件 ALU 有两个操作数,一个来自累加器,一个来自内部总线。内部总线的数据可以来自寄存器组,也可以来自数据锁存器(外部数据总线上提供的数据)。ALU 进行运算的结果经内部总线送回累加器或寄存器组,同时有可能改变标志寄存器中的标志。

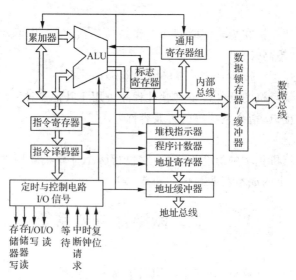

图 1-5　微处理器内部结构

2.控制器

控制器是整个微型计算机的指挥中心,用于接受来自存储器里的程序命令,经译码后产生一系列定时和控制信号,用来控制指挥微型计算机中各部件的操作,使整个微型计算机各部分协调有序地工作。控制器一般由程序计数器 PC(指令指针寄存器 IP)、指令寄存器 IR、指令译码器 ID 和微操作控制电路组成。

程序计数器 PC 用于存放将要执行指令的存放地址。即程序计数器 PC 的内容就是要执行的指令的地址,改变 PC 的内容就可以改变程序的执行方向,所以通常又称为指令指针寄存器 IP(Instruction Pointer)。指令指针寄存器 IP 具有以下三个功能。

①复位功能:微型计算机上电后,指令指针寄存器 IP 的内容总是复位成初始值,8086 微处理器的指令指针寄存器 IP 的初始值为 0000H;复位后,某些特殊寄存器的内容是固定值。

②计数功能:为保证微处理器对程序的连续执行,微处理器执行指令时,是将指令指针寄存器 IP 的内容作为指令码存放的地址,执行一条指令后,指令指针寄存器 IP 的内容会自动加法计数,指向下一条指令所在的单元地址。

③直接置位功能:指令指针寄存器 IP 也能接受内部总线送来的数据(16 位),并用该数据取代其原来的内容,进行直接置位。直接置位功能用于程序转移、中断和子程序调用等场合。

指令寄存器 IR 用来保存当前正在执行的一条指令码,并送给指令译码器 ID。指令译码器 ID 是对指令寄存器 IR 中的指令操作码进行译码,并发出相应的操作要求控制信号(指令信号)给微操作控制电路。微操作控制部件把经指令译码器 ID 所产生的命令信号送入时序控制信号产生部件,并将命令翻译成微程序(简称为微码),再加上时序信息,就可生成控制整个微型计算机各部件工作的时序控制信号。如果时序控制信号产生部件不是微控制存储器,而是组合逻辑电路,即称为硬线逻辑。由硬线逻辑产生时序控制信号的微型计算机比由微控制存储器产生时序控制信号的微型计算机工作速度快。

1.3.2　微型计算机系统

微型计算机由微处理器、存储器、输入/输出接口构成,它们之间由系统总线连接起来,如

图 1-6 所示。微型计算机系统是在微型计算机基础上配置系统软件和部分外设组成的。其中系统软件包括操作系统和一系列的实用程序，能使微型计算机更好地发挥其硬件所应有的功能。外设包括输入设备和输出设备，使微型计算机与操作人员实现很好的人机交互。微型计算机的硬件建立了微型计算机应用的物质基础，而软件则最有效地发挥了微型计算机的功能，为用户使用微型计算机提供了方便、快捷和可靠的手段。硬件与软件的结合才能构成完整的微型计算机系统。下面介绍微型计算机系统的硬件组成部分。

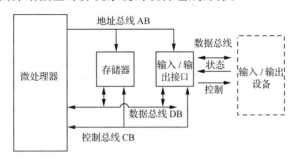

图 1-6　微型计算机的组成

1. 微处理器

微处理器（Microprocessor）是微型计算机系统的核心。它主要完成：①从存储器中取指令，指令译码；②算术逻辑运算；③在处理器和存储器或者输入/输出接口之间传送数据；④程序流向控制等。

2. 存储器

计算机是一个数据处理机，它靠机内存储的程序和数据来控制运行，存储器就是存放程序和数据的部件。存储器的功能就是用于存储数据、程序及运算处理的结果等，是数据的仓库。

存储器是微型计算机中必不可少的功能部件。计算机能按存储程序式的自动工作方式工作，必须有能够存储程序指令的存储器，以便微型计算机能取出指令、翻译指令并交由控制单元去执行，完成一系列相应的动作。也正因为有了存储器，才使微型计算机有信息记忆功能。广义上讲，微型计算机上的存储器分为内存储器（主存）和外存储器（辅存）两部分。内存储器主要由半导体存储器构成。外存储器主要有磁盘、光盘存储器等。内存是计算机的一个主要组成部分，内存用来保存计算机当前正在使用的或经常要使用的程序和数据，CPU 可以直接通过总线访问内存，内存比外存速度快。

半导体存储器构成的内存在微型计算机内包括以下几种：①只读存储器 ROM（Read-Only Memory）或可擦除可编程存储器 EPROM（Erasable Programmable ROM），用于存放基本输入/输出系统 BIOS（Basic Input Output System）程序；②随机存储器 RAM（Random Access Memory），又称为数据存储器，用于存放应用程序、数据及运算结果；③高速缓冲存储器（Cache），用于 80386 以上的微型计算机中，由于 CPU 有很高的主频，这样 CPU 与主存之间存在比较大的速度差，为减小速度差，在 CPU 与主存之间增加一级高速缓存，以提高速度；④CMOS 存储器，是以 CMOS 集成工艺制作的集成电路芯片，用来存放微型计算机系统的配置信息，如硬盘等一些参数，CMOS 存储器需要加电池作掉电保护。

半导体存储器的逻辑结构如图 1-7 所示。半导体存储器一般由存储体矩阵、地址译码器、读/写控制电路和三态双向数据缓冲器等部分组成。

图 1-7　半导体存储器的逻辑结构

（1）存储体矩阵

存储体是能够寄存二进制信息的基本电路的集合体（内存），存储体矩阵是把这些基本存储电路按阵列形式排列和编址。存储体矩阵有很多存储单元用于存放数据、程序等。微型计算机中规定每个内存单元可存放 8 位二进制数（1 个字节），以 1 个字节为单位作为存储单元进行编址（按字节编址），内存单元中存放的具体信息称为内容。为区别不同的内存单元，就给每个存储单元编上不同的号码，这个号码称为存储单元地址，从 0 开始。

（2）地址译码器

地址译码器的功能是将 CPU 发送来的地址信号进行译码后产生地址编码，以便选中存储体矩阵中的某个存储单元，使其在存储器读/写控制电路的控制下进行读/写操作。

（3）存储器控制电路

存储器控制电路通过相应的引脚，接收来自 CPU 或外部电路的控制信号，经组合变换产生芯片内部各部分的控制信号实现对存储器的读/写等控制。

（4）三态双向缓冲器

三态双向缓冲器的主要作用是使组成半导体 RAM 的各个存储器芯片很方便地与数据总线相连接，实现数据的缓冲驱动。当 CPU 执行存储器写指令操作时，片选信号和写信号有效，数据从数据总线经三态双向缓冲器传送至地址码选中的基本存储单元电路。当 CPU 执行存储器读指令操作时，片选信号和读信号有效，数据从地址码选中的基本存储单元电路经三态双向缓冲器传输至数据总线读入 CPU。当 CPU 不执行存储器读/写指令操作时，片选信号无效，存储器芯片的三态双向缓冲器对数据总线呈现高阻状态。

3. I/O 设备和 I/O 接口

I/O 设备是微型计算机所连接的输入/输出设备，又称为外部设备，简称为外设。微型计算机必须配备外设才能构成一个完整的控制系统，以实现信息的输入/输出。外设有三种：输入设备、输出设备、既输入又输出的设备。输入设备是将程序、数据（包括现场信息）以微型计算机能够识别的形式送入微型计算机，如键盘、鼠标、数字化仪、A/D 转换器等。有些设备既输入又输出信息，如软盘、硬盘、U 盘等。习惯上称信息从外设送到 CPU 为输入，又称为 CPU 的读；把信息从 CPU 送到外设称为输出，又称为 CPU 的写。

一般说来，微型计算机并不能直接与外设相连，而是通过某些电路接外设后再与外设联系，微型计算机与外设之间相互连接的那部分电路称为 I/O 接口。I/O 接口就是输入/输出设备与微型计算机 CPU 之间的连接电路。I/O 接口的作用：作为沟通 CPU 与外设的桥梁。由于外设处理数据的速度不同、信息格式种类不同以及外设的结构（电子式、机械式、电磁式）不同和使用的电平不同，所以这些外设不可能像存储器（内存）那样直接与 CPU 相连，而必须外加 I/O 接口以达到 CPU 与外设之间速度、信息格式种类、结构和使用的信号电平相匹配。反之，不能实现信息正常传送。

4. 系统总线

总线是微型计算机中用以传输信息的一组公共通信线。实际上总线是由一组导线和相关电路组成。总线是各种公共信号线的集合,是用作微型计算机各部分传递信息所共同使用的"高速信息公路"。微型计算机是通过总线结构来连接各个功能部件的,各个部件面向总线系统功能扩展时,只要符合总线标准,部件就可以加入系统中去。

(1)总线标准的特性

总线标准有以下四个特性。

①物理特性:物理特性指的是总线物理连接的方式,包括总线的根数、总线的插头、插座的形状、引脚的排列形式等。

②功能特性:功能特性指的是这一组总线中每一根线的功能是什么。从功能上看,总线分成地址总线、数据总线和控制总线。地址总线的宽度指明了总线能够直接访问存储器或外设的地址范围。数据总线的宽度指明了访问一次存储器或外设最多能够交换数据的位数。控制总线一般包括 CPU 与外界联系的各种控制命令。

③电气特性:电气特性定义每一根线上信号的传递方向及有效电平范围。

④时间特性:时间特性定义了每一根线上的信号在什么时间有效。

(2)总线分类

总线按不同使用层次可以分为以下几类。

①内部总线:内部总线是微处理器芯片内部各个部件之间传送信息的通路。由于制造芯片的面积和芯片引脚的限制,有的内部总线采用单总线结构,以利于提高集成度及成品率。有的内部总线采用双总线或三总线结构,以利于加快内部数据传送速度。内部总线是由微处理器芯片厂家生产设计的。

②元件级总线:元件级总线是连接微型计算机系统中两个主要部件的总线。元件级总线根据传送内容的不同包括地址总线(Address Bus)、数据总线(Data Bus)和控制总线(Control Bus)三种。地址总线是 CPU 用来向存储器或 I/O 接口传送地址信息的,是三态单向总线,用于 CPU 访问主存储器和外设时传送相关的地址。地址总线的宽度决定 CPU 的寻址能力。在计算机中,存储器、存储单元、输入/输出设备等都有各自的地址。地址信号通常由 CPU 发出,用来确定数据地址。如果输入/输出设备直接发出存储器的地址信号,而不经 CPU 就可以与存储器进行数据传送,这种方式称为直接存储器存取方式,即 DMA(Direct Memory Access)。地址总线的位数决定了 CPU 可直接寻址的内存容量。16 位微型计算机的地址总线是 20 位,最大寻址空间为 1 MB。32 位微型计算机的地址总线为 32 位,最大寻址空间为 4 GB。数据总线是 CPU 与存储器及外设交换数据的通路,是三态双向总线。数据总线的宽度等于微型计算机的字长,CPU 的字长按数据总线的位数可分为 8 位、16 位、32 位、64 位等。Intel 8088 CPU 内部字长为 16 位,外部数据总线为 8 位,称为准 16 位微处理器。控制总线是控制器发送控制信号的通道,控制信号通过控制总线通往各个设备,使这些设备完成指定的操作。控制信号的传送方向就具体控制信号而定,如 CPU 向存储器或 I/O 接口电路输出读信号、写信号、地址有效信号,而 I/O 接口电路向 CPU 输入复位信号、中断请求信号和总线请求信号等。

③系统总线:系统总线是微处理器内的底板总线,用来连接构成微处理器的各个插件板。在 80x86 系列微处理器系统中使用的系统总线有:ISA 总线、EISA 总线、VESA 总线、PCI 总线和 PCI Express 总线。ISA(Industry Standard Architecture)总线是工业标准体系结构

(Industry Standard Architecture)总线。它是由 IBM 公司推出的 16 位标准总线,由 8 位的 PC 总线扩展而来,数据传输速率为 8 MB/s,主要用于 IBM PC/XT、PC/AT 及兼容机上,也可用在 80386/80486 微型计算机上。EISA 总线是扩展工业标准体系结构(Extended Industry Standard Architecture)总线。它是由 COMPAQ、HP、AST 等多家公司联合推出的 32 位标准总线,主频为 8 MHz,数据传输速率为 33 MB/s,用于 32 位微型计算机。VESA(Video Electronics Standards Association)总线是视频电子标准协会联合多家公司推出的全开放通用局部总线。它是 32 位标准总线,主频为 33 MHz,数据传输速率为 133 MB/s,用于 80486 微型计算机。PCI 总线为外设互连(Peripheral Component Interconnect)局部总线。它是 Intel 公司推出的 32/64 位标准总线,数据传输速率为 132 MB/s,用于 Pentium 系列微型计算机。PCI 总线是同步且独立于微处理器的,具有即插即用的特性。PCI 总线允许任何微处理器通过桥接口连接到 PCI 总线上。PCI Express 总线是最新的总线和接口标准,是由 Intel 公司提出的下一代系统总线标准。PCI Express 总线采用了目前业内流行的点对点串行连接,每个设备都有自己的专用连接,而不需要向总线请求带宽,并且可以把数据传输速率提高到一个很高的程度,达到 PCI 所不能提供的高带宽。

④外部总线:外部总线用于微处理器系统与系统之间、系统与外设之间的信息通路。这种总线数据的传送方式有串行方式和并行方式。例如,EIR-RS232 总线为串行方式,IEEE-488 总线为并行方式。

USB 总线:通用串行总线(Universal Serial Bus)。它是 1994 年底由 Compaq、IBM、Microsoft 等多家公司联合提出的。其数据传输速率有两种:15 MB/s 和 1.5 MB/s。USB 总线连接方式十分灵活,支持热插拔,不需要单独的供电系统。它可以通过 1 根 4 线串行电缆访问 USB 设备。USB 总线用于键盘、声卡、简单的图像检索设备及调制解调器、U 盘及移动硬盘均可。

1.4　微型计算机的工作过程

前面介绍了微型计算机的硬件组成,其硬件就好似一大堆机器零件,如果不用软件把它们组装起来,就什么事情也干不成。微型计算机的工作过程就是以这些硬件为基础,通过软件(程序)组装起来成为一个整体来完成各种逻辑要求的操作。这里软件相当于逻辑要求的命令,逻辑功能的实现是硬件具体来实现的。所以硬件的组成加上软件的执行构成了微型计算机的工作过程,即在硬件的基础上加软件的执行过程才构成微型计算机的工作原理(微机原理)。

1.4.1　微型计算机的工作方式

微型计算机采用存储程序和程序控制的工作方式,即事先把程序加载到微型计算机的存储器中,当给机器加电并启动后,计算机便会按照程序的要求进行工作。这是计算机与微处理器的本质区别,微处理器虽然具有程序控制式的工作方式,但不具有存储程序的能力,所以它不能称为计算机。

1. 存储程序原理

程序是各种指令的集合,指令就是控制计算机完成指定操作的命令。计算机完成任何操作都是在指令的控制下进行的。没有指令,计算机就是一个裸机什么也不能干,所以要计算机工作首先必须给其程序。计算机之所以能够模拟人脑自动完成各种操作,就在于它能够将程序和数据装入自己的"大脑",它的工作过程就是执行程序和处理数据的过程。

程序是由一条条计算机指令按一定的顺序组合而成的,因此计算机工作时必须按顺序执行每条指令,才能完成预定的任务。当我们利用计算机来完成某项工作时,如完成一道复杂的数学计算和进行数据处理等,都必须事先制订好解决问题的方案,再将其分解成计算机能够执行的基本操作步骤,然后用计算机指令来实现这些操作步骤。把实现这些操作步骤的指令按一定顺序排列起来,就组成了程序。计算机能够识别并能执行的每条操作命令被称为一条计算机的指令,而每一条计算机指令都规定了所要执行的一种基本操作。把事先编制好的由计算机指令组成的程序存放到存储器内,计算机在运算时依次取出指令,根据指令的功能进行相应的运算和处理,这就是存储程序原理。

需要指出的是,计算机不但能按照指定的存储顺序依次读取并执行指令,而且还能根据指令执行的结果进行程序的灵活转移,这就使得计算机具有了类似于人脑的逻辑判断思维能力,再加上它的高速运算特征,计算机才真正成为人类脑力劳动的得力助手。

虽然计算机技术发展很快,但存储程序原理至今仍然是计算机内在的基本工作原理。这一原理决定了人们使用计算机的主要方法是编写程序和运行程序。科学家们一直致力于提高程序设计的自动化水平,改进用户的操作界面,提供各种开发工具、环境与平台,其目的都是为了让人们更加方便地使用计算机,可以少编制程序甚至不用编制程序来使用计算机。

2. 程序的自动执行(程序控制)

计算机硬件系统最终只能执行由机器指令组成的程序。程序在执行前必须首先装入内存,由 CPU 负责从内存中逐条取出指令,译码分析识别指令,最后执行指令,从而完成一条指令的执行周期。CPU 就是这样周而复始地工作,直至程序完成。启动并执行一个程序只需将程序的第一条指令地址置入程序计数器 PC 即可,程序的执行流程就是取指令,分析指令,执行指令的循环过程。

微型计算机执行程序的工作方式有串行工作方式和并行工作方式。串行工作方式即执行程序的过程采用取指令→执行指令→取指令→执行指令如此循环往复的串行进行过程。这种工作方式由于一条指令执行的具体操作要经过取指令阶段后才能进行,而下一条指令的取指令也必须等到执行完上一条指令后才能进行,所以 CPU 对程序的运行速度低。为提高程序的运行速度,通过对 CPU 结构的改进,利用流水线技术产生了另一种执行程序的工作方式,即并行工作方式。并行工作方式是取指令和执行指令工作同时进行,并行工作。这样就避免了取指令和执行指令的等待过程,提高了程序的运行速度。

8086 微型计算机执行程序就是采用并行工作方式,其 CPU 包括总线接口部件 BIU(Bus Interface Unit)和执行部件 EU(Execution Unit)两个部件模块,其中总线接口部件负责取指令,将指令放在指令队列缓冲器中,而执行部件则不用等待取指令过程而直接到指令队列缓冲器中取出、分析、执行指令,所以 8086 微型计算机的取指令和执行指令是并行工作方式。

1.4.2 微型计算机的工作过程

微型计算机的工作过程就是不断地从内存中取出指令并执行指令的过程。指令通常包括操作码(Operation Code)和操作数(Operand)。操作码指出该指令完成的操作,而操作数是参加操作的数本身或操作数所在的地址。为了进一步了解微型计算机的工作过程,我们从模型计算机入手来分析计算机的基本原理。

1. 模型计算机的结构

模型计算机的结构如图 1-8 所示。模型计算机的结构主要包括 CPU、存储器和总线三部分,它是在微型计算机的实际结构基础上简化出来的。为了说明微型计算机基本工作原理,暂不考虑 I/O 接口和外设,假设所要执行的程序和数据都已存在内存中。模型计算机的存储器是用于存储程序和数据的。总线仍然是三总线结构,在 CPU 内部各个寄存器之间及算术逻辑单元 ALU(Arithmetic Logic Unit)之间的数据传送也是采用内部总线结构实现的。ALU 是执行算术逻辑运算的部件,它以累加器 A 的内容作为一个操作数,另一个操作数由内部数据总线提供,内部数据总线上的数据来源于寄存器 B 或数据寄存器 DR。标志寄存器 F 用来存放由算术逻辑单元 ALU 产生的一些状态标志位,如进位标志位、零标志位等。

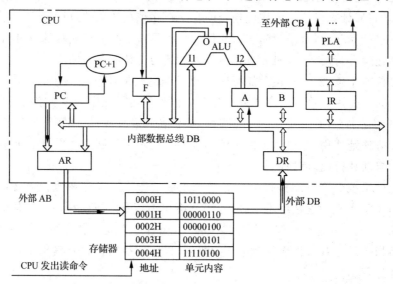

图 1-8　模型计算机的结构

模型计算机 CPU 的程序计数器 PC 提供指令执行的地址,当执行到转移指令时,被转移的地址置入 PC,否则 PC 自动加 1,指向下一条指令的地址。地址寄存器 AR 提供被寻址单元的地址,地址来源于 PC 也可能来源于指令中的操作数部分。数据寄存器 DR 寄存数据或指令代码,其内容来源于存储器。指令译码器 ID 对准备执行的指令进行译码,发出执行一条指令所需要的各种控制信息。

2. 模型计算机程序的执行过程

(1)程序的编写与存放

为了进一步理解微型计算机的工作过程,可以通过一个简单的例子来说明。例如,模型计算机如何具体实现 6+5 的计算?虽然这是相当简单的加法运算,但模型计算机却无法理解,那么如何让模型计算机来实现呢?人们必须以模型计算机能够理解的语言告诉模型计算机如何一步一步地去做,直到每个细节都详尽无误,模型计算机才能正确地理解与执行。为此首先必须完成如下工作。

①用助记符编写实现逻辑要求的程序(汇编语言):程序是各种命令的集合(指令的集合)。计算机完成任何操作都是在各种指令的控制下进行的。没有指令,计算机就是一个裸机什么

也不能干,要计算机工作,首先必须给其以命令(程序)。不同的计算机有自己不同的汇编指令,所以要注意在编制程序之前必须要了解所使用的机器的指令系统。汇编语言与机器语言程序对照见表1-7。

表1-7　　　　　　　　　　　　　　汇编语言与机器语言程序对照

名　　称	汇编语言助记符	指令机器码	功能说明
立即数送累加器	MOV A,06H	10110000B 00000110B	把06H送入累加器A
加立即数	ADD A,05H	00000100B 00000101B	05H与累加器A中内容相加,并将结果存入累加器A中
暂停	HLT	11110100B	停止操作

用助记符编写实现6+5的汇编语言程序如下。

```
MOV    A,06H
ADD    A,05H
HLT
```

②将汇编语言程序汇编成以二进制表示的机器语言程序(目标程序):汇编语言程序不能直接运行,需要用汇编程序把它翻译成机器语言程序后方可执行,这一过程称为汇编。汇编语言程序比机器语言程序易读、易检查、易修改,同时又保持了机器语言程序执行速度快、占用存储空间小的优点。汇编语言也是面向机器的语言,不具备通用性和可移植性。

由助记符编写的程序计算机还是不能直接识别,计算机只认识二进制数,所以必须把上述编写的汇编语言程序经过汇编过程(翻译)变成机器语言(二级制数)程序,以便计算机接受。通常可以手工汇编也可以机器汇编实现将汇编语言程序汇编成以二级制表示的机器语言程序。查表1-7可以得到机器语言程序如下。

```
程序地址          机器码程序          助记符程序
00H               B0H                 MOV    A,06H
01H               06H
02H               04H                 ADD    A,05H
04H               05H
05H               F4H                 HLT
```

③将机器语言程序存放到存储器中:将机器语言程序存放到存储器中这一过程称为程序的存放(固化或烧写)。将汇编成的二进制表示的机器语言程序存放到存储器中,才能实现模型计算机存储程序的自动工作方式。设程序的起始地址为00H,则机器语言程序在存储器中的存放格式如图1-8中的存储器所示。整个程序共3条指令,5个字节,假设它们存放在存储器00H开始的5个单元中。

(2)程序的执行过程

模型计算机执行程序是一条指令一条指令执行的。执行一条指令分两个阶段,即取指令阶段和执行指令阶段。模型计算机从停机状态进入运行状态,要把第一条指令所在的地址赋给PC,然后就进行取指令阶段。在取指令阶段内存中读出的内容必为指令,所以DR把它送至IR,然后由指令译码器译码,就知道此指令要进行什么操作,取指令阶段结束后就进行执行阶段。当一条指令执行完以后,就进入了下一条指令的取指令阶段。这样的循环一直进行到程序结束,即遇到停机指令。下面具体介绍程序的执行过程。

①第一条指令的取指令阶段的执行过程：

Ⅰ.上电复位后,CPU 把程序计数器 PC 的内容 00H 送到地址寄存器 AR 中,记为 PC→AR。

Ⅱ.程序计数器 PC 的内容自动加 1 变为 01H,为取下一条指令做准备,记为 PC+1→PC。

Ⅲ.地址寄存器 AR 将 00H 通过地址总线送至存储器,经地址译码器译码,并选中相应的 00 号单元,记为 AR→M。

Ⅳ.CPU 发出存储器读命令,打开存储器的输出数据缓冲器三态门,以便读取存储器地址为 00H 的单元内容。

Ⅴ.把所选中的存储器 00 号单元的内容 B0H 读到数据总线 DB 上,记为(00H)→DB。

Ⅵ.把存储器 00 号单元的内容 B0H 经数据总线送到数据寄存器 DR,记为 DB→DR。

Ⅶ.因为是第一个字节的内容,所以此时在数据寄存器 DR 中的数据一定是操作码部分,所以在数据寄存器 DR 将其内容送至指令寄存器 IR,再送入指令译码器 ID,经指令译码器译码后,控制逻辑发出执行该条指令的一系列时序控制信号至外部控制总线,记为 DR→IR,IR→ID,ID→PLA。

经过对操作码的译码,CPU"识别"出这个操作码就是"MOV　A,06H"指令,于是控制器发出将立即数 06H 传送到累加器 A 中的各种控制命令,并且知道该指令的操作码下一个存储单元内容就是要传送的立即数 06H。这就完成了一条指令的取指令阶段。以上第一条指令的取指令阶段的执行过程如图 1-9 所示。

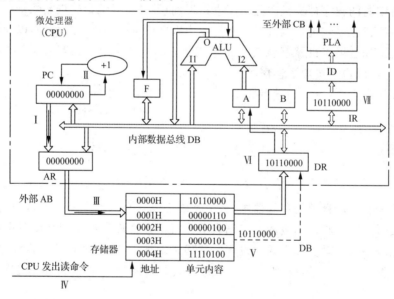

图 1-9　第一条指令的取指令阶段的执行过程

②第一条指令的执行指令阶段的执行过程：

经过对操作码 B0H 译码后,CPU 就知道这是一条把 01H 单元的内容送入累加器 A 的指令。所以执行第一条指令,就是把第二个字节中的立即数取出来送至累加器 A 中,其执行过程如下。

Ⅰ.把程序计数器 PC 的内容 01H 送地址寄存器 AR,记为 PC→AR。

Ⅱ.将程序计数器 PC 的内容自动加 1 变为 02H,为取下一条指令做准备,AR 内容保持不变,记为 PC+1→PC。

Ⅲ.将地址寄存器 AR 的内容 01H 通过地址总线送至存储器,经地址译码电路选中 01H

单元,记为 AR→M。

Ⅳ.CPU 发出存储器读命令。

Ⅴ.把选中的 01H 存储器单元内容 06H 送到数据总线 DB 上,记为(01H)→DB。

Ⅵ.通过数据总线把读出的内容 06H 经数据总线 DB 送至数据寄存器 DR,记为 DB→DR。

Ⅶ.因为经过译码已经知道读出的是立即数,并要求将它送至累加器 A 中,所以数据寄存器 DR 的内容经过内部数据总线 DB 送到累加器 A 中,记为 DR→A。

以上第一条指令的执行指令阶段的执行过程如图 1-10 所示。

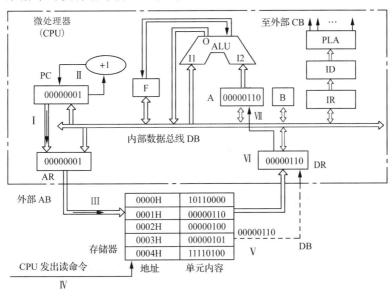

图 1-10 第一条指令的执行指令阶段的执行过程

上述所讨论的仅是完成第一条指令"MOV A,06H"的过程,其余指令也都是经过取指令和执行指令两步骤依次完成的,只不过不同的指令有不同的操作码,执行不同的操作,这里就不一一叙述。

习题 1

一、选择题

1.( )是以 CPU 为核心,加上存储器、I/O 接口和系统总线组成的。

A. 微处理器   B. 微型计算机   C. 微型计算机系统   D. 小型机系统

2.在 I/O 接口的各类端口中,必须具有三态功能的端口是( )。

A. 数据输入缓冲器和状态寄存器   B. 控制寄存器和状态寄存器

C. 数据输入缓冲器和控制寄存器   D. 数据输出缓冲器和控制寄存器

3.通常所说的"裸机"指的是( )。

A. 只装操作系统的计算机   B. 不带输入/输出设备的计算机

C. 未装任何软件的计算机   D. 计算机主机暴露在外

4.计算机中数据总线驱动电路使用的基本逻辑单元是( )。

A. 非门   B. 三态门   C. 触发器   D. 译码器

5. CPU 对存储器访问时,地址线和数据线的有效时间关系为( )。

A. 同时有效　　　　B. 地址线先有效　　　　C. 数据线先有效　　　　D. 同时无效

6. 在计算机内,表示带符号数均用( )。

A. ASCII 码　　　　B. 原码　　　　C. 反码　　　　D. 补码

7. 二进制数 10000000B 作为带符号数的补码时,表示的数为( )。

A. 128　　　　B. 0　　　　C. -127　　　　D. -128

8. BCD 码是二进制编码的十进制数,一个 16 位的十进制数的组合 BCD 码在计算机内要占用的单元个数是( )。

A. 32　　　　B. 16　　　　C. 8　　　　D. 4

9. 在计算机内,字符均用 ASCII 码表示。1 个字符在存储器中占用( )。

A. 4 位　　　　B. 1 个字节　　　　C. 1 个字　　　　D. 1 个双字

10. 设 $X=-46$,$Y=117$,则 $[X-Y]_{补}$ 和 $[X+Y]_{补}$ 分别等于( )。

A. D2H 和 75H　　　　B. 5DH 和 47H　　　　C. 2EH 和 71H　　　　D. 47H 和 71H

11. 8 位二进制数的反码表示范围为( )。

A. 0～255　　　　　　　　　　　　B. -128～$+127$

C. -127～$+127$　　　　　　　　　D. -128～$+128$

12. $n+1$ 位符号数 X 的补码表示范围为( )。

A. $-2^n < X < 2^n$　　　　　　　　B. $-2^n \leqslant X \leqslant 2^n$

C. $-2^n \leqslant X \leqslant 2^n - 1$　　　　　　D. $-2^n < X \leqslant 2^n$

13. 某数据单元内容为 10000000B,它所能代表的补码的真值是( )。

A. -1　　　　B. -128　　　　C. $+128$　　　　D. -127

14. 十进制带符号数 $+10$,在数据单元中的二进制表示为( )。

A. 00000010B　　　　B. 10000010B　　　　C. 00001010B　　　　D. 10001010B

15. 从键盘输入的数据,通常是以( )形式表示的。

A. 二进制　　　　B. 十六进制　　　　C. ASCII 码　　　　D. BCD 码

16. 计算机内的溢出是指其运算结果( )。

A. 无穷大

B. 超出了计算机内存储单元所能存储的数值范围

C. 超出了运算器的取值范围

D. 超出了该指令所指定的结果单元所能存储的数值范围

二、判断题(判断对错,并改正)

1. 字长是处理器内部可以一次处理的二进制数的位数,字长越长,在完成同样精度的运算时数据处理速度越高。　　　　　　　　　　　　　　　　　　　　　　( )

2. 程序计数器是确保微处理器有序地执行程序的关键性寄存器,用于存放将要执行的下一条指令的地址码。　　　　　　　　　　　　　　　　　　　　　　　　　( )

3. 微型计算机工作的过程本质上就是执行一个特定指令序列的过程。而每执行一条指令都包括取指令、分析和执行三个阶段。　　　　　　　　　　　　　　　　　　( )

4. 现代高档微型计算机中普通采用了流水线结构,因此每条指令的时间明显缩短。( )

5. 准确地讲,所谓 I/O 操作,是指对 I/O 设备的操作。　　　　　　　　　　　( )

6. 控制器的基本功能是:由程序计数器 PC 控制程序的有序运行并完成各种算术逻辑

运算。　　　　　　　　　　　　　　　　　　　　　　　　　　　（　　）

7.奇校验的含义:待传送的数据加上校验位中的 0 的个数为奇数表示正确。　（　　）

8.字长一定的情况下,原码、反码和补码所能表示的二进制真值范围是相同的。　（　　）

9.微型计算机系统中按信息传输的不同范围,可将总线分为数据总线、地址总线、控制总线三类。
　　　　　　　　　　　　　　　　　　　　　　　　　　　　　（　　）

三、填空题

1.设模为 2^8,则 52 的补码为 _____ H,－14 的补码为 _____ H,－0 的反码为 _____ H。

2.CPU 与外设之间交换的信息包括数据信息、_____ 和 _____ 三类。

3.将－56.625 表示为单精度浮点数,指数部分(共 8 位,偏移量为＋127)应当是 _____ ,尾数部分(共 23 位)应当是 _____ 。

4.微型计算机中,CPU 重复进行的基本操作是 _____ 、_____ 和 _____ 。

5.程序存储与程序控制原理的含义是 _____ 。

四、简答题

1.计算机的特点表现在哪些方面?简述计算机的应用领域。

2.冯·诺依曼型计算机的结构由哪些部分组成?各部分的功能是什么?分析其中数据信息和控制信息的流向。

3.计算机中的 CPU 由哪些部件组成?简述各部分的功能。

4.微型计算机系统主要由哪些部分组成?各部分的主要功能和特点是什么?

5.什么是微型计算机的系统总线?定性说明微处理器三大总线的作用。

6.画图说明 1.3.2 节中模型计算机执行第二条指令(ADD A,05H)工作过程。

7.简述计算机中"数"和"码"的区别。计算机中常用的数制和码制有哪些?

8.将下列十进制数分别转换为二进制数、八进制数、十六进制数和 8421 压缩 BCD 码。

(1)125.74　　　　(2)513.85　　　　(3)742.24

(4)69.357　　　　(5)158.625　　　　(6)781.697

9.将下列二进制数分别转换为十进制数、八进制数和十六进制数。

(1)101011.101　　(2)110110.1101　　(3)1001.11001　　(4)100111.0101

10.将下列十六进制数分别转换为二进制数、八进制数、十进制数和 8421 压缩 BCD 码。

(1)5A.26H　　　　(2)143.B5H　　　　(3)6AB.24H　　　　(4)E2F3.2CH

11.根据 ASCII 码的表示,查表写出下列字符的 ASCII 码。

(1)0　　　(2)9　　　(3)K　　　(4)6　　　(5)t

(6)DEL　　(7)ACK　　(8)CR　　(9)$　　(10)<

12.写出下列十进制数的原码、反码、补码(采用 8 位二进制,最高位为符号位)。

(1)104　　　(2)52　　　(3)－26　　　(4)－127

13.已知补码求出其真值。

(1)48H　　　(2)9DH　　　(3)B2H　　　(4)4C10H

14.已知某个 8 位的机器数 65H,在其作为无符号数、带符号补码、8421 压缩 BCD 码以及 ASCII 码时分别表示什么真值和含义?

15.给字符 4 和 9 的 ASCII 码加奇校验,应是多少?若加偶校验呢?

16.中文信息如何在计算机内表示?

第2章

8086微处理器

8086微处理器
的结构和应用

目前计算机被广泛应用于科学研究、自动控制、辅助设计和通信等领域,计算机之所以能做如此之多的工作,是因为它有一个重要部件－微处理器。微处理器是微型计算机系统的核心部件,计算机的任何操作都是由它发出的命令来指挥的,掌握有关微处理器的知识对学好计算机原理是至关重要的。更为今后可以自主研发微处理器打好坚实的基础。2016 年,习近平总书记在中共中央第三十六次集体学习时提出了"六个加快"的行动纲领,其中加快网络信息技术自主创新排在首位。而微处理器又是网络信息技术发展的根基所在,因此发展国产微处理器是势在必行的。

本章重点介绍 8086 微处理器的结构、存储器的分段管理,并要求掌握 8086 的引脚功能及其操作时序,为学习软件结构及编程方式奠定基础。

8086 是 Intel 公司生产的 16 位微处理器,有 16 根数据线和 20 根地址线。因为可用 20 位地址,所以可寻址的地址空间达 2^{20} 即 1 M 字节单元。8086 工作时,只要一个 5 V 的电源和一相时钟,时钟频率为 5 MHz,时钟周期为 200 ns。

在推出 8086 的同时,Intel 公司还推出了一种准 16 位的微处理器 8088。8088 的内部寄存器、内部运算部件以及内部操作都是按 16 位设计的,但对外的数据总线只有 8 根。推出8088 的主要目的是与当时已有的一整套 Intel I/O 接口芯片直接兼容使用。

2.1　8086 的结构

学习 8086 的目的就是要理解微型计算机的工作过程,理解在执行指令时数据在微处理器内部的传输和操作时序,建立起微处理器工作的时空概念,为指令的使用及程序的设计打好基础,为此首先应该了解 8086 的内部结构。本章中关于 8086 的内部结构是从指令的执行全过程来讨论的,这种结构不是微处理器内部的物理结构和实际布局,而是一种从程序员和使用者的角度看到的编程结构。因此称下面要讨论的 8086 的内部结构为编程结构。

2.1.1 8086 的内部结构

如图 2-1 所示是 8086 的内部结构。从功能上看,8086 的内部结构包含两大部分:总线接口部件 BIU(Bus Interface Unit)和执行部件 EU(Execution Unit)。BIU 和 EU 的操作是并行的。BIU 取指令,读操作数,送结果,所有与外部的操作由其完成。EU 从 BIU 的指令队列中取指令,执行指令,不必访问存储器或 I/O 接口。若需要访问存储器或 I/O 接口,也是由 EU 向 BIU 发出所需要的地址,在 BIU 中形成物理地址,然后访问存储器或 I/O 接口,取得操作数送到 EU,或送结果到指定的内存单元或 I/O 接口。这种并行工作方式大大提高了系统工作效率。

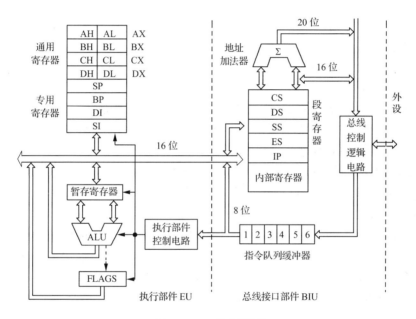

图 2-1 8086 的内部结构

1. 总线接口部件 BIU(Bus Interface Unit)

总线接口部件 BIU 是 8086 与外部(存储器和 I/O 接口)的接口,它提供了 16 位双向数据总线和 20 位地址总线,完成所有外部总线操作。8086 与存储器或 I/O 接口信息传送都是通过 BIU 进行的。例如,BIU 从内存的指令部分取出指令,送至指令队列中排队;在执行指令时所需的操作数,也由 BIU 从内部的指定区域取出,传送给 EU 去执行。

8086 总线接口部件 BIU 由下列各部分组成:

①4 个 16 位的段寄存器:

CS(Code Segment):16 位的代码段寄存器,存储当前的代码段的段地址。

DS(Data Segment):16 位的数据段寄存器,存储当前的数据段的段地址。

SS(Stack Segment):16 位的堆栈段寄存器,存储当前的堆栈段的段地址。

ES(Extra Segment):16 位的附加段寄存器,存储当前附加数据段的段地址。

②16 位的指令指针寄存器 IP:存放下一条要执行指令的偏移地址,由 CS 和 IP 的内容决

定程序的执行顺序。

③20 位的地址加法器:用来产生 20 位物理地址。地址加法器将 16 位逻辑地址变换成存储器读/写所需要的 20 位物理地址,实际上完成地址加法操作。

④6 字节的指令队列缓冲器:按先进先出的原则存放 6 个字节预取指令的代码。

⑤总线控制逻辑电路:以逻辑控制方式实现总线上的信息传送,发出总线控制信号。

总线接口部件 BIU 的工作过程如下:

首先对代码段寄存器 CS 中 16 位段基址,在最低位后面补 4 个 0,加上指令指针寄存器 IP 中 16 位偏移地址,在地址加法器内形成 20 位物理地址,这 20 位物理地址直接送往地址总线,然后通过总线逻辑发出存储器读信号,启动存储器,按给定的地址从存储器中取出指令,送到指令队列中等待执行。

8086CPU 的处理速度得到提高的重要原因是取指令和执行指令部分是分开的,即两者在执行时间上可以重叠,在一条指令的执行过程中,就可取出下一条(或多条)指令,送到指令队列缓冲器中排队。BIU 具有这种预取指令的功能,就减少了微处理器为取指令所需要的等待时间,提高了微处理器的利用率,提高了整个运算速度。

在多数情况下,指令队列中至少保持 1 个字节指令,EU 才不需要等待指令。指令队列中的指令,就是存放在同现行执行指令相连接而地址又比它高的那些存储单元的指令。只要按顺序执行,在指令队列中的指令就是紧跟其后的指令。当 EU 执行转移指令时,BIU 清空指令队列,从新地址取指令,并立即送给 EU,然后再从新单元开始,重新填满指令队列。此外,当 EU 请求存储器或 I/O 接口读或写数据的时候,BIU 就不取指令。

8086 采用取指令和执行指令这种重叠操作的技术称为指令的流水线结构,它不但提高微处理器利用率和整机运行速度,而且降低了对与它相配的存储器的存取速度的要求。

对总线接口部件 BIU,作下面两点说明:

①8086 的指令队列为 6 个字节,8088 的指令队列为 4 个字节。不管是 8086 还是 8088 都会在执行指令的同时,从内存中取下一条指令,取来的指令就放在指令队列中。这样,一般情况下,8086/8088 执行完一条指令就可以立即执行下一条指令,而不像以往的计算机那样,轮番地进行取指令和执行指令的操作,从而提高了微处理器的效率。

②地址加法器用来产生 20 位地址。上面已经提到,8086 可用 20 位地址寻址 1 M 个字节的内存空间,但 8086 内部所有的寄存器都是 16 位的,所以需要由一个机构来根据 16 位寄存器提供的信息计算出 20 位的物理地址,这个就是 20 位的地址加法器。

2. 执行部件 EU(Execution Unit)

执行部件 EU 负责指令的执行。它主要由算术逻辑单元 ALU、寄存器组、标志寄存器 FLAGS 和执行部件控制电路组成。其中算术逻辑单元 ALU 是 EU 的主要部件,其功能有两个:一是进行算术/逻辑运算;二是按指令的寻址方式算出所寻址的 16 位偏移地址。寄存器组由 4 个 16 位的通用寄存器(AX、BX、CX、DX)和 4 个 16 位的专用寄存器(源变址寄存器 SI、目的变址寄存器 DI、堆栈指针寄存器 SP、基址指针寄存器 BP)组成。标志寄存器 FLAGS 存放 ALU 运算结果特征。执行部件控制电路实现从队列中取指令、译码、产生控制信号等。

执行部件没有连接到系统总线上。执行部件 EU 从总线接口单元 BIU 的指令队列缓冲器获得指令,同样,当指令要求访问存储器或 I/O 接口时,EU 向 BIU 发出请求,由 BIU 通过总线获得存储数据。

3. 总线接口部件 BIU 和执行部件 EU 的动作管理

总线接口部件 BIU 和执行部件 EU 并不是同步工作的,两者的动作管理仍然是有原则的,它们按流水线技术原则来协调管理:

① 每当 8086 的指令队列中有两个空字节,或者 8088 的指令队列中有一个空字节时,BIU 就会自动把指令取到指令队列中。

② 每当 EU 准备执行一条指令时,它会从 BIU 的指令队列前部取出指令的代码,然后用几个时钟周期去执行指令。在执行指令的过程中,如果必须访问存储器或者 I/O 接口,那么,EU 就会请求 BIU 进入总线周期,完成访问存储器或者 I/O 接口的操作;如果此时 BIU 正好处于空闲状态,那么,会立即响应 EU 的总线请求。但有时会遇到这样的情况,EU 请求 BIU 访问总线时,BIU 正在将某个指令字节取到指令队列中,此时 BIU 将首先完成这个取指令的操作,然后再去响应 EU 发出的访问总线的请求。

③当指令队列已满,而且 EU 对 BIU 又没有总线访问请求时,BIU 便进入空闲状态。

④在执行转移指令、调用指令或返回指令时,下面要执行的指令就不是在程序中紧接着排列的那条指令了,而 BIU 往指令队列装入指令时,总是按顺序进行的,这样,指令队列中已经装入了的字节就没有用了。遇到这种情况,指令队列中的原有内容被自动清除,BIU 会接着往指令队列中装入另一段程序中的指令。

为了更深入了解 8086/8088 的工作特点,比较一下 8086/8088 系统与传统的计算机在工作方式上有什么不同。传统的计算机都是按照如下步骤来工作的:

①从指令指针所指的内存单元中取一条指令送到指令寄存器。

②对指令进行译码,而指令指针进行增值,以指向下一条指令。

③执行指令。如果所执行的是转移指令、调用指令或者返回指令,则重新设置指令指针的值,以指向下一条要执行的指令。

可见,传统的计算机在执行指令时,总是相继地进行提取指令和执行指令的动作,也就是说,指令的提取和执行是串行进行的。

相比之下,在 8086/8088 中,指令的提取和执行是分别由 BIU 和 EU 完成的,总线控制逻辑和指令执行逻辑之间既相互独立又相互配合。正是这种互相配合但又非同步的工作方式,使得 8086/8088 可以在执行指令的同时进行取指令操作。在 8086/8088 中,EU 可以不停地执行实现已经进入指令队列中的指令。只有当遇到转移指令、调用指令或返回指令时,或者当某一条执行过程中,需要访问内存的次数过于频繁,以至于 BIU 没有空闲从内存将指令提取到指令队列中时,才需要 EU 等待 BIU 提取指令,而这种情况相对来说是较少发生的。

8086/8088 中,BIU 和 EU 的这种工作方式,有力地提高了工作效率,这也正是 8086/8088 成功的原因之一,并被用在更高档微处理器的设计中。

2.1.2　8086 的寄存器结构

8086 包含 4 组 16 位寄存器:通用寄存器、指针寄存器和变址寄存器、段寄存器、控制寄存器,如图 2-2 所示。位于微处理器芯片内部的寄存器的存取速度比存储器快得多。

1. 通用寄存器

8086/8088 在 EU 中有 4 个 16 位的通用寄存器 AX、BX、CX 和 DX。这些寄存器用以暂存执行算术或逻辑运算所用到的操作数及结果。这些寄存器还可以当作 8 个 8 位寄存器,供指令系

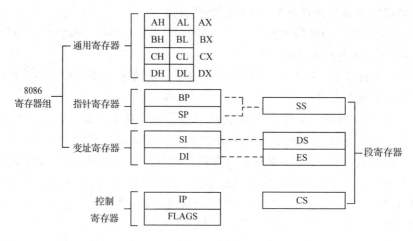

图 2-2　8086 的寄存器组

统在字节操作时使用。微处理器执行操作时,经常要用通用寄存器暂存操作数或中间结果,访问它要比访问存储器快,有了这样一个快速存取数的地方,就可缩短微处理器执行的时间。

当作为 16 位通用寄存器使用时,4 个通用寄存器命名分别为 AX、BX、CX、DX。而作为 8 位通用寄存器使用时,分别命名为 AH、AL、BH、BL、CH、CL、DH、DL。在 8086 中,只有 AX、BX、CX、DX 这 4 个通用寄存器中的每一个可以当作两个 8 位寄存器使用,其他寄存器只能作为一个完整的 16 位寄存器使用。

AX、BX、CX、DX 这 4 个寄存器除作为通用寄存器外,还可以有各自的专门用途。例如,串操作指令中必须用 CX 寄存器作为计数器,存放串的长度,这种寻址方式也称为隐含寻址。同样,AX、BX、DX 寄存器又可以分别称为累加器、基址寄存器和数据寄存器。表 2-1 中列出了 8086 通用寄存器的特殊用途和隐含性质。

表 2-1　　　　　　　　　　8086 通用寄存器的特殊用途和隐含性质

寄存器名称	特殊用途	隐含性质
AX、AL	在输入/输出指令中作通用寄存器	不能隐含
	在乘法指令中存放被乘数或乘积,在除法指令中存放被除数或商	隐含
AH	在 LAHF 指令中作目标寄存器	隐含
AL	在十进制运算(调整)指令中作累加器	隐含
	在 XLAT 指令中作累加器	
BX	在间接寻址中作基址寄存器	不能隐含
	在 XLAT 指令中作基址寄存器	隐含
CX	在串操作指令和 LOOP 指令中作计数器	隐含
CL	在移位/循环移位指令中作移位次数寄存器	不能隐含
DX	在字乘法/除法指令中存放乘积高位、被除数高位或余数	隐含
	在间接寻址的输入/输出指令中作地址寄存器	不能隐含
SP	在堆栈操作中堆栈指针寄存器	隐含
BP	在间接寻址中作基址指针	不能隐含
SI	在串操作指令中作源变址寄存器	隐含
	在间接寻址中作变址寄存器	不能隐含
DI	在串操作指令中作源变址寄存器	隐含
	在间接寻址中作变址寄存器	不能隐含

2. 指针寄存器和变址寄存器

8086 中,有一组 4 个 16 位的寄存器,它们是基址指针寄存器 BP、堆栈指针寄存器 SP、源变址寄存器 SI 和目的变址寄存器 DI。这 4 个 16 位的寄存器在算数或逻辑运算过程中可用来存放操作数,但经常的用途是在段内寻址时提供偏移地址以产生有效的存储器地址。这些寄存器只能当作16位的寄存器来寻址。

在8086的指令系统中,不是所有寄存器都能被每条指令指定。在许多情况下,指令只能使用一个特定的寄存器或寄存器组去执行它的功能。BP和SP一般与堆栈段寄存器SS联用,用以确定堆栈段中某一存储单元的地址,SP用以指示栈顶的偏移地址,而BP可作为栈区中的一个基地址,用以确定在堆栈中的操作数地址。SI和DI一般分别与数据段寄存器DS和附加段寄存器ES联用,用以确定存储单元的地址,SI和DI具有自动增量和自动减量的功能,这一点使在串操作指令中用作变址非常方便,SI作为隐含的源变址和DS联用,DI作为隐含的目的变址和ES联用。指针寄存器和变址寄存器的特殊用途和隐含性质,见表2-1。

3. 段寄存器(CS、DS、ES、SS)

在8086中有20根地址线,可直接寻址1 MB的存储空间,直接寻址需要20位的地址码,而所有内部寄存器都是16位的,只能直接寻址64 KB,因此采用分段技术来解决。将1 MB空间分为如干个逻辑段,每段最长64 KB,指令可对特定段进行访问。在8086内部中设置有4个16位的段寄存器,由它们给出相应逻辑段的首地址,即段基址。它们分别是代码段寄存器CS、数据段寄存器DS、堆栈段寄存器SS和附加段寄存器ES。段基址和偏移地址组合形成20位物理地址,偏移地址可以存放在寄存器中也可以存放在存储器中。

一条指令指定了一个段内偏移量,并且段寄存器指定了可供使用4个段,而选择哪一段则依赖于这些偏移量是如何被使用的。一个偏移量可能指定下一条执行的指令是一个操作数。所有指令都是从前面的代码段中取出的,因此就需要一个含有下一条执行的指令在当前代码段中的偏移量的寄存器,这个寄存器就是IP。取操作数段,一般可以用在指令前放1个字节前缀的方法来指定,这个前缀指定从4个段中的哪一个段中取操作数,如果没有这样一个前缀,操作数取自当前的数据段,除非偏移地址是从一个指针指示器的内容中计算得到的,在这种情况下,使用当前的堆栈段。若操作数是一条串指令的目的操作数,则使用当前的附加段。

例2-1 代码段寄存器CS存放当前代码段基址,指令指针寄存器IP存放了下一条要执行指令的偏移地址,其中CS=2000H,IP=003AH。通过组合,形成将要执行指令的20位存储单元的寻址地址为2003AH。

4. 指令指针寄存器(IP)和标准寄存器(FLAGS)

指令指针寄存器IP中的值等于下一条指令相对于当前代码段基址的偏移量,它与CS一起构成下一条指令的实际地址。IP的值由BIU自动修改,程序不能直接访问它。在程序运行中,BIU自动将其修改,使IP始终指向下一条将要执行的指令的地址,因此IP是用来控制指令序列的执行流程的,是一个重要的寄存器。一般情况下,取出1个字节指令后,IP会自动加1。在硬件上可以用复位和中断来改变IP的内容,在软件上可以通过跳转指令和子程序调用指令来改变IP的内容。

8086的标志寄存器FLAGS是一个16位的寄存器,用来存放运算结果的特征。其中9位用作标志位:状态标志位CF、AF、ZF、SF、PF和OF,用来表示运算后结果的状态特征;控制标志位DF、IF和TF,用来控制微处理器操作。标志寄存器FLAGS如图2-3所示。

15	14	13	12	11	10	9	8	7	6	5	4	3	2	1	0
				OF	DF	IF	TF	SF	ZF		AF		PF		CF

图2-3 标志寄存器FLAGS

6 个状态标志位的含义如下：

①CF(Carry Flag)进位标志位：CF＝1 表示指令执行结果在最高位上产生了一个进位或借位；CF＝0 则无进位或无借位产生。进位标志位用于判断无符号数运算结果是否正确。

②AF(Auxiliary Carry Flag)辅助进位标志位：执行加法或减法指令时，若本次运算结果的低字节的低 4 位向高 4 位有进位或借位，AF＝1，否则为 0。

③ZF(Zero Flag)零标志位：ZF＝1，表示运算结果为 0；ZF＝0，则结果不为 0。

④SF(Sign Flag)符号标志位：SF＝1，表示运算结果为负数，即结果的最高位为 1；SF＝0，则结果为正数，最高位为 0。

⑤PF(Parity Flag)奇偶标志位：PF＝1，表示指令执行结果低 8 位中有偶数个 1；PF＝0，则结果中有奇数个 1。执行结果低 8 位连同奇偶标志位共 9 位数组成为奇校验。

⑥OF(Overflow Flag)溢出标志位：溢出标志位判断带符号数运算结果是否溢出。当运算过程中产生溢出时，会使 OF＝1。

所谓溢出，就是当字节运算的结果超出了范围－128～＋127，或者当字运算的结果超出了范围－32768～＋32767。计算机在进行加法运算时，每当判断出低位向最高有效位产生进位，而最高有效位往前没有进位时，便得知产生了溢出，于是 OF＝1；或者反过来，每当判断出低位向最高位无进位，而最高位往前却有进位时，便得知产生了溢出，于是 OF＝1。在减法运算时，每当判断出最高位需要借位，而低位并不向最高位产生借位时，OF＝1；或者反过来，每当判断出低位从最高位有借位，而最高位并不需要从更高位借位时，OF＝1。

例 2-2　执行下面两个二进制数的加法，则各个标志位的值是多少？

```
   0010001101000101B
 + 0011001000011001B
 ─────────────────────
   0101010101011110B
```

答：由于运算结果的最高位为 0，所以 SF＝0；由于运算结果本身不为 0，所以 ZF＝0；由于低 8 位所含的 1 的个数为 5 个，即有奇数个 1，所以 PF＝0；由于最高位没有产生进位，所以 CF＝0；由于第三位没有往第四位产生进位，所以 AF＝0；由于低位没有往最高位产生进位，最高位往前也没有进位，所以 OF＝0。

例 2-3　执行下面两个二进制数的加法，则各个标志位的值是多少？

```
   0101010000111001B
 + 0100010101101010B
 ─────────────────────
   1001100110100011B
```

答：由于运算结果的最高位为 1，所以 SF＝1；由于运算结果本身不为 0，所以 ZF＝0；由于低 8 位所含的 1 的个数为 4 个，即有偶数个 1，所以 PF＝1；由于最高位没有产生进位，所以 CF＝0；由于第三位往第四位产生了进位，所以 AF＝1；由于低位往最高位产生了进位，而最高位没有往前产生进位，所以 OF＝1。

当然，在绝大多数情况下，一次运算后，并不对所有标志位进行改变，程序也并不需要对所有的标志位做全面的关注。一般只在某些操作之后，对其中某个标志位进行检测。

控制标志位的含义如下：

①DF(Direction Flag)方向标志位：用于控制串操作指令中地址指针的变化方向。在串操作指令中，如果 DF＝0，则串操作过程中地址指针自动增量，即由低地址向高地址进行串操

作;如果 DF＝1,则串操作过程中地址指针自动减量,即由高地址向低地址进行串操作。STD 指令使 DF＝1,CLD 指令使 DF＝0。

②IF(Interrupt Enable Flag)中断标志位:这是控制可屏蔽中断的标志。如果 IF＝0,则中断是关闭的,此时微处理器不能对可屏蔽中断请求做出响应;如果 IF＝1,则中断是打开的,允许微处理器响应可屏蔽中断,此时微处理器可以接受可屏蔽中断请求。

③TF(Trap Flag)跟踪标志位:用户调试程序时,可设置单步工作方式。如果 TF＝1,则微处理器按单步跟踪方式执行指令,此时微处理器每执行完一条指令就自动产生一次中断,使用户能够逐条跟踪程序进行调试。

这些控制标志位一旦设置之后,便对后面的操作产生控制作用。

标志寄存器中标志位的状态表示在 IBM PC/XT、PC/AT 中,可由调试程序(Debug)显示出来,表 2-2 说明了各标志位在 Debug 中的符号表示。(TF 在 Debug 中不提供符号)

表 2-2　　　　　　　　　　　各标志位在 Debug 中的符号表示

标志位	为1对应符号	为0对应符号
OF	OV	NV
DF	DN	UP
IF	EI	DI
SF	NG	PL
ZF	ZR	NZ
AF	AC	NA
PF	PE	PO
CF	CY	NC

2.2　8086 的引脚及其功能

2.2.1　8086/8088 的引脚信号

如图 2-4 所示是 8086 和 8088 微处理器的外部引脚图。

8088 是继 8086 之后推出的准 16 位微处理器,它与 8086 具有类似的体系结构。两者的 EU 完全相同,其指令系统、寻址能力及程序设计方法都相同。这两种微处理器的主要区别如下:

(1)外部数据总线位数的差别

8086 的外部数据总线有 16 位,在一个总线周期内可输入/输出 1 个字(16 位数据),使系统处理数据和对中断响应的速度得以加快;而 8088 的外部数据总线为 8 位,在一个总线周期内只能输入/输出 1 个字节。(8 位数据)

(2)指令队列容量的差别

8086 的指令队列可容纳 6 个字节,且在每个总线周期中从存储器中取出 2 个字节的指令代码填入指令队列,这可提高取指令操作和其他操作的并行率,从而提高系统工作速度;而 8088 的指令队列只能容纳 4 个字节,且在每个总线周期中能取 1 个字节的指令代码,从而增长了总线取指令的时间,在一定条件下可能影响取指令操作和其他操作的并行率。

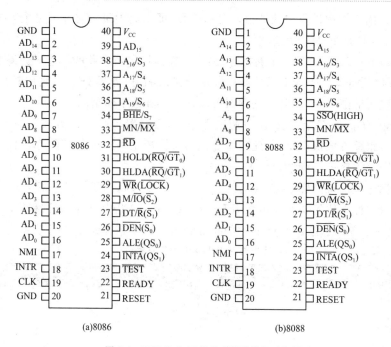

图 2-4 8086 和 8088 微处理器的外部引脚图

（3）引脚特性的差别

两种 CPU 的引脚功能是相同的，但有以下几点不同。

①$AD_{15} \sim AD_0$ 的定义不同。在 8086 中，$AD_{15} \sim AD_0$ 都定义为地址/数据复用总线；而在 8088 中，由于只需要 8 根数据总线，因此，对应于 8086 的 $AD_{15} \sim AD_8$ 这 8 根引脚定义为 $A_{15} \sim A_8$，只作地址线使用。

②34 号引脚的定义不同。在 8086 中，34 号引脚定义为 $\overline{BHE}/S_7$；而在 8088 中，34 号引脚定义为 $\overline{SSO}$，它与 $DT/\overline{R}$、$IO/\overline{M}$ 一起用作最小模式下的周期状态信号，不实现控制，只输出状态。

③28 号引脚的相位不同。在 8086 中，28 号引脚定义为 $M/\overline{IO}$；而在 8088 中，28 号引脚被倒相，改为 $IO/\overline{M}$，以便与 8080/8085 系统的总线结构兼容。

2.2.2 8086 的工作模式

8086 有两种工作模式：最小模式和最大模式，可根据需要组成最小模式和最大模式系统。最小模式是指系统中只有一个 8086 微处理器；而最大模式是指系统中包含两个或多个微处理器，8086 是系统的主处理器，其他的处理器是协处理器，是用来协助主处理器工作的。最小模式的总线控制信号都直接由 8086 产生；而最大模式的总线控制信号由 8288 总线控制器产生。8086 到底工作在哪一种模式，是由 8086 的 33 号引脚 $MN/\overline{MX}$ 所接信号电平决定。

1. 最小模式的典型系统结构

把 $MN/\overline{MX}$ 引脚接至电源，则 8086 工作于最小模式。最小模式也称为单处理器模式。如图 2-5 所示为 8086 在最小模式下的典型系统结构。

当利用 8086 构成最小系统时，系统中的存储器容量不大，I/O 接口也不多。这时系统的地址总线可以由 8086 的 $AD_{15} \sim AD_0$、$A_{19} \sim A_{16}$ 通过地址锁存器 8282 构成，数据总线可以直

接由 $AD_{15} \sim AD_0$ 供给,也可以通过数据收发器 8286 增大驱动能力后供给,系统的控制总线则直接由 8086 供给。

2.最大模式的典型系统结构

把 MN/$\overline{\text{MX}}$引脚接地,则 8086 工作于最大模式。最大模式就是多处理器模式。如图 2-6 所示为 8086 在最大模式下的典型系统结构。

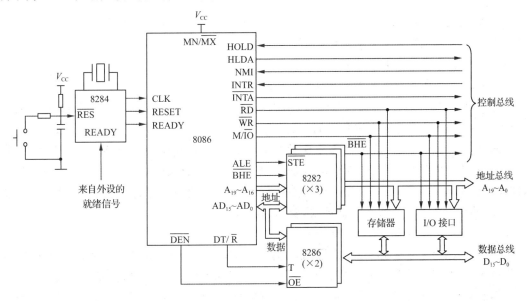

图 2-5　8086 在最小模式下的典型系统结构

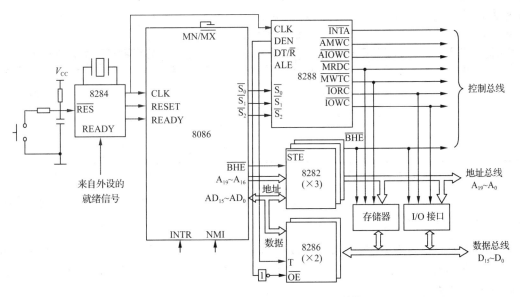

图 2-6　8086 在最大模式下的典型系统结构

最大模式用在利用 8086 构成中等或较大(相对于最小模式)系统时,此时系统中可以有多个处理器,其中 8086 为主处理器,其他处理器为协处理器,用来协助主处理器处理某方面的工作。

最大模式和最小模式的主要区别就是在最大模式下,需要增加一片总线控制器8288来对8086发出的控制信号进行变换和组合,以得到对存储器或者I/O接口的读/写信号和对锁存器以及数据收发器的控制信号。8288能够提高控制总线的驱动能力,工作时8288接收8086执行指令期间提供的状态信号 $\overline{S_2}$、$\overline{S_1}$ 和 $\overline{S_0}$,对 $\overline{S_2}$、$\overline{S_1}$ 和 $\overline{S_0}$ 译码后产生总线命令和总线控制信号。

2.2.3　8086 的引脚功能

1. 与工作模式无关的引脚功能

（1）$AD_{15} \sim AD_0$（Address Data Bus）

$AD_{15} \sim AD_0$ 为低 16 位地址/数据复用引脚,双向,三态。采用分时的多路转换方法来实现对地址线和数据线的复用。在总线周期的 T_1 状态,这些引脚表示为低 16 位地址线,在总线周期的 T_2、T_3、T_w 状态,这些引脚用作数据总线。可见对复用信号是用时间来加以划分的,它要求在 T_1 状态先出现低 16 位的地址时,用地址锁存器加以锁存,这样在随后的 T 状态,即使这些引脚用作数据线,而低 16 位地址线的地址状态却被记录保存下来,并达到地址总线上。在 DMA 方式时,这些引脚被浮空,置为高阻状态。

（2）$A_{19}/S_6 \sim A_{16}/S_3$（Address/Status）

$A_{19}/S_6 \sim A_{16}/S_3$ 为地址/状态复用引脚,输出,三态。在总线周期的 T_1 状态,这些引脚表示为最高 4 位地址线(在读/写 I/O 接口时,最高 4 位地址线不用,故这些引脚全为低电平),在总线周期的其他 T 状态(T_2、T_3、T_w、T_4)时,这些引脚用作提供状态信息。同样需要地址锁存器对 T_1 状态出现的最高 4 位地址加以锁存。状态信息 S_6 总是为低电平。S_5 反映当前允许中断标志位的状态。S_4 与 S_3 一起指示当前哪一个段寄存器被使用,其规定见表 2-3。在 DMA 方式时,这些引脚被浮空,置为高阻状态。

表 2-3　　　　　　　　　　　　S_4、S_3 代码组合

S_4	S_3	当前正在使用的段寄存器名
0	0	ES
0	1	SS
1	0	CS 或未用段寄存器(I/O,INT)
1	1	DS

（3）$\overline{BHE}/S_7$（Bus High Enable/Status）

$\overline{BHE}/S_7$ 为高 8 位数据总线允许/状态信号,输出,三态,$\overline{BHE}$ 低电平有效。在对存储器读/写、对 I/O 接口读/写及中断响应时,用 $\overline{BHE}$ 作高 8 位数据 $D_{15} \sim D_8$ 选通信号,即 16 位数据传送时,在 T_1 状态,用 $\overline{BHE}$ 指出高 8 位数据总线上数据有效,用 AD_0 地址线指出低 8 位数据线上数据有效。它与 AD_0 结合在一起,决定访问存储器高 8 位和低 8 位。在 $T_2 \sim T_4$ 状态,输出状态信号 S_7。

（4）$\overline{RD}$（Read）

$\overline{RD}$ 为读选通信号,输出,三态,低电平有效。允许 CPU 读存储器或 I/O 接口。当其有效时(低电平),表示正在对存储器或 I/O 接口进行读操作。若 $M/\overline{IO}$ 为高电平,表示读取存储器的数据;若 $M/\overline{IO}$ 为低电平,表示读取 I/O 接口的数据。在 DMA 方式时,此线被浮置为高

阻状态。

（5）READY（Ready）

READY 为准备就绪信号，输入，高电平有效。READY 是由选中的存储器或 I/O 接口送来的响应信号，当有效时（高电平），表示被访问的存储器或 I/O 接口已准备就绪，可完成一次数据传送。CPU 在读操作总线周期的 T_3 状态开始处，采样 READY 信号，若发现为低电平，则在 T_3 状态结束后，插入等待状态 T_w。然后在 T_w 开始处，继续采样 READY 信号，直至变为有效（高电平），才进入 T_4 状态，完成数据传送过程，结束总线周期。

（6）$\overline{\text{TEST}}$（Test）

$\overline{\text{TEST}}$ 为测试信号，输入，低电平有效。本信号由等待指令 WAIT 来检查，$\overline{\text{TEST}}$ 信号和 WAIT 指令配合使用。在 CPU 执行 WAIT 指令期间，CPU 每隔 5 个时钟周期对 $\overline{\text{TEST}}$ 进行一次测试，若测试到 $\overline{\text{TEST}}$ 为高电平，CPU 处于空转等待状态。一旦检测到 $\overline{\text{TEST}}$ 为低电平，则结束等待状态，继续执行 WAIT 指令下面的指令。WAIT 指令是使 CPU 与外部硬件同步的，$\overline{\text{TEST}}$ 相当于外部硬件的同步信号。

（7）INTR（Interrupt Request）

INTR 为可屏蔽中断请求信号，输入，电平触发（或边沿触发），高电平有效。CPU 在执行每条指令的最后一个 T 状态时，去采样 INTR 信号，若发现为有效（由 I/O 接口向 CPU 发出中断请求），而中断标志位 IF 又为 1，则 CPU 在结束当前指令周期后转入中断响应周期，寻找中断源并判断中断类型，然后在存储器的中断向量表中找到响应的中断服务程序的入口地址，转入执行中断服务程序。用 STI 指令使中断标志位 IF 置 1，用 CLI 指令可使中断标志位 IF 置 0，从而可实现对中断的屏蔽控制。

（8）NMI（Non-Maskable Interrupt Request）

NMI 为不可屏蔽中断请求信号，输入，边沿触发，上升沿有效。此中断请求不受中断标志位 IF 的影响，也不能用软件进行屏蔽。只要 NMI 引脚一旦出现由低到高的正跳变信号，则 CPU 就会在结束当前指令后，自动引起类型 2 中断，转去执行类型 2 中断处理程序。NMI 常用于掉电保护等紧急情况。

（9）RESET（Rest）

RESET 为复位信号，输入，高电平有效。复位时该信号要求维持高电平至少 4 个时钟周期，若是初次加电，则高电平信号至少要保持 50 μs。复位信号的到来，CPU 将立即结束当前操作，并初始化段寄存器 CS、DS、ES、SS、标志寄存器 FLAGS、指令指针 IP 和指令队列（将它们全部置为 00H）。复位时各内部寄存器的值见表 2-4。

表 2-4 复位时各内部寄存器的值

FLAGS 寄存器	清 0
IP 寄存器	0000H
CS 寄存器	FFFFH
其他寄存器	0000H
指令队列缓冲器	空

当 RESET 信号从高电平回到低电平时，即复位后进入重新启动时，便执行从内存 FFFF0H 处开始的指令，通常在 FFFF0H 存放一条无条件转移指令，转移到系统程序的实际入口处。这样只要系统被复位启动，就自动进入系统程序。

（10）CLK（Clock）

CLK 为时钟信号，输入。Intel 公司为 8086/8088 专门设计了 8284 时钟发生器，产生所需的时钟信号。时钟频率为 CPU 和总线控制电路提供基准时钟，对时钟信号要求：1/3 周期为高电平，2/3 周期为低电平。8086 的标准时钟频率为 5 MHz。

（11）V_{CC}，GND

V_{CC} 为电源引脚，单一的＋5 V 电源。

1 号引脚和 20 号引脚为两根 GND 引脚，均要接地。

（12）MN/$\overline{MX}$

MN/$\overline{MX}$ 为最小/最大模式选择引脚，输入。它决定 8086 的工作模式。若此引脚接至电源，则 8086 工作于最小模式；若此引脚接地，则 8086 工作在最大模式。

2. 最小模式下的引脚功能

把 MN/$\overline{MX}$ 引脚接至电源，8086 工作于最小模式，此时 24～31 号引脚的功能如下所述。

（1）$\overline{INTA}$（Interrupt Acknowledge）

$\overline{INTA}$ 为 CPU 向外输出的中断响应信号，低电平有效。输出用于对外部中断源发出的中断请求信号 INTR 做出的响应。在中断响应总线周期，8086/8088 连续发出两个 $\overline{INTA}$ 负脉冲，第一个负脉冲通知 I/O 接口已响应它的中断请求；第二个负脉冲信号通知外设将中断类型号输出到数据总线。I/O 接口往数据总线上发送中断类型号后，CPU 根据中断向量而转向中断处理程序。

（2）ALE（Address Latch Enable）

ALE 为地址锁存允许信号，输出，高电平有效。在总线周期的 T_1 状态，当地址/数据复用引脚 $AD_{15} \sim AD_0$ 和地址/状态复用引脚 $A_{19}/S_6 \sim A_{16}/S_3$ 上出现地址信号时，CPU 提供 ALE 有效电平，将地址信息锁存到地址锁存器中。

（3）$\overline{DEN}$（Data Enable）

$\overline{DEN}$ 为数据允许信号，输出，三态，低电平有效。为提高 CPU 总线的带负载能力，有时利用数据收发器来增加数据驱动能力，$\overline{DEN}$ 用作数据收发器 8286 或 74LS245 的输出允许信号。在使用 8286 或 74LS245 的最小模式系统中，在存储器访问周期，I/O 访问周期或中断响应周期，此信号有效，允许数据收发器和数据总线进行数据传送。在 DMA 方式时，此引脚被浮空，置为高阻状态。

（4）DT/$\overline{R}$（Data Transmit/Receive）

DT/$\overline{R}$ 为数据发送/接收控制信号，输出，三态。在使用 8286 或 74LS245 的最小模式系统中，用 DT/$\overline{R}$ 来控制数据传送方向。DT/$\overline{R}$ 为低电平，进行数据接收（CPU 读），即数据收发器把数据总线上的数据读进来。当 CPU 处在 DMA 方式时，此线浮空。

（5）M/$\overline{IO}$（Memory/Input and Output）

M/$\overline{IO}$ 为访问存储器或 I/O 接口的控制信号，输出，三态。若 M/$\overline{IO}$ 信号为高电平，表示 CPU 访问的是存储器；若 M/$\overline{IO}$ 为低电平，则访问的是 I/O 接口。一般在前一个总线周期的 T_4 状态，M/$\overline{IO}$ 有效，直到本周期的 T_4 状态为止。在"保持响应"周期，M/$\overline{IO}$ 置为高阻状态。

（6）$\overline{WR}$（Write）

$\overline{WR}$ 为写选通信号，输出，三态，低电平有效。允许 CPU 写存储器或 I/O 接口（数据从 CPU 到存储器）。由 M/$\overline{IO}$ 区分写存储器或写 I/O 接口，当其有效时（低电平）表示 CPU 正在对存储器或 I/O 接口进行写操作。$\overline{WR}$ 信号在总线周期的 T_2、T_3 及 T_W 状态有效；在"保持响应"周期，置为高阻状态。

（7）HOLD（Hold Request）

HOLD 为总线保持请求信号，输入，高电平有效。在最小模式系统中 HOLD 有效，表示其他共享总线的部件向 CPU 请求使用总线。当系统中 CPU 之外的总线主设备要求占用总线时，通过 HOLD 引脚向 CPU 发出高电平的请求信号。如果 CPU 允许让出总线，则 CPU 在当前周期的 T_4 状态，由 HLDA 引脚向总线主设备输出一高电平信号作为响应，同时使地址总线、数据总线和相应的控制线处于浮空状态，总线请求主设备取得了对总线的控制权。一旦总线使用完毕，总线请求主设备让 HOLD 变为低电平，CPU 检测到 HOLD 为低电平后，把 HLDA 也置为低电平，CPU 又获得了对总线的控制权。

（8）HLDA（Hold Acknouledge）

HLDA 为总线保持响应信号，输出，高电平有效。CPU 一旦测试到 HOLD 总线请求信号有效，如果 CPU 允许让出总线，那么在当前总线周期结束时的 T_4 状态发出 HLDA 信号，表示 CPU 响应这一总线请求，并立即让出总线使用权，将三根总线置成高阻状态。总线请求部件获得总线控制权后，可进行总线操作，如在存储器与外设间直接进行传送（DMA）。总线请求部件在总线使用完毕后，撤销 HOLD 请求，CPU 才将 HLDA 置成低电平，CPU 再次获得三根总线的使用权。

3. 最大模式下的引脚功能

如果将 8086 的 $MN/\overline{MX}$ 接地，CPU 就工作在最大模式了。

（1）$\overline{RQ}/\overline{GT_1}$、$\overline{RQ}/\overline{GT_0}$（Request/Grant）

$\overline{RQ}/\overline{GT_1}$、$\overline{RQ}/\overline{GT_0}$ 为总线请求与允许信号，双向，低电平有效。输入时表示其他主控者向 CPU 请求使用总线，输出时表示 CPU 对总线请求的响应信号，两个引脚可以同时与两个主控者相连。其中，$\overline{RQ}/\overline{GT_0}$ 比 $\overline{RQ}/\overline{GT_1}$ 有更高的优先权。

（2）$\overline{S_2} \sim \overline{S_0}$（Bus Cycle Status）

$\overline{S_2} \sim \overline{S_0}$ 为总线周期状态信号，三态，输出。在最大模式系统中，由 CPU 传给总线控制器 8288，8288 译码后产生相应的控制信号代替 CPU 输出，译码状态见表 2-5。

表 2-5 $\overline{S_2} \sim \overline{S_0}$ 的译码状态

$\overline{S_2}$、$\overline{S_1}$、$\overline{S_0}$			状 态	$\overline{S_2}$、$\overline{S_1}$、$\overline{S_0}$			状 态
0	0	0	发中断响应信号	1	0	0	取指令
0	0	1	读 I/O 接口	1	0	1	读存储器
0	1	0	写 I/O 接口	1	1	0	写存储器
0	1	1	暂停	1	1	1	无源状态

无源状态：对 $\overline{S_2} \sim \overline{S_0}$ 来说，在前一个总线周期的 T_4 状态和本总线周期的 T_1、T_2 状态中，至少有一个信号为低电平，每种情况都对应了某种总线操作，称为有源状态。在总线周期的 T_3、T_4 状态，并且 READY 信号为高电平时，$\overline{S_2} \sim \overline{S_0}$ 全为高电平，此时一个总线操作过程要结束，而新的总线周期还未开始，称为无源状态。

（3）$\overline{LOCK}$（Lock）

$\overline{LOCK}$ 为总线封锁信号，三态，输出，低电平有效。$\overline{LOCK}$ 有效时，CPU 不允许外部其他总线主控者获得对总线的控制权。$\overline{LOCK}$ 信号可由指令前缀 LOCK 来设置，即在 LOCK 前缀后面的一条指令执行期间,保持 $\overline{\text{LOCK}}$ 有效,封锁其他主控者使用总线,此条指令执行完,$\overline{\text{LOCK}}$ 撤销。另外,在 CPU 发出 2 个中断响应脉冲 $\overline{\text{INTA}}$ 之间,$\overline{\text{LOCK}}$ 信号也自动变为有效,以防止其他总线部件在此过程中占有总线,影响一个完整的中断响应过程。在 DMA 方式时,$\overline{\text{LOCK}}$ 置于高阻状态。

(4) QS_1、QS_0

QS_1、QS_0 为指令队列状态信号,输出,高电平有效。用来指示 CPU 中指令队列当前的状态,以便使外部对 8086 指令队列的动作进行跟踪,用于对芯片的测试。QS_1、QS_0 组合与队列状态的对应关系见表 2-6。

表 2-6　　　　　　　　QS_1、QS_0 组合与队列状态的对应关系

QS_1	QS_0	含　义
0	0	无操作
0	1	从指令队列中取走 1 个字节代码
1	0	队列为空
1	1	除第一个字节以外,取走后续字节的代码

2.3　8086 的存储器组织

在 8086 中,存储器按字节为单位进行组织和分配,即每一个内存单元为 8 位二进制位 (bit),可存储 1 个字节(byte)数据,每个单元具有唯一的地址码。由于 8086 有 20 根地址线,因此,可以管理 2^{20},即 1 MB 的存储空间,所以 8086 的内存为 1 MB。给这 1 MB 的内存单元编址,其地址范围为 00000H～FFFFFH,这个地址码称为物理地址。物理地址就是实际地址,它是一个 20 位的二进制地址值,表明 1 MB 存储空间内某一个字节单元的唯一地址。

存储单元中存放的信息,称为该存储单元的内容,有字节、字和双字。8086 规定,以低 8 位(低字节)所在单元的地址作为该字或双字数据的地址,存放的顺序是:高字节数据存放在高字节单元中,低字节数据存放在低字节单元中。例如,20120H～20123H 单元存放的内容依次是 12H,34H,55H,66H,那么 (20120H) = 12H 表示字节单元 20120H 的内容是 12H,(20120H) = 3412H 表示字单元 20120H 的内容是 3412H,(20120H) = 12345566H 表示双字单元 20120H 的内容是 66553412H。因此,一个地址既可以看作字节单元的地址,也可以看作是字单元的地址,还可以看作是双字单元的地址,这要根据具体情况来确定。指令和数据可以自由地存放在任何地址中,其低字节可以在奇地址中存放,也可以在偶地址中存放,也就是说字的地址可以是偶数也可以是奇数。如果从偶地址开始存放一个字,则称这种存放为规则存放,或称为对准存放,称这样存放的字为规则字;如果从奇地址开始存放一个字数据时,则称这种存放为非规则存放,或称为非对准存放,称这样存放的字为非规则字。

2.3.1　8086 的存储器结构

1.8086 的特殊存储器结构

8086 的 1 MB 存储器实际上被分成两个 512 KB 的存储体,分别称为奇地址区存储体和偶地址区存储体,简称为奇存储体和偶存储体。奇存储体单元的地址是奇数,偶存储体单元的地址是偶数。奇存储体的数据线与数据总线的高8位$D_{15} \sim D_8$相连,偶存储体的数据线与数据总线的低8位$D_7 \sim D_0$相连。地址线$A_{19} \sim A_1$可以同时寻址奇存储体和偶存储体,$\overline{BHE}$和A_0一起作为奇存储体和偶存储体的选择信号,分别接到奇存储体和偶存储体的$\overline{SEL}$端上。$\overline{BHE}=0$,$A_0=1$时选中奇存储体;$\overline{BHE}=1$,$A_0=0$时选中偶存储体;$\overline{BHE}$和A_0同为0时,奇存储体和偶存储体同时被选中。奇、偶存储体与总线之间的连接如图2-7所示。$\overline{BHE}$和A_0两个信号的组合和对应的操作见表2-7。

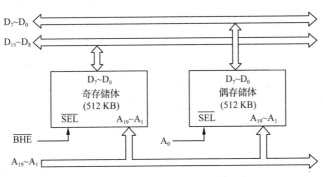

图2-7 奇、偶存储体与总线之间的连接

表2-7　　　　　　　　　　　$\overline{BHE}$和A_0两个信号的组合和对应的操作

$\overline{BHE}$	A_0	操　作	所用数据引脚
0	0	从偶地址开始读/写1个字	$AD_{15} \sim AD_0$
0	1	从奇地址单元开始读/写1个字节	$AD_{15} \sim AD_8$
1	0	从偶地址单元开始读/写1个字节	$AD_7 \sim AD_0$
1	1	无效	—
0	1	从奇地址单元开始读/写1个字,分两个总线周期: 从奇地址开始读写1个字节	$AD_{15} \sim AD_8$
1	0	从偶地址开始读写1个字节	$AD_7 \sim AD_0$

2. 数据的存取操作

在8086的指令系统中,既有字节操作也有字操作。8086对存储器每进行一次字节数据的存取,无论其地址是偶地址还是奇地址,只需要一个总线周期;而当8086对存储器进行一次字数据的存取,其所需要的总线周期与字的地址是偶地址还是奇地址密切相关。

进行一次规则字存取,需要一个总线周期。此时,$A_0=0$,$\overline{BHE}=0$,可以一次实现在奇、偶两存储体中完成一个字(高低字节)的存取操作,所需的$\overline{BHE}$及A_0信号时由字操作指令给出的。

在进行一次非规则字(从奇地址开始的字)存取,需要两个总线才能完成。在第一个总线周期中,$A_0=1$,$\overline{BHE}=0$,CPU存取时将这个字的低字节送到奇存储体中,而在取数时将这个数的低字节从奇存储体中读出;在第二个总线周期中,$A_0=0$,$\overline{BHE}=1$,CPU存取时将这个字的高字节送到偶存储体中,而在取数时将这个数的高字节从偶存储体中读出。因此,字数据的非规则存放会使CPU对其存取速度减慢,造成时间的浪费,所以在编写程序时应该尽量避免字的非规则存放。

8086存储器的物理组织虽然分成了奇存储体和偶存储体,但是在逻辑结构上,存储单元还是按地址顺序排列的。这样,当8086需从存储器中读/写1个字节单元内容时,只需使相应的存储体被选中,选中奇存储体时,令 $\overline{BHE}=0$,$A_0=1$;选中偶存储体时,令 $\overline{BHE}=1$,$A_0=0$。然后经 $A_{19} \sim A_1$ 送出具体单元的地址,CPU发出读/写信号,便可通过数据总线的低8位(偶存储体)或高8位(奇存储体)对该单元进行1个字节的读/写操作,分别如图2-8中(a)、(b)所示。但要读/写1个字时情况有所不同。当要读/写从偶地址开始的1个字时,因为此时低字节在偶存储体中,高字节在奇存储体中,所以要访问的两个字节单元的地址相同,系统自动发出 $\overline{BHE}=0$ 信号,使奇、偶两存储体同时被选中,CPU发出读/写信号,两个存储单元同时通过低8位和高8位数据线完成读/写操作。这种从偶地址开始的字,称为对准字,如图2-8(c)所示。当要读/写从奇地址开始的1个字时,此时低字节在奇存储体中,高字节在偶存储体中,所以要访问的两个字节单元的地址不同,两个存储单元不能同时选中。系统首先发出 $\overline{BHE}=0$,$A_0=1$ 信号,选中奇存储体,通过 $D_{15} \sim D_8$ 完成低字节的操作;紧接着系统令 $\overline{BHE}=1$,$A_0=0$,选中偶存储体,通过 $D_7 \sim D_0$ 完成高字节的操作。可见,从奇地址开始读/写1个字,需要两次访问存储器,如图2-8(d)所示。

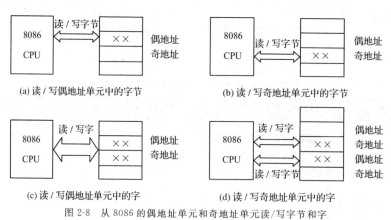

图 2-8　从8086的偶地址单元和奇地址单元读/写字节和字

2.3.2　存储器地址的分段

1. 存储器地址的分段

在8086中,ALU进行的运算是16位的,有关存放地址的寄存器如BX、IP、SP、SI和DI等都是16位的,这些寄存器只能存放16位的地址信息,因而对地址的运算也只能是16位的。也就是说,对于8086来说,各种寻址方式,寻找操作数的范围限制在 2^{16},即64 KB之内。而在8086外部提供20位的物理地址,其直接寻址能力为 2^{20},即 1 MB。这样就产生了一个矛盾,即16位地址寄存器如何去寻址20位的存储器的物理地址。解决这个问题的办法就是存储器的分段。为了管理1 MB存储空间,8086巧妙地采用了存储器分段管理的方法,将寻址范围扩大到1 MB。

8086把1 MB的存储器空间分为若干逻辑段,每段的容量小于或等于64 KB,这样段内就可以采用16位寻址了。8086系统对存储器的分段采用灵活的方法,允许各个逻辑段在整个存储空间中浮动,这样在程序设计时可以使程序保持相对的完整性。分段的位置不受任何约束,段和段之间可以是连续的(此时整个存储空间分成 16个逻辑段)、分开的、部分重叠或完全重叠的,如图2-9所示。

分段后,对存储器的寻址操作不再直接用20位的物理地址,而是采用"段基址:偏移地址"的二级寻址方式,表达其准确的物理位置。任何一个存储单元,都可以在一个段中定义,也可以在两个重叠的逻辑段中,关键是看段首的首地址如何指定。IBM PC 对段的首地址有限制,规定必须从每小段的首地址开始,每 16 个字节为一小段,所以段起始地址必须能被 16 整除才行。

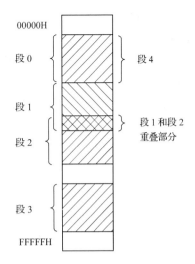

图 2-9　存储器的分段结构

2.物理地址的形成

8086 系统将段地址放在段寄存器中,称为"段基址"。有 4 个段寄存器,分别为代码段寄存器 CS,数据段寄存器 DS,附加段寄存器 ES 和堆栈段寄存器 SS。

逻辑段的第一个单元的物理地址(20 位)称为段首址。为了能用 16 位寄存器表达段基址,8086 规定 20 位段首址的低 4 位应该全是 0,为 ××××0H 形式。段首址的高 16 位二进制数据称为段基址。段基址根据段的性质存放在相应的段寄存器 DS、ES、SS 和 CS 中。把某一存储单元相对于段起始位置的偏移量称为偏移地址。由于限定每段不超过 64 KB,不会超过 16 位,因此偏移地址可以用 IP、SP、BP、SI、DI 或 BX 给出,也可以通过寻址方式计算给出(16 位的偏移量数据)。把通过段基址和偏移地址来表示的存储单元的地址称为逻辑地址,程序设计时使用的是逻辑地址。为了叙述简洁,常用"段基址:偏移地址"形式来描述一个物理单元的逻辑地址。

例如,某一单元的逻辑地址表示为 2100H:0100H,则该单元所在的逻辑段起始于物理地址为 21000H 的位置,只是因为 8086 规定逻辑段必须起始于物理地址低四位为 0 的单元,所以对于起始位置,只需存储高 16 位即可,这里段基址只需存储高 16 位 2100H。在这一逻辑段中,该单元距离逻辑段的起始位置的偏移距离是 0100H。

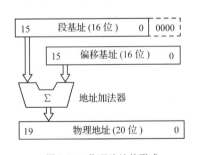

图 2-10　物理地址的形成

采用分段结构的存储器中,任何一个 20 位物理地址都是由它的逻辑地址变换得到的。物理地址＝段基址×16＋偏移地址。

物理地址是存储单元的实际地址。在 1 MB 的存储器里,每一个存储单元都有一个唯一的 20 位地址,称为该存储单元的物理地址。物理地址的形成如图 2-10 所示,它是通过 BIU 的地址加法器来实现的。把段基址左移 4 位形成段首址再与偏移地址相加,就得到 20 位的物理地址。

例 2-4　已知某存储单元 1 的逻辑地址是 2000H:1300H,存储单元 2 的逻辑地址是 2110H:0200H,求这两存储单元的实际物理地址。

解　存储单元 1 的物理地址为 2000H×10H＋1300H＝21300H,存储单元 2 的物理地址为 2110H×10H＋0200H＝21300H。

3.逻辑地址来源

由于访问存储器的操作数类型不同,BIU 所使用的逻辑地址来源不同,取指令时,自动选择 CS 寄存器值作段基址,偏移地址由 IP 来指定,计算出取指令的物理地址。当堆栈操作时,段基址自动选择 SS 寄存器值,偏移地址由 SP 来指定。当进行读/写存储器操作数或访问变量时,则自动选择 DS 或 ES 寄存器值作为段基址,此时偏移地址要由指令所给定的寻址方式来决定,可以是指令中包含的直接地址,可以是地址寄存器中的值,也可以是地址寄存器的值加上指令中的偏移量。注意当用 BP 作为基地址寻址时,段基址由堆栈寄存器 SS 提供,偏移地址从 BP 中取得。

在字符串寻址时,源操作数在现行数据段中,段基址由 DS 提供,偏移地址由源变址寄存器 SI 取得,而目标操作数通常放在当前附加段中,段基址由 ES 寄存器提供,偏移地址由源变址寄存器 DI 取得。

4. 8086 的堆栈

堆栈是存储器中开辟的一个特殊存储区域,用于调用子程序和响应中断时的现场保护,按照"先进后出、后进先出"的原则工作。

一个系统中可以有多个堆栈,每个堆栈的容量最大为 64 K 个字节,即逻辑段的最大容量。当有多个堆栈时,则只有一个是当前正在使用的,称为现行堆栈。堆栈段的段基址由堆栈寄存器 SS 指定,栈顶由堆栈指针 SP 指定,即 SP 始终指向最后推入堆栈的信息所在的单元,SP 的初值规定了所用堆栈的大小。在微型计算机中,堆栈有两种类型:一种是向上生长型,另一种是向下生长型。8086 的堆栈属于向下生长型,即进栈时 SP 指针递减,出栈时 SP 指针递增。

堆栈有两种操作:进栈操作和出栈操作,而且进栈和出栈操作必须以字为单位。当进行进栈操作后堆栈指针回到初值,表明堆栈满;当执行弹出操作后,堆栈指针回到初值,表明堆栈空。当栈满时,再压入数据,称为堆栈溢出,使用时应该注意避免。

5. 8086 的 I/O 组织

由于 I/O 设备的复杂性和多样性,并且其工作速度远远低于 CPU,所以 I/O 设备不能直接和 CPU 总线相连,而必须通过 I/O 接口芯片进行联系,它们之间才能相互交换信息。每一块 I/O 接口芯片上都有一个或几个端口,一个端口对应于芯片上的一个或一组寄存器,一个端口有唯一的 I/O 地址与之对应,就像存储单元地址一样。

I/O 端口有两种编址方式:统一编址和独立编址。

(1)统一编址

这种编址方式将 I/O 端口和存储单元统一编址,即把 I/O 端口也看作存储单元。这种编址方式的优点是可以利用存储器的寻址方式来寻址 I/O 端口,但是 I/O 端口占用了存储空间,指令丰富,操作灵活。

(2)独立编址

这种编址方式将 I/O 端口和存储单元分开编址,即 I/O 端口空间与存储器空间相互独立。这种编址方式的优点是不占用内存空间,使用专门的 I/O 指令进行操作,程序清晰;并且由于 I/O 端口的地址空间较小,所用地址线也就较少,因此译码电路比较简单。但是因为只能使用专门的 I/O 指令进行操作,所以访问端口的指令不如访问寄存器的指令多。

8086 采用独立编址方式,设有专门的指令:输入指令 IN 和输出指令 OUT 来访问 I/O 端口,实现 CPU 与 I/O 端口之间的数据传送。利用 $AD_{15} \sim AD_0$ 这 16 根地址线作端口地址,可访问最多 65536 个 8 位 I/O 端口或 32768 个 16 位 I/O 端口。8086 访问 I/O 端口时,端口地址仍为 20 位,只是高 4 位 $A_{19} \sim A_{16}$ 总为 0000。一个 8 位端口相当于一个存储器字节单元,相邻两个 8 位端口可以组合成一个 16 位端口,类似于存储器中的一个字。

2.4   8086/8088 的操作时序

计算机工作过程是执行指令的过程,8086 的操作是在时钟脉冲 CLK 的统一控制下进行的,8086 的时钟频率为 5 MHz,时钟周期或 T 状态为 200 ns。由数字电路的知识可知,数字电路工作时,靠同步控制信号控制数字信号的传送、存储和运算。微处理器是内部复杂的同步逻辑时序电路,因而其工作过程也要靠许多同步控制信号(节拍和脉冲)控制。每条指令译码后都产生完成各自工作所需的控制信号,这些信号在时间上有着严格的先后顺序,控制硬件的相应部分实现该指令功能。每个节拍或脉冲控制微处理器中的某部分完成某项工作,另外的节拍或脉冲则控制微处理器的另外部分完成另外的工作,连续的节拍脉冲就可以控制微处理器完成复杂工作。每条指令工作时,其固有的控制信号产生过程称为指令工作时序。

2.4.1   时钟周期(T 状态)、总线周期和指令周期

1. 时钟周期(T 状态)

计算机的"时钟"是由振荡源产生的、幅度和周期不变的节拍脉冲,每个脉冲周期称为时钟周期,又称为 T 状态。计算机是在时钟脉冲的统一控制下,一个节拍一个节拍地工作的。时钟周期是 CPU 的基本时间计量单位,它由计算机的时钟频率决定。在 IBM PC 中,时钟频率为 4.77 MHz,一个 T 状态为 210 ns。

2. 总线周期(Bus Cycle)

CPU 通过总线接口部件 BIU 完成一次访问存储器或 I/O 接口操作所需要的时间,称为一个总线周期。当 CPU 访问存储器或 I/O 接口,需要通过总线进行读或写操作。与 CPU 内部操作相比,通过总线进行的操作需要较长的时间。

在 8086/8088 中,一个基本的总线周期由 4 个时钟周期组成,4 个时钟周期分别称为 4 个 T 状态,即 T_1 状态、T_2 状态、T_3 状态和 T_4 状态。当存储器或 I/O 接口工作速度较慢时,要在 T_3 状态之后插入一个或几个等待状态 T_W。8086 的一个基本的总线周期时序如图 2-11 所示。

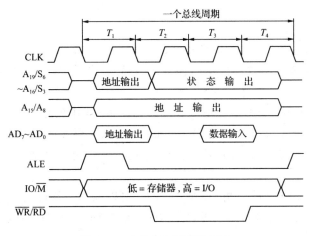

图 2-11   一个基本的总线周期时序

该总线周期包含 4 个 T 状态,即图 2-11 中的 T_1、T_2、T_3、T_4。

①在 T_1 状态,CPU 往总线上发出地址信息,以指出要寻址的存储单元或 I/O 接口的地址。

②在 T_2 状态,CPU 从总线上撤销地址,而使总线的低 16 位浮空,置成高阻状态,为传送数据作准备。总线的最高 4 位($A_{19} \sim A_{16}$)用来输出本总线周期状态信息。这些状态信息用来表示中断允许状态,当前正在使用的段寄存器名等。

③在 T_3 状态,总线的高 4 位继续提供状态信息,而总线的低 16 位(8088 则为低 8 位)上出现由 CPU 写出的数据或者 CPU 从存储器或接口读入的数据。

④在有些情况下,外设或存储器速度较慢,不能及时地配合 CPU 传送数据。这时,存储器或 I/O 接口会通过 READY 引脚在 T_3 状态启动之前向 CPU 发一个数据未准备就绪信号,于是 CPU 会在 T_3 之后插入 1 个或多个附加的时钟周期 T_W。T_W 也称为等待状态,在 T_W 状态,总线上的信息情况和 T_3 状态的信息情况一样。当指定的存储器或 I/O 接口完成数据传送时,便在 READY 引脚上发出准备就绪信号,CPU 接收到这一信号后,会自动脱离 T_W 状态而进入 T_4 状态。

⑤在 T_4 状态,总线周期结束。

需要指出,只有在 CPU 和存储器或 I/O 接口之间传送数据,以及填充指令队列时,CPU 才执行总线周期。可见,如果在一个总线周期之后,不立即执行下一个总线周期,那么系统总线就处在空闲状态,此时执行空闲周期。在空闲周期中,可以包含一个时钟周期或多个时钟周期。这期间在高 4 位上,CPU 仍然驱动前一个总线周期的状态信息,而且如果前一个总线周期为写周期,那么,CPU 会在总线低 16 位上继续驱动数据信息,如果前一个总线周期为读周期,则在空闲周期中总线低 16 位处于高阻状态。如图 2-12 所示为一个典型的总线周期序列。

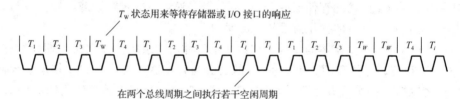

T_W 状态用来等待存储器或 I/O 接口的响应

在两个总线周期之间执行若干空闲周期

图 2-12　一个典型的总线周期序列

3. 指令周期

每条指令的执行包括取指令、译码和执行。执行一条指令所需要的时间称为指令周期。指令周期是由一个或多个总线周期组合而成。或者说,指令周期可以被划分为若干个总线周期。

8086 中不同指令的指令周期是不等长的。由于 8086 中的指令码最短的只需要 1 个字节,多的有 6 个字节,多字节指令,取指令(存储器读)就需要多个总线周期;在指令的执行阶段,由于各种不同寻址方式,需要的总线周期个数也各不相同。因此,8086 的指令周期是不等长的。

对于 8086 来说,在 EU 执行指令的时候,BIU 可以取下一条指令。由于 EU 和 BIU 可以并行工作,8086 指令的最短执行时间可以是两个时钟周期,一般的加、减、比较、逻辑操作是几十个时钟周期,最长的为 16 位乘除法,约要 200 个时钟周期。

2.4.2 系统的复位及启动

8086/8088 通过 RESET 引脚上的触发信号来引起系统的复位和启动。复位信号 RESET 至少维持 4 个时钟周期的高电平,如果是初次加电引起的复位,则要求维持不小于 50 μs 的高电平。

当复位信号 RESET 由低变成高电平时,8086/8088 结束现行操作,并且,只要 RESET 维持在高电平状态,8086/8088 就维持复位状态。复位时,各内部寄存器复位成初值,见表 2-8。

表 2-8 复位时各内部寄存器的值

FLAGS 寄存器	清 0
IP 寄存器	0000H
CS 寄存器	FFFFH
DS 寄存器	0000H
SS 寄存器	0000H
ES 寄存器	0000H
指令队列缓冲器	清空
其他寄存器	0000H

在复位时,由于 FLAGS 寄存器被清 0,所有标志位均为 0,这样,所有从 INTR 引脚进入的可屏蔽中断全部被屏蔽,所以,在系统程序中要用开中断指令 STI 来设置中断标志位。8086/8088 复位操作时的时序如图 2-13 所示。

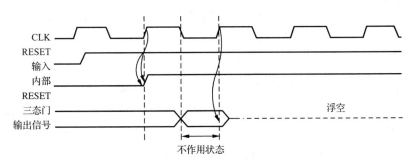

图 2-13 8086/8088 复位操作时的时序

在 RESET 信号变成高电平后,经过一个时钟周期,所有的三态输出线被设置成高阻状态,并一直维持在高阻状态(浮空),直到 RESET 信号回到低电平为止。但在高阻状态的前半个时钟周期,也就是在前一个时钟周期的低电平期间,三态输出线被置成不作用状态,当时钟信号又变成高电平时,才置成高阻状态。

置成高阻状态的三态输出线包括 $AD_{15} \sim AD_0$、$A_{19}/S_6 \sim A_{16}/S_3$、$\overline{BHE}/S_7$、$M/\overline{IO}$、$DT/\overline{R}$、$\overline{DEN}$、$\overline{WR}$、$\overline{RD}$ 和 $\overline{INTA}$。另外有几根控制线在复位之后处于无效状态,但不浮空,包括 ALE、HLDA、$\overline{RQ}/\overline{GT_0}$、$\overline{RQ}/\overline{GT_1}$、$QS_0$、$QS_1$。

2.4.3 8086 最小模式下的总线操作

8086 为了与存储器或 I/O 接口交换数据,需要执行一个总线周期,这就是总线操作。按照 8086 的操作模式来分,可分为最小模式和最大模式。按照数据传送方向来分,可以分为总线读操作和总线写操作。总线读操作是指 CPU 从存储器或 I/O 接口读取数据;总线写操作是指 CPU 将数据写入存储器或 I/O 接口。总线完成读操作或写操作的工作,需要 CPU 的总线接口部件 BIU 执行一个总线周期,即读总线周期或写总线周期。

1. 读总线周期

如图 2-14 所示为 8086 在最小模式下读总线周期的时序。一般情况下,一个基本的读总线周期包括 4 个周期 T 状态,即 T_1、T_2、T_3、T_4。当存储器或 I/O 接口工作速度较慢时,在 T_3 和 T_4 状态之间,CPU 会插入一个或几个等待状态 T_w。下面对读总线周期中的各个状态及 CPU 的状态做具体说明。

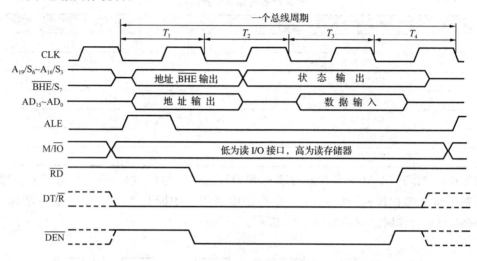

图 2-14　8086 在最小模式下读总线周期的时序

（1）T_1 状态

在 T_1 状态有效时,首先根据 $M/\overline{IO}$ 信号判断 CPU 是要从存储器还是 I/O 接口读数据。当 $M/\overline{IO}$ 信号为高电平时,CPU 从存储器中读数据;当 $M/\overline{IO}$ 信号为低电平时,CPU 从 I/O 接口读数据。$M/\overline{IO}$ 信号的有效电平一直保持到整个总线周期的结束,即 T_4 状态。

CPU 要读存储单元或 I/O 接口的数据必须知道存储单元或 I/O 接口地址。所以,在 T_1 状态的开始,20 位地址信息就通过这些引脚送到存储器和 I/O 接口。8086 的 20 位地址信号是通过多路复用总线输出的,高 4 位地址通过地址/状态复用引脚 $A_{19}/S_6 \sim A_{16}/S_3$ 送出,低 16 位地址通过地址/数据复用引脚 $AD_{15} \sim AD_0$ 送出。

由于 8086 的地址总线是通过多路复用总线输出的,所以,地址信号必须被锁存起来,这样才能在总线周期的其他状态,往这些引脚上传送数据和状态信息。为了实现对地址信号的锁存,CPU 便在 T_1 状态下,从 ALE 引脚上输出一个正脉冲作为地址锁存信号。在 ALE 信号的下降沿到来之前,$M/\overline{IO}$ 信号、地址信号均已有效。8282 正是用 ALE 信号的下降沿对地址信号进行锁存的。

$\overline{BHE}$ 信号也在 T_1 状态通过 $\overline{BHE}/S_7$ 引脚送出,它用来表示高 8 位数据总线上的信息可以使用。在 T_1、T_2、T_3、T_4 及 T_w 状态,输出状态信号 $S_7 \sim S_3$。

在系统中接有数据收发器时,要用到 $DT/\overline{R}$ 和 $\overline{DEN}$ 作为控制信号。$DT/\overline{R}$ 信号作为对数据传送方向的控制,$\overline{DEN}$ 信号实现数据的选通,低电平有效。当 $\overline{DEN}$ 信号为低电平时,在 T_1 状态,$DT/\overline{R}$ 信号为低电平,表示本总线周期为读周期,即让数据收发器接收数据。

（2）T_2 状态

在 T_2 状态，地址信号消失。此时，$AD_{15} \sim AD_0$ 进入高阻状态，以便为读数据做准备。$A_{19}/S_6 \sim A_{16}/S_3$ 引脚上输出状态信息 $S_6 \sim S_3$，指出当前正在使用的段寄存器及中断允许情况。

$\overline{DEN}$ 信号在 T_2 状态为低电平，作为 8286 的选通信号，使数据通过 8286 传送。

$\overline{RD}$ 信号在 T_2 状态变为有效，使 CPU 发出读命令，将选通的存储器或 I/O 接口的数据传到数据总线上。

$\overline{BHE}/S_7$ 变为高电平，输出状态信息 S_7，S_7 在设计中未赋予实际意义。

（3）T_3 状态

在 T_3 状态的上升沿，CPU 采样 READY 信号，若此信号为低电平，表示系统中所连接的储存器或 I/O 接口工作速度较慢，数据没有准备就绪，要求 CPU 在 T_3 和 T_4 状态之间再插入一个 T_W 状态。READY 是通过 8284 传给 CPU 的。

当 READY 信号有效时，CPU 读取数据。在 $DT/\overline{R}=0$，$\overline{DEN}=0$ 的控制下，存储单元或 I/O 接口的数据通过 8286 送到数据总线 $AD_{15} \sim AD_0$ 上。CPU 在 T_3 周期结束时，读取数据。$S_4 S_3$ 指出当前访问哪个段寄存器。若 $S_4 S_3 = 10$，表示访问 CS 段寄存器，读取的是指令，CPU 将它送入指令队列中等待执行；否则读取的是数据，送入 ALU 进行运算。

（4）T_W 状态

当系统中所用的存储器或 I/O 接口的工作速度慢，从而不能用最基本的总线周期执行读操作时，系统中就采用一个电路来产生 READY 信号，READY 信号通过 8284 传递给 CPU。CPU 在 T_3 状态的上升沿对 READY 信号进行采样。若 CPU 在 T_3 状态的开始采样到 READY 信号为低电平，那么将在 T_3 和 T_4 之间插入等待状态 T_W。T_W 可以是一个，也可以是多个。以后 CPU 在每个 T_W 的前沿处对 READY 信号进行采样。当在 T_W 状态采样到 READY 信号为高电平时，在当前 T_W 状态执行完，进入 T_4 状态。在最后一个 T_W 状态，数据肯定已出现在数据总线上，此时 T_W 状态的动作与 T_3 状态一样。CPU 采样数据线 $AD_{15} \sim AD_0$。

（5）T_4 状态

CPU 在 T_3 与 T_4 状态的交界处采样数据。然后在 T_4 状态的后半周期，数据从数据总线上撤除，各个控制信号线和状态信号线进入无效状态，$\overline{DEN}$ 信号变为高电平，数据收发器停止工作。一个读总线周期结束。

2. 写总线周期

如图 2-15 所示为 8086 在最小模式下写总线周期的时序，表示了 CPU 往存储器或 I/O 接口写入数据的时序。和读总线周期一样，最基本的写总线周期也包含 4 个状态，即 T_1、T_2、T_3 和 T_4。当存储器或 I/O 接口工作速度较慢时，在 T_3 和 T_4 状态之间，CPU 会插入一个或几个等待状态 T_W。下面对写总线周期中的各个状态及 CPU 的状态做具体说明。

8086 写总线周期的时序与读总线周期的时序有许多相同之处。

（1）T_1 状态

在 T_1 状态有效时，首先根据 $M/\overline{IO}$ 信号判断 CPU 是将数据写到存储器还是 I/O 接口，当 $M/\overline{IO}$ 信号为高电平时，CPU 往存储器中写数据；当 $M/\overline{IO}$ 信号为低电平时，CPU 往 I/O 接口写数据。$M/\overline{IO}$ 信号的有效电平一直保持到整个总线周期的结束，即 T_4 状态。

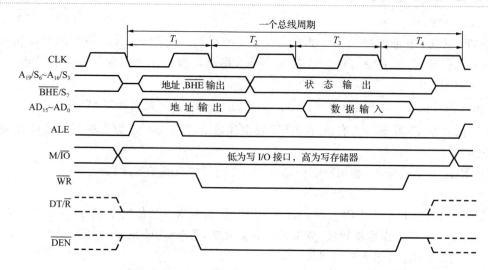

图 2-15　8086 在最小模式下写总线周期的时序

CPU 要写存储单元或 I/O 接口的数据必须知道存储单元或 I/O 接口地址。所以,在 T_1 状态的开始,20 位地址信息就通过这些引脚送到存储器和 I/O 接口。8086 的 20 位地址信号是通过多路复用总线输入的,高 4 位地址通过地址/状态复用引脚 $A_{19}/S_6 \sim A_{16}/S_3$ 送出,低 16 位地址通过地址/数据复用引脚 $AD_{15} \sim AD_0$ 送出。

由于 8086 的地址总线是通过多路复用总线输出的,所以,地址信号必须被锁存起来,这样才能在总线周期的其他状态,往这些引脚上传送数据和状态信息。为了实现对地址信号的锁存,CPU 便在 T_1 状态下,从 ALE 引脚上输出一个正脉冲作为地址锁存信号。在 ALE 信号的下降沿到来之前,地址信号、$\overline{BHE}$ 信号和 $M/\overline{IO}$ 信号均已有效,8282 正是利用 ALE 信号的下降沿对地址信号、$\overline{BHE}$ 信号和 $M/\overline{IO}$ 信号进行锁存的。

$\overline{BHE}$ 信号是数据总线高位有效信号,CPU 在 T_1 状态的开始,就使 $\overline{BHE}$ 信号变为有效。

当系统中有数据收发器时,在总线写周期中要用 $\overline{DEN}$ 信号,而用 $DT/\overline{R}$ 信号来控制数据收发器的数据传送方向。在 T_1 状态下,$DT/\overline{R}$ 信号为高电平,表示本总线周期执行写操作。

（2）T_2 状态

地址信号发出之后,进入 T_2 状态,CPU 立即从地址/数据复用引脚 $AD_{15} \sim AD_0$ 发出要向存储单元或 I/O 接口写的数据。数据信息从 T_2 状态会一直保持到 T_4 状态的中间,使存储器或 I/O 接口一旦准备就绪即可从数据总线取走数据。与此同时,CPU 在 $A_{19}/S_6 \sim A_{16}/S_3$ 引脚上发出状态信号 $S_6 \sim S_3$,而 $\overline{BHE}$ 信号则消失。

在 T_2 状态,CPU 从 $\overline{WR}$ 引脚上发出写信号,写信号与读信号一样,一直维持到 T_4 状态。$\overline{DEN}$ 信号有效,作为 8286 的选通信号。

（3）T_3 状态

在 T_3 状态,CPU 继续提供状态信息和数据,并继续保持 $\overline{WR}$、$M/\overline{IO}$ 及 $\overline{DEN}$ 信号为有效电平。CPU 采样 READY 线,若 READY 信号无效,插入一个或几个 T_W 状态,直到 READY 信号有效,存储器或外设从数据总线上取走数据。

（4）T_W 状态

同总线读周期一样,系统中设置了 READY 电路,并且,若 CPU 在 T_3 状态的开始,检测到 READY 信号为低电平,那么,就会在 T_3 和 T_4 之间插入一个或几个等待周期,直到在某个

T_W 的前沿处,CPU 采样到 READY 信号为高电平后,当前 T_W 状态执行完,则脱离 T_W 而进入 T_4 状态。在 T_4 状态,CPU 已完成对存储器或 I/O 接口数据的写入,因此,数据从数据总线上被撤销,各个控制信号线和状态信号线进入无效状态,$\overline{DEN}$ 信号变为高电平,从而使总线收发器停止工作。

习题 2

一、选择题

1.8086 中指令指针寄存器 IP 通常用于存放(　　)。

A. 已被译码的指令的条数　　　　B. 正被译码的指令的条数

C. 正在执行的指令的地址　　　　D. 下一条将要取出的指令的地址

2. 下列不属于 8086 的 EU 组成部分的是(　　)。

A. 通用寄存器　　　　B. 标志寄存器　　　　C. 指令队列　　　　D. ALU

3. IBM PC 中的地址总线是(　　)。

A. 由 8237 提供　　　B. 由 8288 提供的　　　C. 双向的　　　　D. 单向的

4. 比较两个无符号数大小时,通常是根据标志位(　　)的状态。

A. CF　　　　　　B. OF　　　　　　C. AF　　　　　　D. SF

5. 若 8086CPU 工作于最小方式,则执行指令 MOV [SI+4],DL 时,引脚信号 M/$\overline{IO}$ 和 $\overline{RD}$ 的电平应分别是(　　)。

A. 低、低　　　　B. 低、高　　　　C. 高、低　　　　D. 高、高

6. 若 8088 工作在最小模式下,当引脚信号 M/$\overline{IO}$ 为高电平,$\overline{RD}$ 为低电平时,CPU 正在(　　)。

A. 访问存储器　　　B. 访问 I/O 接口　　　C. 访问 DMA 控制器　D. 访问 8259 芯片

7. 设堆栈指针为(SP)=3000H,此时若将 AX,CX,BX 依次推入堆栈后,(SP)=(　　)。

A. 3000H　　　　B. 2FFEH　　　　C. 2FFCH　　　　D. 2FFAH

8.8086 的延长总线周期是在(　　)之后插入 T_W 周期。

A. T_1　　　　　B. T_2　　　　　C. T_3　　　　　D. T_4

9.8088 的分时复用数据/地址线的宽度为(　　)。

A. 16　　　　　　B. 8　　　　　　C. 4　　　　　　D. 20

10.8086 产生存储单元的物理地址是由(　　)组合产生的。

A. CS 和 IP　　　　　　　　　　　B. 段基址和偏移地址

C. SS 和 SP　　　　　　　　　　　D. 有效地址和相对地址

111.8086 访问(读/写)一次存储器或 I/O 接口所花的时间,称为一个(　　)。

A. 基本指令执行时间　B. 时钟周期　　　C. 总线周期　　　　D. 指令周期

12.8086 寻址 I/O 端口时,若要访问 1024 个字节端口或 512 个字节端口,至少使用(　　)根地址线。

A. 4　　　　　　B. 8　　　　　　C. 10　　　　　　D. 16

13.8086 的基本总线周期长度(不含等待)是(　　)。

A. 3T　　　　　B. T_1+T_3　　　　C. 一个指令周期　　　D. 4T

14. 在 8086 中,用来存放 EU 要执行的下一条指令的偏移地址的寄存器是(　　)。

A. SP   B. BP   C. IP   D. BX

15. 在 8086 系统中,用来唯一代表存储空间每个字节单元的地址是(　　)。

A. 逻辑地址   B. 偏移地址   C. 物理地址   D. 段地址

16. 若堆栈段寄存器(SS)＝3A60H,堆栈指针(SP)＝1500H,则此时堆栈顶存储单元的实际地址为(　　)。

A. 3B500H   B. 8BA00H   C. 3CB00H   D. 3BB00H

17. 堆栈对数据进行存取的方式是(　　)。

A. 先进先出   B. 先进后出   C. 随机存取   D. 后进后出

18. 在 8086 系统中,堆栈操作指令 PUSH 和 POP 中的源操作数为(　　)。

A. 字节操作数   B. 字操作数   C. 双字操作数   D. 双精度操作数

二、判断题(判断对错,并改正)

1. 8086 的总线周期占 4 个时钟周期。　　　　　　　　　　　　　　　(　　)

2. 8086/8088 的堆栈采用"先入先出"的原则,而指令队列采用"后入先出"原则。(　　)

3. 8086 的指令周期不等长,由若干总线周期组成。　　　　　　　　　　(　　)

4. 8086/8088 总是以字为单位进行堆栈操作,以字节为单位进行存储器编址。(　　)

5. 微机系统中,按信息传输的不同范围,可将总线分为数据总线、地址总线、控制总线三大类。　　　　　　　　　　　　　　　　　　　　　　　　　　　(　　)

6. 8086/8088 属于 CISC(复杂指令集)型微处理器,具有指令长度不等、指令的执行时间不等这两个典型特点。　　　　　　　　　　　　　　　　　　　　(　　)

7. 8086 中的运算器主要用于完成各种算术运算。　　　　　　　　　　(　　)

8. 无论写操作还是读操作,其地址信号都要超前于数据信号出现在总线上。(　　)

三、填空题

1. 某存储器单元的实际地址为 2BC60H,若该存储单元所在段首地址为 2AF0H,则该存储器单元的偏移地址为_____。

2. 当 8086 在最小模式下执行指令 MOV [DI+2],CX 时,引脚 M/$\overline{IO}$、$\overline{RD}$、$\overline{WR}$、DT/$\overline{R}$ 在有效期间的电平依次是_____、_____、_____、_____。

3. 若 CS＝0E00H,则可寻址的代码段物理地址范围是_____。

4. 设(SS)＝2000H,(SP)＝0010H,(AX)＝0AB5FH。执行指令 PUSH AX 后,栈顶的物理地址是_____H,当前堆栈指针所指第一个字节单元的内容是_____H。

5. 设内存中一个数据缓冲区的起始地址是 100EH:C9FAH,在连续存入 8 个字数据区的最后一个单元的物理地址是_____。

6. 8086 复位时,CS 的内容为_____,IP 的内容为_____。

7. 计算机内的堆栈是一种特殊的数据存储区,对它的操作采取用_____的原则。

8. 8086 的 EU 中的主要部件是_____,主要完成_____和_____工作。

9. 8086 的 ALE 信号的作用是_____。

10. 8086 向内存写一个地址为 0623H:36FFH 的字时,需用_____个总线周期。

11. 8086 所访问的存储器分为_____和_____,各区的数据总线分别对应微处理器数据总线的_____和_____。

12. 8086 完成 16 位段内偏移量计算的功能部件是_____,完成逻辑地址到物理地址转换计算的功能部件是_____。

四、简答题

1.什么是 8088/8086 的最小模式、最大模式？

2.解释储存器的物理地址、段基地址、偏移地址。

3.计算机中哪些操作场合用到堆栈？简述堆栈的操作方式和堆栈指针的作用。

4.什么是总线操作周期、时钟周期、指令周期？

5.8086/8088 从逻辑上可以分为哪两部分？试说明每一部分的组成与功能。

6.8086 系统中存储器采用什么结构？用什么信号来选中存储体？

7.写出 8086/8088CPU 寄存器中的 6 个状态标志位和 3 个控制标志位的定义。

8.写出 8086/8088 引脚中 ALE、NMI、INTR 的含义以及输入/输出方向。

9.8086/8088 内部由哪两部分组成？它们的主要功能各是什么？

第3章

8086指令系统

8086指令的
寻址方式

8086指令的类型

指令是计算机执行某种操作的命令。一条指令对应着一种基本操作,如进行加法、减法、数据传送等操作。计算机之所以能脱离人的直接干预自动地完成某项既定操作,是靠执行预先存入计算机内存中的一条条指令来完成的。不同的计算机具有各自不同的指令,对某种特定的计算机而言,其所有指令的集合,称为该计算机的指令系统。指令系统的功能强弱在很大程度上决定了计算机性能的高低。8086指令系统的指令类型较多,按功能不同可分为数据传送指令、算术运算指令、逻辑运算和移位指令、串操作指令、控制转移指令和处理器控制指令6类。

本章重点介绍8086微处理器的寻址方式和指令系统。要求了解8086微处理器的指令格式;熟悉各种寻址方式;掌握常用指令的使用规则,为编写汇编语言程序打下良好的基础。正如每条指令都有使用规则一样,同学们在学习、生活和以后的工作中也要遵守规定,遵守学校各种规章制度,遵守国家的各种法律制度。

3.1 8086 指令的构成与指令的编码格式

8086的指令有两种表达形式:机器语言形式和汇编语言形式。机器语言指令用二进制代码表示每条指令,是计算机能直接识别和执行的指令。但用机器语言编写程序不方便记忆,不容易阅读、理解和查错。为方便程序的编写,人们采用一种助记符来反映指令的功能和主要特征,这种用助记符表示的机器指令称为汇编语言指令。汇编语言指令直观、易记忆、好理解、好阅读,执行速度快,实时性强,且与计算机的机器语言指令一一对应,因此8086通常采用汇编语言指令。计算机用户采用汇编语言编写程序时,一般可不必了解每条指令的机器码。不过要透彻了解计算机的工作原理,以及能看懂包含机器码的程序清单,对程序进行正确的调试、排错等,就需要熟悉机器码。

3.1.1　指令的构成

每一种计算机都有自己的指令系统,指令系统中的每一条指令都对应着一种功能操作。8086指令系统由一百多条指令构成,一般每条指令由两个字段构成,即操作码(Op-code)字段和操作数(Operand)字段。指令构成的基本格式如下:

操作码字段	操作数字段

操作码字段表明指令要进行什么样的操作,完成哪一种具体功能,例如数据传送操作、乘法操作等。它由一组二进制代码表示,在汇编语言中则用助记符代表。8086执行指令时,首先将操作码从指令队列取出到执行部件EU中的控制单元,经指令译码器译码识别后,产生执行该指令操作所需的控制信号,使CPU完成规定的操作。

操作数字段表明指令执行的操作所涉及的操作数的数值是多少或者表明操作数存放在何处,而且还要表明操作数的结果应送往何处。该字段可以是操作数本身,也可以是操作数地址。

3.1.2　8086指令的编码格式

8086指令系统的指令类型较多,各种指令由于功能不同,需要指令码提供的信息也不同。为了减小指令所占的存储空间和提高指令执行速度,每条指令应尽可能短小,8086指令系统采用了一种灵活的、由1~6个字节组成的变字长的机器语言指令代码格式。如图3-1所示为8086指令编码的一般形式,它由操作码字节、寻址方式字节、位移量字节以及立即数字节四部分组成,除操作码字节之外,其余均属可选字节。下面分别介绍8086指令编码的四个组成部分。

操作码字节	寻址方式字节	位移量字节	立即数字节

图 3-1　8086指令编码的一般形式

1. 操作码字节

操作码字节是指令的第一个字节,表明计算机执行什么操作,规定指令的操作类型,是指令的必选字节,字节内容如下:

D_7	D_6	D_5	D_4	D_3	D_2	D_1	D_0
			OP			D	W

其中OP字段表示指令操作码,通过$D_7 \sim D_2$位表示64种不同的操作码。

D位表示指令中操作数的传送方向。如果D=0,则表示REG指定的寄存器操作数为源操作数;如果D=1,则表示REG指定的寄存器操作数为目的操作数。

W位表示操作数类型。如果W=0,则表示指令对字节进行操作;如果W=1,则表示指令对字进行操作。

2. 寻址方式字节

寻址方式字节是指令的第二个字节,规定操作数的寻址方式,指出所用操作数的存放位置,以及存储器中操作数偏移地址的计算方法,是指令的可选字节,字节内容如下:

D_7	D_6	D_5	D_4	D_3	D_2	D_1	D_0
MOD		REG			R/M		

其中REG字段规定一个寄存器操作数,$D_5 D_4 D_3$位能表示8种不同的寄存器,REG值与

寄存器之间的对应关系见表 3-1,其中寄存器是作为源操作数还是作为目的操作数已由操作码字节中的 D 位规定。

表 3-1　　　　　　　　　　　　REG 值与寄存器之间的对应关系

REG	W=1(字操作)	W=0(字节操作)
000	AX	AL
001	CX	CL
010	DX	DL
011	BX	BL
100	SP	AH
101	BP	CH
110	SI	DH
111	DI	BH

　　MOD 字段用来区分另一个操作数在寄存器中(寄存器寻址)还是在存储器中(存储器寻址)。在存储器寻址的情况下,还用来指出该字节后面有无偏移量,有多少位偏移量。$D_7 D_6$ 位能表示 4 种寻址方式。MOD 值与寻址方式之间的对应关系见表 3-2。

表 3-2　　　　　　　　　　　　MOD 值与寻址方式之间的对应关系

MOD	寻址方式
00	存储器寻址,没有偏移量
01	存储器寻址,有 8 位偏移量
10	存储器寻址,有 16 位偏移量
11	寄存器寻址,没有偏移量

　　R/M 字段受 MOD 字段控制。MOD=11 为寄存器方式,R/M 字段将指出第二操作数所在的寄存器编号;MOD=00,01,10 为存储器方式,R/M 字段将指出如何计算存储器中操作数的偏移地址。MOD 与 R/M 字段组合的寻址方式见表 3-3。

表 3-3　　　　　　　　　　　　MOD 与 R/M 字段组合的寻址方式

MOD R/M	存储器寻址 逻辑地址的计算公式			寄存器寻址	
				W=0	W=1
	MOD=00	MOD=01	MOD=10	MOD=11	
000	DS:[BX+SI]	DS:[BX+SI+disp-8]	DS:[BX+SI+disp-16]	AL	AX
001	DS:[BX+DI]	DS:[BX+DI+disp-8]	DS:[BX+DI+disp-16]	CL	CX
010	SS:[BP+SI]	SS:[BP+SI+disp-8]	SS:[BP+SI+disp-16]	DL	DX
011	SS:[BP+DI]	SS:[BP+DI+disp-8]	SS:[BP+DI+disp-16]	BL	BX
100	DS:[SI]	DS:[SI+disp-8]	DS:[SI+disp-16]	AH	SP
101	DS:[DI]	DS:[DI+disp-8]	DS:[DI+disp-16]	CH	BP
110	DS:[disp-16]	SS:[BP+disp-8]	SS:[BP+disp-16]	DH	SI
111	DS:[BX]	DS:[BX+disp-8]	DS:[BX+disp-16]	BH	DI

3. 位移量字节

　　位移量字节是指令的第三、四个字节,是指令的可选字节,给出了存储器操作数的位移量,

表 3-3 中的 disp-8、disp-16 分别是 8 位、16 位的位移量。当不给定位移量时,就不需要第三、四个字节;当给定 8 位位移量时,只有第三个字节;当给定 16 位位移量时,就需要第三、四个字节。

4. 立即数字节

立即数字节给出了指令的立即数,是指令的可选字节。当有位移量字节时,它位于其后,否则位于指令的第三、四个字节,同样有 8 位和 16 位之分。

8086 不同字长的指令格式类型如图 3-2 所示。

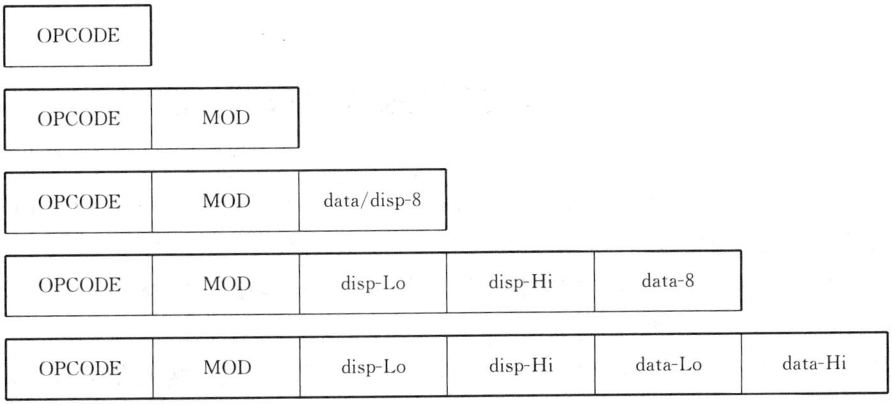

| OPCODE |

| OPCODE | MOD |

| OPCODE | MOD | data/disp-8 |

| OPCODE | MOD | disp-Lo | disp-Hi | data-8 |

| OPCODE | MOD | disp-Lo | disp-Hi | data-Lo | data-Hi |

图 3-2 8086 不同字长的指令格式类型

图 3-2 中 OPCODE 代表操作码字节,MOD 代表寻址方式字节,data 代表立即数,disp 代表存储器操作数地址的位移量。其中 data-8 代表 8 位立即数,data-Lo、data-Hi 分别代表 16 位立即数的低 8 位和高 8 位,disp-8 代表 8 位位移量,disp-Lo、disp-Hi 分别代表 16 位位移量的低 8 位和高 8 位。

3.1.3 8086 指令的执行时间

了解指令的执行时间,在编制控制程序进行实时控制时很重要。例如在用软件产生定时或延时时,需要估算出一段程序的运行时间。另外,在某些实时控制要求较高的场合,除需要认真研究程序的算法外,选择什么样的指令及采用什么样的寻址方式也很重要。因为不同的指令在执行时间上有很大的差别,而不同的寻址方式其计算编译地址所需的时间也不同。由于指令的种类很多,要详细讨论各种指令的执行时间是个比较困难的问题,这里只作一般的讨论。

一条指令的执行时间是取指令、取操作数、执行指令及传送结果所需时间的总和,单位用时钟周期数表示。

不同指令的执行时间有较大的差别。执行寄存器操作数指令占用的时间最短,立即数操作数执行次之,存储器操作数指令的执行速度最慢。这是由于寄存器位于 CPU 的内部,执行寄存器操作数指令时,8086 的执行部件 EU 可以简捷地从 CPU 内部的寄存器中取得操作数,不需要访问内存,因此执行速度很快;立即数操作数作为指令的一部分,在取值时被 8086 总线接口部件 BIU 取出后存放在 BIU 的指令队列中,执行指令时也不需要访问内存,因而执行速度也比较快;而存储器操作数存放在内存单元中,为了取得操作数,首先要由 BIU 计算出其所在单元的 20 位物理地址,然后再执行存储器的读/写操作。所以相对前述两种操作数来说,存储器操作数指令的执行速度最慢。存储器操作数指令执行的具体时间与采用的寻址方式有关,不同的寻址方式,计算有效地址 EA 所需要的时间不同,其指令执行时间可能会相差很大。

以通用数据传送指令 MOV 为例,若 CPU 的时钟频率为 5 MHz,即一个时钟周期为 0.2 μs,则从寄存器到寄存器之间的传送指令的执行时间(所占时钟周期数见附录 A)为

$$t=2\times0.2=0.4\ \mu s$$

立即数传送到寄存器的指令执行时间为

$$t=4\times0.2=0.8\ \mu s$$

而存储器到寄存器的字节传送,设存储器采用基址变址寻址方式,则指令执行时间为

$$t=(8+EA)\times0.2=(8+8)\times0.2=3.2\ \mu s$$

3.2 8086 指令的寻址方式

计算机在执行指令时,要先寻找参加运算的操作数,然后对其进行操作并将操作结果存入相应存储单元或寄存器。操作数按其存放的位置可分为以下几种:

①立即数操作数:即指令中要操作的数据随同指令操作码一起存放在指令区,只要取出该指令操作码执行,就会寻找到跟随其后的操作数。

②寄存器操作数:即指令中要操作的数据存放在某个寄存器中,只要知道寄存器的编号即可寻找到操作数。

③存储器操作数:即指令中要操作的数据存放在某个存储单元中,只要知道存储器的地址即可寻找到操作数。

④I/O 接口操作数:即指令中要操作的数据来自或送到 I/O 接口,只要知道 I/O 接口的地址即可寻找到操作数,这种寻址方式比较特殊。

以微型计算机结构图为基础,图 3-3 形象地描述了后三种操作数的存放位置。

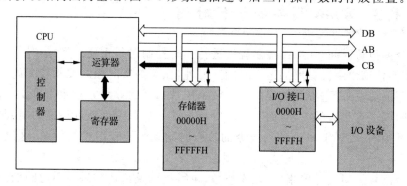

图 3-3 后三种操作数的存放位置

我们把寻找操作数或操作数所在单元的地址称为寻址,而寻找操作数或操作数所在地址的方法就是寻址方式。对于两操作数的指令,例如"MOV AX,BX",第一个操作数 AX 称为目的操作数,第二个操作数 BX 称为源操作数。寻址方式一般指寻找源操作数所在地址的方法。

寻址方式是计算机性能的具体体现,也是编写汇编语言程序的基础,开发人员必须非常熟悉并灵活运用它。寻址方式的种类越多,计算机的功能越强,其灵活性越大,处理数据的效率也就越高。

8086 采用多种灵活的寻址方式,常用的寻址方式有立即寻址方式、寄存器寻址方式、直接寻址方式、寄存器间接寻址方式、寄存器相对寻址方式、基址变址寻址方式、相对基址变址寻址方式等,下面分别进行介绍。

3.2.1　立即寻址方式

在指令中直接给出操作数的寻址方式为立即寻址方式。在指令编码中,操作数紧跟在操作码后面,与操作码一起存放在指令代码段中,这样的操作数被称为立即数。立即数可以是8位的,也可以是16位的。如果是16位数,则高字节存放在高地址存储单元中,低字节存放在低地址存储单元中。

例 3-1

　　MOV　AL,56H

　　MOV　BX,1234H

上述指令的执行情况如图 3-4 所示。执行结果为(AL)=56H,(BX)=1234H。

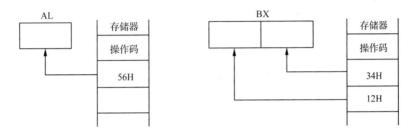

图 3-4　立即寻址方式指令的执行情况

立即寻址方式主要用于给寄存器或存储单元赋初值。因为操作数可以从指令中直接获得,而不需要使用总线周期,所以立即寻址方式的特点就是速度快。

注意:立即数只能用作源操作数,不能用作目的操作数;且立即数只能是整数,不能是小数。

3.2.2　寄存器寻址方式

操作数存放在 CPU 的内部寄存器中,指令中直接给出该寄存器名称的寻址方式为寄存器寻址方式。对于 16 位操作数,寄存器可以是 AX、BX、CX、DX、SI、DI、SP 或 BP。对于 8 位操作数,寄存器可以是 AH、AL、BH、BL、CH、CL、DH 或 DL。

例 3-2

　　MOV　BL,AL

　　MOV　DX,CX

如果(AL)=10H,(CX)=1234H,则上述指令的执行情况如图 3-5 所示。执行结果为(BL)=10H,(DX)=1234H。

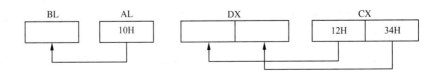

图 3-5　寄存器寻址方式指令的执行情况

由于寄存器寻址方式的操作数就在 CPU 内部的寄存器中,不需要访问存储器来取得操作数,所以不需要使用总线周期,因而运行速度较高。

3.2.3　直接寻址方式

指令中直接给出操作数所在存储单元的 16 位偏移地址的寻址方式为直接寻址方式。这个偏移地址也称为有效地址 EA,为了与立即数区别,必须将偏移地址用方括号[ ]括起来。

在指令编码中,操作数所在存储单元的偏移地址紧跟在操作码之后,与操作码一起存放在指令代码段中,而操作数本身则存放在该地址所指示的存储单元中,且该存储单元的实际物理地址是由段寄存器内容和指令码中直接给出的偏移地址之和形成的。如果指令前面没有用前缀指令指明操作数在哪一段,则通常默认的段寄存器是数据段寄存器 DS。

例 3-3

MOV　CL,[1234H]

如果(DS)＝2000H,则上述指令的执行情况如图 3-6 所示。因为数据段寄存器(DS)＝2000H,所以该存储单元的物理地址为 PA＝2000H×10H＋1234H＝21234H。又因为(21234H)＝50H,所以执行结果为(CL)＝50H。

如果操作数不在默认的数据段,而在代码段、堆栈段或者扩展段中,则需要在指令中有关操作数的前面写上操作数所在段的段寄存器名,再加上冒号。例如,若上述指令中源操作数在附加数据段中,则指令应写为如下形式:

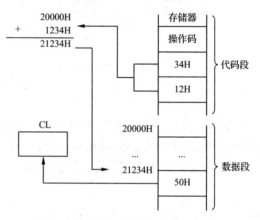

图 3-6　直接寻址方式指令的执行情况

MOV　CL,ES:[1234H]

在汇编语言指令中,可以用符号地址来代替偏移量,当需要调用这些单元的内容时,只要使用符号地址即可,不必记住单元的偏移地址,其中符号地址就相当于存储单元的名字。若用 value 代表偏移量 1234H,则例 3-3 中的指令可以写成如下形式:

MOV　CL,[value]　或　MOV　CL,value

3.2.4　寄存器间接寻址方式

指令给出的寄存器中存放的不是操作数,而是操作数所在存储单元的有效地址 EA,即操作数是通过指令中给出的寄存器间接得到的,这种寻址方式为寄存器间接寻址方式。8086 间接寻址的寄存器可以是 BX、BP、DI 或 SI。为了与寄存器寻址区别,应将寄存器名称用方括号[ ]括起来。

利用寄存器 BX、DI 或 SI 进行间接寻址时,如果指令前面没有用前缀指令指明段寄存器,则寻址时默认的段寄存器是数据段寄存器 DS;而利用寄存器 BP 进行间接寻址时,如果指令前面没有用前缀指令指明段寄存器,则寻址时默认的段寄存器是堆栈段寄存器 SS。

例 3-4

    MOV   CX,[SI]

    MOV   [DI],BL

如果(DS)=3000H,(SI)=3000H,(DI)=1000H,(BL)=36H,则上述指令的执行情况如图 3-7 所示。执行结果为(CX)=3435H,(31000H)=36H。

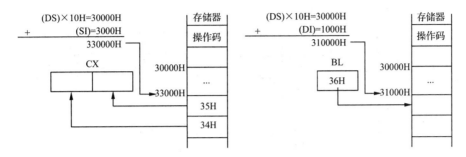

图 3-7 寄存器间接寻址方式指令的执行情况

对于寄存器间接寻址方式,如果寻址的操作数不在默认段中,而在其他段中,则和直接寻址方式的指令相同,需要在指令前加相应段寄存器名称标注。例如,MOV ES:[DI],AX。

3.2.5 寄存器相对寻址方式

如果操作数的有效地址 EA 是由基址寄存器或变址寄存器的内容和指令中给定的 8 位或 16 位偏移量相加之和提供,则这种寻址方式为寄存器相对寻址方式。可用作寄存器相对寻址(Register Relative Addressing)方式的寄存器有基址寄存器 BX、BP 和变址寄存器 SI、DI。即有效地址由如下两个分量组成:

$$EA=\begin{Bmatrix}(BX)\\(BP)\\(SI)\\(DI)\end{Bmatrix}+disp\text{-}8/disp\text{-}16$$

其中 disp-8 和 disp-16 分别代表 8 位偏移量和 16 位偏移量,它们可以看成存放于寄存器中的基值的相对值。在一般情况下,若指令中指定的寄存器是 BX、SI、DI,则操作数默认为存放在数据段中;若指令中指定的寄存器是 BP,则操作数默认为存放在堆栈段中。同样,寄存器相对寻址方式也允许段超越。

偏移量既可以是一个 8 位或 16 位的立即数,也可以是符号地址。

例 3-5

    MOV [SI+50H],BX

    MOV AX,[DI+COUNT]

如果(DS)=3000H,(SI)=3000H,(DI)=1000H,COUNT=0100H,(BX)=3435H,则上述指令的执行情况如图 3-8 所示。执行结果为(33050H)=3435H,(AX)=3040H。

在汇编语言指令中,指令 MOV AX,[DI+COUNT] 还可以写成下述形式之一:

    MOV AX,[DI]+COUNT

    MOV AX,COUNT[DI]

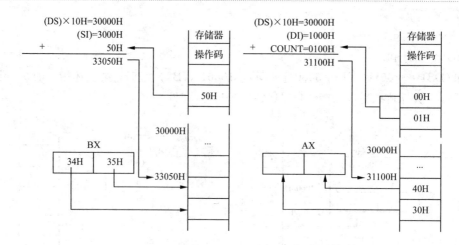

图 3-8 寄存器相对寻址方式指令的执行情况

3.2.6 基址变址寻址方式

如果操作数的有效地址 EA 是由基址寄存器(BX 或 BP)的内容和变址寄存器(SI 或 DI)的内容相加之和提供,则这种寻址方式为基址变址寻址方式。即有效地址由如下两个分量组成:

$$EA = \left\{ \begin{matrix} (SI) \\ (DI) \end{matrix} \right\} + \left\{ \begin{matrix} (BX) \\ (BP) \end{matrix} \right\}$$

在一般情况下,由基址寄存器决定操作数在哪个段中。若用 BX 的内容作为基地址,则操作数在数据段中;若用 BP 的内容作为基地址,则操作数在堆栈段中。基址变址寻址方式同样也允许段超越。

例 3-6

    MOV [BX+DI],CX
    MOV AL,[BP][SI]

如果(DS)=2000H,(SS)=3000H,(BX)=1500H,(DI)=1100H,(CX)=1234H,(BP)=2500H,(SI)=1200H,则上述指令的执行情况如图 3-9 所示。执行结果为(22600H)=1234H,(AL)=78H。

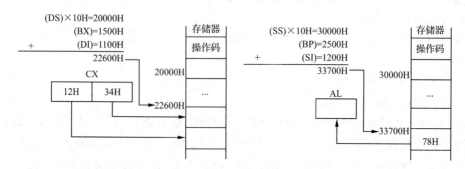

图 3-9 基址变址寻址方式指令的执行情况

3.2.7 相对基址变址寻址方式

如果操作数的有效地址是由基址寄存器的内容、变址寄存器的内容与指令中指定的一个 8 位或 16 位偏移量之和提供,则这种寻址方式为相对基址变址寻址方式。即有效地址由如下三个分量组成:

$$EA = \begin{Bmatrix} (SI) \\ (DI) \end{Bmatrix} + \begin{Bmatrix} (BX) \\ (BP) \end{Bmatrix} + disp\text{-}8/disp\text{-}16$$

在一般情况下,由基址寄存器决定操作数在哪个段中。当基址寄存器为 BX 时,操作数在数据段中;当基址寄存器为 BP 时,操作数在堆栈段中。相对基址变址寻址方式同样也允许段超越。

例 3-7

```
MOV   AL,[BX+DI+1234H]
MOV   [BP+SI+DATA],CX
```

如果(DS)=2000H,(SS)=3000H,(BX)=1500H,(DI)=1100H,(BP)=2500H,(SI)=1200H,(CX)=3235H,DATA=10H,则上述指令的执行情况如图 3-10 所示。执行结果为(AL)=78H,(33710H)=3235H。

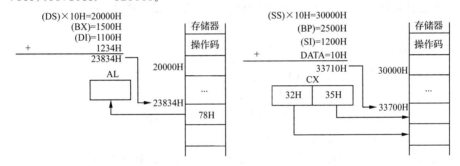

图 3-10　相对基址变址寻址方式指令的执行情况

在汇编语言指令中,指令 MOV　[BP+SI+DATA],CX 还可以写成下述形式之一:

```
MOV   [BX][SI+DATA],CX
MOV   [BX+SI]DATA,CX
MOV   [BX][SI]DATA,CX
MOV   DATA[BX][SI],CX
```

其中 DATA 为 8 位或 16 位位移量

3.2.8 其他寻址方式

前面介绍的 7 种寻址方式是 8086 指令系统中最常用的寻址方式,除此之外,还包括隐含寻址方式、对 I/O 端口寻址方式和对指令地址寻址方式。

1. 隐含寻址方式

隐含寻址方式是指令中不指明操作数,但有隐含规定的寻址方式。例如指令 DAA,其含义是对 AL 寄存器中的数据进行十进制加法调整,结果仍保存在 AL 寄存器中。

2. 对 I/O 端口寻址方式

对 I/O 端口寻址方式包括以下两种方式:

（1）直接端口寻址方式

这种寻址方式，端口地址的寻址范围是 0～FFH，端口地址直接由指令给出。例如，输入指令"IN　AL,21H"，表示从 I/O 端口地址为 21H 的端口中读取数据送到 AL 寄存器中。

（2）间接端口寻址方式

这种寻址方式，端口地址的寻址范围是 0～FFFFH，端口地址由 DX 寄存器给出。例如，输出指令"OUT　DX,AL"，表示将 AL 寄存器中的内容输出到地址由 DX 寄存器内容所指定的端口中。

3. 对指令地址寻址方式

对指令地址寻址方式就是找出程序转移的地址，而不是操作数的方式。转移地址可以在段内，也可以在段外，这类寻址方式包括段内直接寻址、段内间接寻址、段间直接寻址和段间间接寻址几种。对指令地址寻址方式的具体介绍请参见 3.3.5 节中无条件转移指令的介绍。

3.3　8086 指令的类型

指令一般具有功能、时间和空间三种属性。功能属性是指每条指令都对应一个特定的操作功能；时间属性是指一条指令执行所用的时间，一般用机器周期来表示；空间属性是指一条指令在存储单元中所占用的字节数。

按功能属性划分，8086 指令系统可分为以下 6 类：

①数据传送指令：实现寄存器赋值、存储器赋值、数据转移等功能。

②算术运算指令：实现数值的加、减、乘、除等运算功能。

③逻辑运算和移位指令：实现逻辑与、或、异或、移位等功能。

④串操作指令：实现字符串传送、比较、搜索等功能。

⑤控制转移指令：实现程序条件转移、无条件转移、循环控制、调用和返回等功能。

⑥处理器控制指令：实现对 CPU 的简单控制功能。

在描述指令系统时我们常用一些符号来代表具体的操作数，下面简单介绍这些常用符号的意义。

seg：段寄存器（CS、DS、ES 和 SS）。

reg：寄存器操作数（16 位的 AX、BX、CX、DX、SI、DI、SP、BP 或 8 位的 AH、AL、BH、BL、CH、CL、DH、DL）。

mem：存储器操作数。

data：立即数。

disp：偏移量。

dst：目的操作数。

src：源操作数。

port：8 位的端口地址。

AC：累加器（8 位表示 AL 寄存器；16 位表示 AX 寄存器）。

SP：堆栈指针。

（　）：表示寄存器或存储单元的内容。

［　］：表示存储单元的内容。

←:表示指令的操作结果是将箭头右边的内容传送到箭头的左边。

→:表示指令的操作结果是将箭头左边的内容传送到箭头的右边。

3.3.1 数据传送指令

数据传送指令主要用于实现 CPU 内部寄存器之间、CPU 与存储器之间、CPU 与 I/O 端口之间的数据传送或交换。其中被传送的数据可以是原始数据、中间结果、最终结果或者其他各种信息,该类指令是指令系统中使用最频繁的指令。

数据传送指令按其功能的不同,可以分为通用数据传送指令、累加器专用传送指令、目标地址传送指令和标志传送指令 4 类,下面分别介绍。

1. 通用数据传送指令(General Purpose Data Transfer)

通用数据传送指令中包括以下 3 类指令:最基本的传送指令 MOV、堆栈指令 PUSH 和 POP、数据交换指令 XCHG。

(1)最基本的传送指令

该类指令不仅可以实现寄存器之间、寄存器与存储器之间的数据传送,还可以把一个立即数送给寄存器或存储单元。传送的操作数可以是字节,也可以是字。

该类指令采用的指令助记符为 MOV,指令格式如下:

    MOV dst,src   ;(dst)←(src)

其中 src 表示源操作数,dst 表示目的操作数。

该类指令实现的功能是将源操作数送给目的操作数,而源操作数的内容不变。这种传送实际上是进行数据的“复制”,源操作数本身不变。

在 MOV 指令中,源操作数可以是存储器、寄存器、段寄存器和立即数;目的操作数可以是存储器、寄存器(不能为 IP)和段寄存器(不能为 CS)。MOV 指令的数据传送方向如图 3-11 所示。

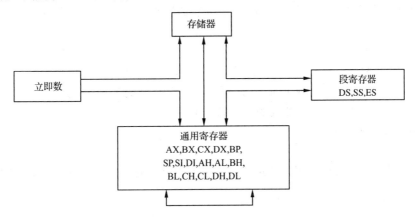

图 3-11　MOV 指令的数据传送方向

由图 3-11 可知,MOV 指令具有如下 6 条数据传送通道。

①立即数向通用寄存器传送(单向),例如:

    MOV CL,05H   ;(CL)←05H

    MOV AX,1234H   ;(AX)←1234H

②立即数向存储器传送(单向),例如:

    MOV [BX],1234H

③存储器与通用寄存器之间的传送（双向），例如：

　　MOV　AX,[1000H]

　　MOV　[2000H],AL

④存储器与段寄存器之间的传送（双向），例如：

　　MOV　DS,[BX]

　　MOV　[DI],CX

⑤通用寄存器之间的传送（双向），例如：

　　MOV　AX,BX

⑥通用寄存器与段寄存器之间的传送（双向），例如：

　　MOV　DS,BX

　　MOV　DX,ES

使用 MOV 指令应注意以下几点：

①源操作数和目的操作数的数据位数必须保持相同，即数据类型需要匹配。

②不能在两个存储单元之间直接进行数据传送。

③不能在两个段寄存器之间直接进行数据传送，也不能将立即数和地址标号直接传送给段寄存器。

④CS 和 IP 不能作为目的操作数被改变，因为一旦改变 CS 和 IP 的值，就会使 CPU 从新的 CS 和 IP 给出的地址去取下一条指令，从而导致程序错误运行。

⑤立即数只能作为源操作数。当指令中源操作数为立即数时，其数据位数必须小于或等于目的操作数的位数。当立即数的位数小于或等于目的操作数的位数时，指令将自动对立即数按符号位扩展。例如指令 MOV　AX,50H 执行完毕后，(AX)＝0050H。

对于②、③这些不能通过一条 MOV 指令实现直接传送的情况，可用通用寄存器作为中介，用两条传送指令完成。

例如，若要将立即数 data 传送给 DS，可通过 AX 作为中介，用以下两条 MOV 指令来实现：

　　MOV　AX,data

　　MOV　DS,AX

若要将在同一个段内的偏移地址为 AREA1 的数据传送到偏移地址为 AREA2 的单元中，可通过 AL 作为中介，用以下两条 MOV 指令来实现：

　　MOV　AL,AREA1

　　MOV　AREA2,AL

若要将 DS 的值传送到 ES 中，可通过 AX 作为中介，用以下两条 MOV 指令来实现：

　　MOV　AX,DS

　　MOV　ES,AX

另外，根据上述说明，可知下列指令是错误的，错误的原因见注释的说明。

　　MOV　AX,BL　　　　;类型不匹配

　　MOV　DS,1000H　　　;不允许立即数送段寄存器

　　MOV　[BX],[SI]　　　;不允许存储器之间传送

　　MOV　ES,CS　　　　;不允许段寄存器之间传送

　　MOV　CS,AX　　　　;CS 不能作为目的操作数

（2）堆栈指令

堆栈是按"后进先出"的规则组织的一片存储区域,堆栈的栈顶由堆栈指针 SP 指出。

堆栈指令是一种特殊的数据传送指令,其特点是根据 SP 中栈顶地址进行数据传送操作。这类指令共有如下两条指令:

  PUSH src

  POP dst

第一条指令为入栈指令,其功能是把源操作数 src 传送到堆栈中去。这条指令执行时分为两步:第一步,先将 SP 中的栈顶地址减 2 指向新的栈顶地址;第二步,先把源操作数的高字节送至(SP)＋1 指向的单元,然后把源操作数的低字节送至 SP 指向的单元。指令中的源操作数 src 可以是通用寄存器和段寄存器,也可以是存储单元,但不能是立即数。例如:

  PUSH AX   ;(SP)←(SP)−2,((SP)＋1)←(AH),(SP))←(AL)

  PUSH CS

  PUSH [SI]

第二条指令为出栈指令,其功能是把堆栈中的数据传送到目的操作数 dst 指向的单元中。这条指令执行时也分为两步:第一步,把由 SP 所指示的栈顶单元中的操作数传送到 dst 单元;第二步,将 SP 中的原栈顶地址加 2,使之指向新的栈顶地址。指令中的目的操作数 dst 可以是存储器、通用寄存器或段寄存器(但不能是代码段寄存器 CS),同样也不能是立即数。例如:

  POP BX   ;(BL)←(SP),(BH)←((SP)＋1)),(SP)←((SP)＋2)

  POP ES

  POP [DI]

应该注意,堆栈指令中的操作数类型必须是字操作数,即 16 位操作数。

堆栈指令多用于子程序调用时保护返回地址,或者用于保护子程序调用之前的某些重要数据(保护现场)。此外,还可以实现存储单元之间的数据传送和交换。

例如,设(SS)＝2000H,(SP)＝0060H,(AX)＝1234H,(BX)＝5678H,依次执行下列指令:

  PUSH BX

  PUSH AX

  POP BX

  POP AX

执行结果为(SS)＝2000H,(SP)＝0060H,(BX)＝1234H,(AX)＝5678H。

该例将入栈的数据按照"先进先出"的顺序出栈实现了数据交换功能。若是在保护现场、恢复现场的场合,入栈和出栈的数据只有按照"后进先出"的原则,才能实现恢复数据的功能。

（3）XCHG 数据交换指令(Exchange)

MOV 指令是将数据进行单向传送,即将操作数从源操作数传送到目的操作数,指令执行后,源操作数不变,目的操作数修改为源操作数。而数据交换指令是将数据进行双向传送,是两个字节间或两个字间的双向交换,涉及传送的双方互为源操作数、目的操作数,指令执行后双方的操作数互换。因此,两操作数均未丢失。

指令格式如下:

  XCHG dst,src   ;(dst)←→(src)

交换指令的源操作数和目的操作数均可以是寄存器或存储器,但二者不能同时为存储器。也就是说,可以在寄存器与寄存器之间,或者寄存器与存储器之间进行交换。交换的内容可以是 1 个字节(8 位),也可以是 1 个字(16 位)。例如:

```
XCHG   AL,CL
XCHG   AX,DX
XCHG   AX,BUFFER
```

2. 累加器专用传送指令

累加器是 8086 进行数据传送的核心。在 8086 指令系统中,有两类指令是专门通过累加器来执行的,即输入/输出指令和表转换指令。

(1)输入/输出指令(Input Or Output)

在 8086 中,CPU 与 I/O 端口的信息传送都是通过输入/输出指令来完成的。输入/输出指令共有两条:输入指令 IN 和输出指令 OUT。输入指令 IN 用于从 I/O 端口读入数据,输出指令 OUT 则向 I/O 端口发送数据。无论是读入的数据或是准备发送的数据都必须放在寄存器 AL(字节)或 AX(字)中。

输入/输出指令可以分为两大类:一类是直接寻址的输入/输出指令;另一类是间接寻址的输入/输出指令。下面分别介绍:

①IN 输入指令(Input)

Ⅰ.直接寻址的输入指令

指令格式如下:

```
IN   AC,port
```

该指令直接给出端口地址(端口地址范围为 0～0FFH),执行指令时将从指定的 I/O 端口中直接读入 1 个字节或 1 个字送到 AL 或 AX。

Ⅱ.间接寻址的输入指令

指令格式如下:

```
IN   AC,DX
```

该指令从 DX 内容指定的 I/O 端口中读 1 个字节或 1 个字送到 AL 或 AX。这种寻址方式的端口地址由 16 位地址表示,执行此指令前应将 16 位地址存入 DX 中。

在直接寻址的指令中只能寻址 256 个端口,而间接寻址的指令中可寻址 65536 个端口。

②OUT 输出指令(Output)

Ⅰ.直接寻址的输出指令

指令格式如下:

```
OUT   port,AC
```

该指令将 AL(8 位)或 AX(16 位)中的数据输出到指令指定的 I/O 端口,端口地址范围为 0～FFH。

Ⅱ.间接寻址的输出指令

指令格式如下:

```
OUT   DX,AC
```

该指令将 AL(8 位)或 AX(16 位)中的数据输出到由 DX 内容指定的 I/O 端口中,执行此指令前应将 16 位地址存入 DX 中。

(2)XLAT 表转换指令(Table Lookup-Translation)

这是一条比较复杂的传送指令,该指令用来将一个代码值转换成表中的另一种代码值,指令格式如下:

```
XLAT        ;(AL)←((BX)+(AL))
```

该指令的功能是将 BX 和 AL 中的值相加,并把得到的值作为地址,然后将此地址所对应单元中的值取到 AL 中,即 XLAT 指令是字节查表转换指令。

为了实现字节查表转换,应预先将表的首地址,即表头地址送到 BX,元素的序号即偏移量送到 AL(表中第一个元素的序号为 0,然后依次是 1,2,3,…)。执行 XLAT 指令后,表中指定序号的元素存于 AL。由于需要将元素的序号送到 AL,所以被寻址的表的最大长度为 255个字节。这是一种特殊的基址变址寻址方式,基址寄存器为 BX,变址寄存器为 AL。

3. 目标地址传送指令

8086 提供了 3 条专门传送地址的指令,用来传送操作数的段地址和偏移地址。

(1)有效地址传送指令

指令格式如下:

    LEA　dst,src

该指令的功能是将源操作数的有效地址传送至目的操作数中。源操作数必须是存储器,目的操作数必须是一个 16 位的通用寄存器。例如:

    LEA　BX,[2000H]

该指令的执行结果为(BX)=2000H。

比较下面两条指令来区分 LEA 指令与 MOV 指令:

    LEA　BX,BUFFER

    MOV　BX,BUFFER

第一条指令将存储器变量 BUFFER 的偏移地址送到 BX,而第二条指令将存储器变量 BUFFER 的内容(2 个字节)传送到 BX。

如果想用 MOV 指令来得到存储器的偏移地址,可以采用如下指令:

    MOV　BX,OFFSET BUFFER

其中 OFFSET BUFFER 表示存储器变量 BUFFER 的偏移地址。该指令与 LEA BX,BUFFER 是等同的。

这条指令通常用来建立串指令操作所需的寄存器指针。

(2)LDS 将双字指针送到寄存器和 DS 指令(Load Pointer using DS)

指令格式如下:

    LDS　dst,src

该指令将源操作数指向的双字数据的高 16 位送入 DS 形成新数据段的段地址,低 16 位送入目的操作数形成新数据段的偏移地址。指令的源操作数必须是存储器,目的操作数可以是任一个 16 位通用寄存器。例如:

    LDS　SI,[0010H]

设当前(DS)=C000H,而有关存储器的内容为(C0010H)=80H,(C0011H)=01H,(C0012H)=00H,(C0013H)=20H,则执行该指令后,SI 的内容为 0180H,DS 的内容为 2000H。

(3)LES 将双字指针送到寄存器和 ES 指令(Load Pointer using ES)

指令格式如下:

    LES　dst,src

与 LDS 指令相同,LES 指令也是取源操作数指向的 32 位数据,只是数据高 16 位要送到 ES 形成新扩展段的段地址,低 16 位送到目的操作数形成新扩展段的偏移地址。例如:

    LES　DI,[BX+COUNT]

该指令把 BX+COUNT 所指向的 32 位地址指针的段地址送入 ES,将偏移地址送入 DI。

4.标志传送指令

8086 中有一个标志寄存器 FLAGS,其中包括 6 个状态标志位和 3 个控制标志位。许多指令的执行结果会影响标志寄存器的某些状态标志位,同时有些指令的执行也受标志寄存器中控制标志位的控制。在程序运行过程中有时需要读出当前标志寄存器中各位的状态,有时需要保存标志寄存器的内容或对标志寄存器设置新值,这些要求都可以通过标志传送指令来实现,这类指令共有 4 条,都是单字节指令,指令的操作数为隐含形式。

(1)LAHF 标志送到 AH 指令(Load AH from Flag)

指令格式如下:

　　LAHF

该指令的功能是将标志寄存器 FLAGS 低 8 位中的 5 个状态标志位(SF、ZF、AF、PF 及 CF)分别取出传送到累加器 AH 的对应位(第 7、6、4、2、0 位),操作示意如图 3-12 所示。这条指令执行后不影响状态标志位。

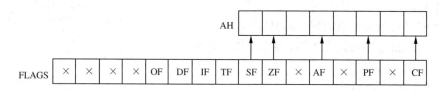

图 3-12　LAHF 指令操作示意

图中×表示该位的内容不确定。

例如,假定 CF=PF=1,ZF=SF=AF=0,执行 LAHF 指令之后,AH 的内容为 00×0×1×1B。

(2)SAHF AH 送标志寄存器指令

指令格式如下:

　　SAHF

该指令的传送方向与 LAHF 指令刚好相反,其功能是将 AH 中的第 7、6、4、2、0 位分别传送到标志寄存器 FLAGS 的对应位(SF、ZF、AF、PF 及 CF),操作示意如图 3-13 所示。这条指令执行后对状态标志位有影响。

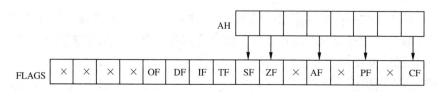

图 3-13　SAHF 指令操作示意

(3)PUSHF 标志压入堆栈指令(Push Flags onto Stuck)

指令格式如下:

　　PUSHF

该指令的功能是将整个标志寄存器 FLAGS 的内容(16 位)压入堆栈,执行该指令时要先将 SP 减 2,然后将标志寄存器 FLAGS 的内容压入堆栈。这条指令执行后不影响状态标志位。

(4)POPF 标志弹出堆栈指令(Pop Flags Off Stack)

指令格式如下:

POPF

该指令的操作与 PUSHF 相反,它将堆栈内容弹出到标志寄存器,然后 SP 加 2。这条指令执行后对状态标志位有影响,使各状态标志位恢复为压入堆栈以前的状态。

PUSHF 指令一般用在子程序或中断处理程序的前面,用来保护当前标志寄存器的值,而 POPF 指令一般用在子程序或中断处理程序的末尾,用来恢复标志寄存器原来的值。PUSHF 指令和 POPF 指令一般成对出现。

例如,某一子程序保护现场和恢复现场部分程序如下:

```
ABC   PROC   FAR
      PUSHF
      PUSH   AX
      ⋯
      POP    AX
      POPF
      RET
ABC   ENDP
```

以上介绍了全部数据传送指令。这类指令中,除了 SAHF 和 POPF 以外都不影响状态标志位。

3.3.2 算术运算指令

8086 指令系统的算术运算指令包括加、减、乘、除 4 种基本算术运算的操作指令。这些指令可以对字节或字数据进行算术运算,参与运算的操作数可以是无符号数,也可以是带有符号数。

对于乘法和除法指令来说,无符号数和带符号数不能采用同一套指令。

对加法指令和减法指令而言,无符号和带符号数可采用同一套指令,其条件有两个:

①参加运算的两个操作数必须同时为无符号数或同时为带符号数;

②要采用不同状态标志位来检查无符号数和带符号数的运算结果是否溢出。

下面观察两个数相加时的 4 种情况:

①无符号数和带符号数均不溢出。

二进制数相加	无符号数相加	带符号数相加
00001000B	8	+8
+ 00011110B	+ 30	+ +30
00100110B	38	+38
结果 38	CF=0	OF=0

②无符号数溢出。

00001000B	8	+8
+ 11111101B	+ 253	+ −3
100000101B	261	+5
结果 5	CF=1	OF=0

③有符号数溢出。

00001000B	8	+8
+ 01111101B	+ 125	+ +125
10000101B	133	+133

结果 −123   CF=0   OF=1(补码表示)

④无符号数和带符号数均溢出。

10001000B	136	−120
+ 11110111B	+ 247	+ −9
101111111B	383	−129

结果 127   CF=1   OF=1

上面 4 种情况清楚说明,CF 可用来表示无符号数的溢出,OF 可用来表示带符号数的溢出。

1. 加法指令

加法指令可分为 4 类:不带进位位的加法指令、带进位位的加法指令、加 1 指令和十进制加法调整指令。

(1)ADD 不带进位位的加法指令

指令格式如下:

    ADD   dst,src   ;(dst)←(dst)+(src)

该指令的功能是将目的操作数与源操作数相加,并将结果送给目的操作数。源操作数可以是通用寄存器、存储器或立即数,目的操作数可以是通用寄存器或存储器,但源操作数和目的操作数不能同时为存储器。ADD 指令将影响状态标志位。

ADD 指令的操作对象可以是 8 位二进制数(字节),也可以是 16 位二进制数(字)。例如:

    ADD   AL,10

    ADD   DX,[BX+20H]

    ADD   AX,SI

    ADD   [DI],200H

执行加法指令时,可以根据编程者的意图,将操作数规定为无符号数或带符号数。对于无符号数,若相加结果超出了 8 位或 16 位无符号数所能表示的范围,则进位标志位 CF 被置 1;对于带符号数,如果相加结果超出了 8 位或 16 位补码所能表示的范围(−128~+127 或 −32 768~+32 767),则溢出标志位 OF 被置 1,表示结果溢出。

(2)带进位位的加法指令

指令格式如下:

    ADC   dst,src   ;(dst)←(dst)+(src)+(CF)

该指令的功能是将目的操作数与源操作数相加,再加上进位标志位 CF 的内容,然后将结果送给目的操作数。目的操作数及源操作数的类型与 ADD 指令相同,而且 ADC 指令同样也可以进行字节操作或字操作。与 ADD 指令一样,ADC 指令的运算结果也将影响状态标志位。

带进位位的加法指令主要用于多字节数据的加法运算。如果低字节相加时产生进位,则在下一次高字节相加时将这个进位加进去。

例 3-8 试计算两个 4 个字节无符号数之和:01234567H+89ABCDEFH=?

分析 设被加数、加数分别存放在 BUFFER1 及 BUFFER2 开始的两个存储区内,要求和放回 BUFFER1 存储区。因为 CPU 只能进行 8 位或 16 位的加法运算,为此可将本题的加法分 4 次或 2 次进行。

实现该功能的程序如下:

```
        MOV  CX,4       ;置循环次数
        MOV  SI,0       ;置 SI 初值为 0
        CLC             ;清进位标志位 CF
AGAIN:  MOV  AL,BUFFER2[SI]
        ADC  BUFFER1[SI],AL
        INC  SI
        DEC  CX
        JNZ  AGAIN
        INT  20H
```

其中 MOV AL,BUFFER2[SI]和 MOV AL,[BUFFER2+SI]等效。

(3)INC 加 1 指令(Increment)

指令格式如下:

```
    INC  dst        ;(dst)←(dst)+1
```

该指令的功能是将目的操作数加 1,并将结果送回目的操作数。其操作数可以是通用寄存器或存储器,但不能是立即数和段寄存器。执行该指令时,把操作数看作无符号的二进制数,其类型可以为字节,也可以为字。例如:

```
    INC  AL
    INC  SI
```

该指令执行结果对状态标志位 AF、OF、PF、SF 和 ZF 有影响,但对 CF 没有影响。

INC 指令常常用于在循环程序中修改地址指针和循环计数等场合。

(4)十进制加法调整指令

二进制数在计算机上进行运算是非常简单的。但是,通常人们习惯于用十进制数。在计算机中十进制数是用 BCD 码来表示的,BCD 码有两类:一类是压缩 BCD 码,一类是非压缩 BCD 码。用 BCD 码进行加、减、乘、除运算,通常采用两种方法:一种是在指令系统中设置一套专用于 BCD 码运算的指令;另一种是利用二进制数的运算指令算出结果,然后再用专门的指令对结果进行修正(调整),使之转变为正确的 BCD 码表示的结果。8086 指令系统采用的是后一种方法。

在进行十进制数加法运算时,应分两步进行:首先按二进制数加法规则进行运算,得到中间结果;然后再用十进制加法调整指令对中间结果进行修正,得到正确的结果。调整方法为:若运算结果低 4 位大于 9 或辅助进位标志位 AF=1,则将运算结果作加 06H 调整,即低 4 位进行加 6 修正;若运算结果高 4 位大于 9 或进位标志位 CF=1,则将运算结果作加 60H 调整,即高 4 位进行加 6 修正。

根据 BCD 码的种类,对 BCD 码进行十进制加法调整的指令有两条,即非压缩 BCD 码加法调整指令 AAA 和压缩 BCD 码加法调整指令 DAA。

①AAA 非压缩 BCD 码加法调整指令(ASCII Adjust for Addition)

指令格式如下:

```
    AAA
```

该指令的功能是对两个非压缩 BCD 码或两个 ASCII 码的相加结果进行调整。在使用

AAA 指令调整以前,要先用 ADD(或 ADC)指令进行 8 位二进制数的加法运算,相加结果放在 AL 中,用 AAA 指令调整后,非压缩 BCD 码结果的低位存放在 AL 中,高位存放在 AH 中。调整方法如下:

Ⅰ.如果 AL 的低 4 位大于 9 或 AF＝1,那么将 AL 的内容加 6 并将结果送回 AL,同时 AH 的内容加 1 并将结果送回 AH,并将 AF 置 1,然后将 AL 的高 4 位清 0 并令 CF＝AF。

Ⅱ.如果 AL 的低 4 位小于 9 并且 AF＝0,则将 AL 的高 4 位清 0 并令 CF＝AF。

由此可见,AAA 指令将影响状态标志位 AF 和 CF,但不影响 SF、ZF、PF 和 OF。

例 3-9 试计算两个十进制数之和:6＋7＝?

分析 先将被加数 6、加数 7 以非压缩 BCD 码的形式分别存放在 AL 和 BL 中,且令 AH＝0,然后用 ADD 指令进行 8 位二进制数加法运算,再用 AAA 指令进行调整。

实现该功能的程度如下:

```
MOV   AX,0006H        ;(AL)=06H,(AH)=00H
MOV   BL,07H          ;(BL)=07H
ADD   AL,BL           ;(AL)=0DH
AAA                   ;(AL)=03H,(AH)=01H,(CF)=(AF)=1
```

以上程序的运行结果为 6＋7＝13,此结果以非压缩 BCD 码的形式存放,个位存放在 AL 中,十位存放在 AH 中。

②压缩 BCD 码加法调整指令

指令格式如下:

```
DAA
```

该指令的功能是对两个压缩 BCD 码的相加结果进行调整。在使用 DAA 指令调整以前,要先用 ADD(或 ADC)指令进行 8 位二进制数的加法运算,相加结果放在 AL 中,用 DAA 指令调整后,压缩 BCD 码结果仍存放在 AL 中。与 AAA 指令不同,DAA 只对 AL 的内容进行调整,任何时候都不会改变 AH 的内容。调整方法如下:

Ⅰ.如果 AL 的低 4 位大于 9 或 AF＝1,那么将 AL 的内容加 06H,并将 AF 置 1。

Ⅱ.如果 AL 的高 4 位大于 9 或 CF＝1,那么将 AL 的内容加 60H,并将 CF 置 1。

由此可见,DAA 指令将影响状态标志位 SF、ZF、AF、PF 和 CF,但不影响 OF。

例 3-10 试计算两个 2 位的十进制数之和:26＋15＝?

分析 首先将被加数 26、加数 15 以压缩 BCD 码的形式分别存在 AL、BL 中,然后用 ADD 指令进行 8 位二进制数加法运算,相加结果放在 AL 中,再用 DAA 指令进行调整。

实现该功能的程序如下:

```
MOV   AL,26H
MOV   BL,15H
ADD   AL,BL           ;(AL)=3BH,(AF)=1
DAA                   ;(AL)=41H,(CF)=1
```

2.减法指令(Subtraction)

减法指令可分为 6 类:不带借位的减法指令、带借位的减法指令、减 1 指令、求补指令、比较指令和十进制减法调整指令。

(1)SUB 不带借位的减法指令

指令格式如下:

```
SUB   dst,src         ;(dst)←(dst)−(src)
```

该指令的功能是用目的操作数减源操作数,结果送回目的操作数。操作数的类型与加法指令一样,即目的操作数可以是寄存器或存储器,源操作数可以是立即数、寄存器或存储器,但不允许两个存储器操作数相减。SUB 指令对状态标志位有影响。

SUB 指令的操作对象可以是字节,也可以是字。例如:

```
SUB   AL,37H
SUB   DX,BX
SUB   CX,VARE1
SUB   ARRAY[DI],AX
```

执行减法指令时,也可以根据编程者的意图,将操作数规定为带符号数或无符号数。当无符号数的较小数减较大数时,因不够减而产生借位,此时进位标志位 CF 置 1。当带符号数的较小数减较大数时,将得到负的结果,则符号标志位 SF 置 1。若带符号数相减如果结果溢出,则溢出标志位 OF 置 1。

(2)带借位的减法指令

指令格式如下:

```
SBB   dst,src        ;(dst)←(dst)−(src)−(CF)
```

该指令的功能是用目的操作数减源操作数,然后再减进位标志位 CF,并将结果送回目的操作数。目的操作数及源操作数的类型与 SUB 指令相同。SBB 指令对状态标志位的影响也与 SUB 指令相同。

同 SUB 指令一样,SBB 指令的操作对象可以是 8 位二进制数,也可以是 16 位二进制数。例如:

```
SBB   BX,1000
SBB   CX,DX
SBB   AL,DATA1[SI]
SBB   DISP[BP],BL
SBB   BYTE PTR [SI+6],97
```

SBB 指令主要用于多字节的减法。

(3)减 1 指令

指令格式如下:

```
DEC   dst            ;(dst)←(dst)−1
```

该指令的功能是用目的操作数减 1,结果送回目的操作数。指令对状态标志位 SF、ZF、AF、PF 和 OF 有影响,但不影响 CF。

与 INC 指令一样,操作数可以是寄存器或存储器,其类型可以为字节,也可以为字。例如:

```
DEC   AL
DEC   BX
```

DEC 指令常常用在循环程序中修改循环次数等场合。

(4)NEG 求补指令(Negate)

指令格式如下:

```
NEG   dst            ;(dst)←0−(dst)
```

该指令的功能是用 0 减去目的操作数,结果送回原来的目的操作数。这条指令可以得到目的操作数的补码。

求补指令对状态标志位有影响。该指令的操作数可以是字节或字,并且只能存在通用寄存器或存储器中,不能是立即数。例如:

    NEG   BL

    NEG   AX

例如,(BL)=B9H,执行指令 NEG BL 之后,(BL)=47H。

(5)CMP 比较指令(Compare)

指令格式如下:

    CMP   dst,src   ;(dst)-(src)

该指令的功能是用目的操作数减源操作数,但结果不送回目的操作数。因此,执行比较指令以后,被比较的两个操作数内容均保持不变,而比较结果反映在状态标志位上,这是 CMP 指令与 SUB 指令的区别所在。

CMP 指令的目的操作数可以是寄存器或存储器,源操作数可以是立即数、寄存器或存储器,但目的操作数和源操作数不能同时为存储器。

CMP 指令要求参与比较的两个操作数必须同为无符号数或同为带符号数,且操作数可以是字节,也可以是字。例如:

    CMP   AL,0AH   ;寄存器与立即数比较

    CMP   CX,DI   ;寄存器与寄存器比较

    CMP   AX,AREA1   ;寄存器与存储器比较

    CMP   [BX+5],SI   ;存储器与寄存器比较

CMP 指令是根据比较结果所设置的各个状态标志位来判断两个数大小的。如果指令执行后:

①零标志位 ZF=1,则表明两个操作数是相等的。

②若两个无符号数进行比较,则需要根据进位标志位 CF 的状态来判断两个数的大小。

    Ⅰ. 若 CF=0,则(dst)>(src)。

    Ⅱ. 若 CF=1,则(dst)<(src)。

③若两个带符号数进行比较,则需要根据溢出标志位 OF 和符号标志位 SF 来判断两个数的大小。

    Ⅰ. 若 OF⊕SF=0(或 SF=OF),则(dst)>(src)。

    Ⅱ. 若 OF⊕SF=1(或 SF≠OF),则(dst)<(src)。

在程序设计时,通常比较指令后面跟着条件转移指令,即根据状态标志位的不同状态产生程序分支。

例 3-11   若自 BLOCK 开始的存储器缓冲区中有 50 个带符号数,希望找到其中最大的一个值,并将它放到 MAX 单元中。

实现该功能的程序如下:

```
            MOV   BX,OFFSET BLOCK
            MOV   AX,[BX]
            INC   BX
            INC   BX
            MOV   CX,49
    AGAIN: CMP   AX,[BX]
            JG  NEXT
```

```
              MOV   AX,[BX]
     NEXT：   INC   BX
              INC   BX
              DEC   CX
              JNE   AGAIN
              MOV   MAX,AX
              HLT
```

（6）十进制减法调整指令

根据BCD码的种类,对BCD码进行十进制减法调整的指令也有两条,即非压缩BCD码减法调整指令AAS和压缩BCD码减法调整指令DAS。

①非压缩BCD码减法调整指令

指令格式如下：

```
     AAS
```

该指令的功能是对两个非压缩BCD码或两个ASCII码的相减结果进行调整。在使用AAS指令调整以前,要先用SUB(或SBB)指令进行8位二进制数的减法运算,相减结果放在AL中,用AAS指令调整后,非压缩BCD码结果的低位存放在AL中,高位存放在AH中。调整方法如下：

Ⅰ.如果AL的低4位大于9或AF＝1,那么将AL的内容减6并将结果送回AL,同时AH的内容减1并将结果送回AH,并将AF置1,然后将AL的高4位清0并令CF＝AF。

Ⅱ.如果AL的低4位小于9并且AF＝0,则将AL的高4位清0并令CF＝AF。

由此可见,AAS指令将影响状态标志位AF和CF,但不影响SF、ZF、PF和OF。

例 3-12　试计算两个十进制数之差:12－4＝?

分析　首先将被减数12和减数4以非压缩BCD码的形式分别存放在AH(被减数的十位)、AL(被减数的个位)和BL(减数)中,然后用SUB指令进行8位二进制数减法运算,再用AAS指令进行调整。

实现该功能的程序如下：

```
     MOV   AX,0102H      ;(AH)＝01H,(AL)＝02H
     MOV   BL,04H        ;(BL)＝04H
     SUB   AL,BL         ;(AL)＝02H－04H＝FEH
     AAS                 ;(AL)＝08H,(AH)＝0
```

以上程序的运行结果为12－4＝8,此结果以非压缩BCD码的形式存放,个位存放在AL中,十位存放在AH中。

②压缩BCD码减法调整指令

指令格式如下：

```
     DAS
```

该指令的功能是对两个压缩BCD码的相减结果进行调整。在使用DAS指令调整以前,要先用SUB(或SBB)指令进行8位二进制数减法运算,相减结果放在AL中,用DAS指令调整后,结果以压缩BCD码的形式仍存放在AL中。与AAS指令不同,DAS只对AL中的内容进行调整,任何时候都不会改变AH的内容。调整方法如下：

Ⅰ.如果AL的低4位大于9或AF＝1,那么将AL的内容减06H,并将AF置1。

Ⅱ.如果AL的高4位大于9或CF＝1,那么将AL的内容减60H,并将CF置1。

由此可见,DAS 指令将影响状态标志位 SF、ZF、AF、PF 和 CF,但不影响 OF。

例 3-13 试计算两个 2 位的十进制数之差:43-38=?

分析 调整之前,先用 SUB 指令进行 8 位二进制数减法运算,相减结果存放在 AL 中,然后用 DAS 指令进行调整。

实现该功能的程序如下:

```
MOV  AL,43H
MOV  BL,38H
SUB  AL,BL        ;(AL)=0BH
DAS              ;(AL)=05H
```

3. 乘法指令(Multiply)

8086 指令系统要用两条不同的乘法指令来实现无符号数的乘法和带符号数的乘法,它们都只有一个源操作数,而目的操作数是隐含的。这两条指令都可以实现字节或字的乘法运算。并且在执行乘法指令时,目的操作数总是放在累加器(8 位数放在 AL,16 位数放在 AX)中。8 位数相乘时,其乘积(16 位)存放在 AX 中;16 位数相乘时,其乘积(32 位)的高 16 位存放在 DX 中,低 16 位存放在 AX 中。如图 3-14 所示。

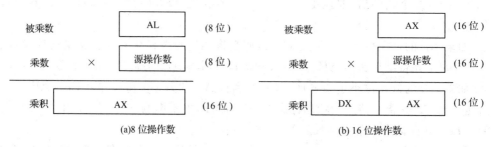

图 3-14 乘法运算的操作数及运算结果

除无符号数乘法指令和带符号数乘法指令以外,8086 乘法指令还包括十进制乘法调整指令。

(1)无符号数乘法指令

指令格式如下:

```
MUL  src          ;(AX)←(AL)×(src)(字节乘法)
                 ;(DX:AX)←(AX)×(src)(字乘法)
```

该指令的功能是用累加器中的无符号数与源操作数中的无符号数相乘。如果两个数是字节相乘,则乘积结果存放在 AX 中(高 8 位送到 AH,低 8 位送到 AL);如果两个数是字相乘,则乘积存放在 DX 和 AX 中(高 16 位送到 DX,低 16 位送到 AX)。

在 MUL 指令中,源操作数可以是寄存器,也可以是存储器,但不能是立即数。当源操作数是存储器时,必须在源操作数前加 BYTE 或 WORD 说明是字节还是字。例如:

```
MUL  AL                   ;AL 乘以 AL,结果存在 AX 中
MUL  BX                   ;AX 乘以 BX,结果存在 DX:AX 中
MUL  BYTE PTR[DI+6]       ;AL 乘以存储器(8 位),结果存在 AX 中
MUL  WORD PTR ALPHA       ;AX 乘以存储器(16 位),结果存在 DX:AX 中
```

MUL 指令对状态标志位 CF 和 OF 有影响,对 SF、ZF、AF 和 PF 的影响不确定:如果运算结果的高位(在 AH 或 DX 中)为 0,则 CF=OF=0,否则 CF=OF=1。例如:

```
MOV  AL,14H      ;(AL)=14H
```

```
     MOV   CL,05H       ;(CL)=05H
     MUL   CL           ;(AX)=0064H,CF=OF=0
```

本例中结果的高(AH)=0,因此,CF=OF=0。

(2)IMUL带符号数乘法指令(Integer Multiply)

指令格式如下:

```
     IMUL   src        ;(AX)←(AL)×(src)(字节乘法)
                       ;(DX:AX)←(AX)×(src)(字乘法)
```

该指令的功能是用累加器中的带符号数与源操作数中的带符号数相乘,指令的操作过程同MUL指令一样。

IMUL指令对状态标志位CF和OF有影响,对SF、ZF、AF和PF的影响不确定:如果乘积的高位仅仅是低位符号位的扩展,则CF=OF=0;否则,高位包含乘积的有效数字而不只是符号的扩展,则CF=OF=1。例如:

```
     MOV   AX,04E8H     ;(AX)=04E8H
     MOV   BX,4E20H     ;(BX)=4E20H
     IMUL  BX           ;(DX)=017FH,(AX)=4D00H,且CF=OF=1
```

由于此时DX中结果的高位包含乘积的有效数字,故CF=OF=1。

所谓乘积的高位仅仅是低位符号位的扩展,是指当乘积为正值时,其符号位为0,则AH或DX的高位为8位全0或16位全0;当乘积是负值时,其符号位为1,则AH或DX的高位为8位全1或16位全1。

(3)十进制乘法调整指令

对于十进制数的乘法运算,8086指令系统只提供了非压缩BCD码的调整指令。

指令格式如下:

```
     AAM
```

该指令的功能是对两个非压缩BCD码的相乘结果进行调整。在调整之前,先用MUL指令将两个真正的非压缩BCD码相乘,结果存放在AX中,然后用AAM指令对AL进行调整,于是在AX中即可得到正确的非压缩BCD码的结果,其乘积的高位存放在AH中,乘积的低位存放在AL中。指令执行以后,将根据AL中的结果影响状态标志位SF、ZF和PF,但对AF、CF和OF的值不确定。

非压缩BCD码的乘法与加减法不同,加减法可以直接用ASCII码参加运算,而不管其高位上有无数字,只要在加减指令后用一条非压缩BCD码的调整指令就能得到正确结果。而乘法要求参加运算的两个数必须是高4位为0的非压缩型BCD码,低4位为一个十进制数。也就是说,如果用ASCII码进行非压缩型BCD码乘法运算,在乘法运算之前,必须将高4位清0。

AAM指令的调整方法如下:

把AL的内容除以10,即AL的内容除以0AH,商放在AH中,余数送到AL中。

AAM指令的操作实质上是将AL中的二进制数转换成为非压缩BCD码,十位存放在AH中,个位存放在AL中。

例3-14 试计算两个十进制数的乘积:7×9=?

分析 首先将被乘数和乘数以非压缩BCD码的形式分别存在AL、BL中,然后进行8位二进制数乘法运算,再用AAM指令进行调整。

实现该功能的程序如下:

```
     MOV   AL,07H       ;(AL)=07H
```

```
MOV   BL,09H            ;(BL)=09H
MUL   BL               ;(AX)=07H×09H=003FH
AAM                   ;(AH)=06H,(AL)=03H
```

4.除法指令

8086 执行除法运算时规定除数的字长只能是被除数字长的一半。即当被除数为 16 位时,除数应为 8 位;被除数为 32 位时,除数应为 16 位。并规定:

①当被除数为 16 位时,应存放在 AX 中。除数应为 8 位,可存放在寄存器或存储器中。而得到的 8 位商存放在 AL 中,8 位余数存放在 AH 中。如图 3-15(a)所示。

②当被除数为 32 位时,应存放在 DX:AX 中。除数应为 16 位,可存放在寄存器或存储器中。而得到的 16 位商存放在 AX 中,16 位余数存放在 DX 中。如图 3-15(b)所示。

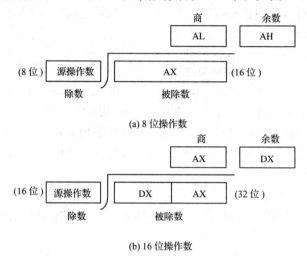

(a) 8 位操作数

(b) 16 位操作数

图 3-15　除法运算的操作数和运算结果

8086 指令系统中有 3 条除法指令,即无符号数除法指令、带符号数除法指令和十进制除法调整指令。另外有两条符号扩展操作,以支持带符号数的除法运算。

(1)无符号数除法指令

指令格式如下:
```
DIV   src            ;(AL)←(AX)/(src)的商(字节除法)
                     ;(AH)←(AX)/(src)的余数(字节除法)
                     ;(AX)←(DX:AX)/(src)的商(字除法)
                     ;(DX)←(DX:AX)/(src)的余数(字除法)
```

该指令的功能是用 AX 或 DX:AX 中的无符号数与源操作数中的无符号数相除。如果是字节除法,则用 AX 除以 src,商存放在 AL 中,余数存放在 AH 中;如果是字除法,则用 DX:AX 除以 src,商存放在 AX 中,余数存放在 DX 中。

在 DIV 指令中,源操作数可以是寄存器,也可以是存储器,但不能是立即数。当源操作数是存储器时,必须在源操作数前加 BYTE 或 WORD 说明是字节还是字。例如:
```
DIV   BL             ;AX 除以 BL
DIV   CX             ;DX:AX 除以 CX
DIV   BYTE PTR DATA  ;AX 除以存储器(8 位)
DIV   WORD PTR[DI+BX] ;DX:AX 除以存储器(16 位)
```

执行 DIV 指令时,如果除数为 0,或字节除法时商大于 FFH,或字除法时商大于 FFFFH,

则 CPU 立即自动产生一个中断类型号为 0 的内部中断。有关中断的概念将在本书第 7 章中详细讨论。

DIV 指令对状态标志位 SF、ZF、AF、PF、CF 和 OF 的影响不确定。

（2）IDIV 带符号数除法指令（Integer Division）

指令格式如下：

```
IDIV  src          ;(AL)←(AX)/(src)的商（字节除法）
                   ;(AH)←(AX)/(src)的余数（字节除法）
                   ;(AX)←(DX:AX)/(src)的商（字除法）
                   ;(DX)←(DX:AX)/(src)的余数（字除法）
```

该指令的功能是用 AX 或 DX:AX 中的带符号数与源操作数中的带符号数相除，指令的操作过程、操作数的类型及对状态标志位的影响同 DIV 指令一样。

执行 IDIV 指令时，如除数为 0，或字节除法时商超出 $-128 \sim +127$ 的范围，或字除法时商超出 $-32768 \sim +32767$ 的范围，则自动产生一个中断类型号为 0 的内部中断。

IDIV 指令对非整数商舍去尾数，而余数的符号总是与被除数的符号相同。

（3）AAD 十进制除法调整指令（ASCII Adjust for Division）

指令格式如下：

```
    AAD
```

该指令的功能是将 AX 中存放的非压缩 BCD 码调整为二进制数存放在 AL 中。

AAD 指令的用法与其他非压缩 BCD 码调整指令（如 AAA、AAS、AAM）有所不同。AAD 指令不是在除法之后，而是在除法之前进行调整，然后用 DIV 指令进行除法，所得之商还需用 AAM 指令进行调整，方可得到正确的非压缩 BCD 码的结果。

AAD 指令的调整方法为：

将 AH 的内容乘以 10 并加上 AL 的内容，结果送回 AL，同时将 AH 清 0。

以上操作实质上是将 AX 中非压缩 BCD 码转换成为真正的二进制数，并存放在 AL 中。

执行 AAD 指令以后，将根据 AL 中的结果影响状态标志位 SF、ZF 和 PF，但对 AF、CF 和 OF 的影响则不确定。

例 3-15　试进行两个十进制数的除法运算：37÷2＝？

分析　先将被除数和除数以非压缩型 BCD 码的形式分别存放在 AX 和 BL 中，被除数的十位在 AH，个位在 AL，除数在 BL。先用 AAD 指令对 AX 中的被除数进行调整，之后进行除法运算，并对商进行再调整。

实现该功能的程序如下：

```
MOV  AX,0307H      ;(AH)=03H,(AL)=07H
MOV  BL,02H        ;(BL)=02H
AAD                ;(AL)=25H(十进制数 37)
DIV  BL            ;(AL)=12H(商),(AH)=01H(余数)
AAM                ;(AH)=01H,(AL)=08H
```

以上程序的运行结果为，在 AX 中得到非压缩 BCD 码的商，但余数被丢失。如果需要保留余数，则应在 DIV 指令之后，用 AAM 指令调整之前，将余数暂存到一个寄存器。如果有必要，还应设法对余数也进行调整。

（4）符号扩展指令

在二进制算术运算指令中，两个操作数的字长应该符合规定的关系。例如，在加法、减法和乘法运算中,两个操作数的字长必须相等。而在除法指令中,被除数必须是除数的双倍字长。如果被除数和除数字长相等,则在执行除法指令之前,必须先用符号扩展指令 CBW 或 CWD 将被除数的符号位扩展,将一个 8 位数扩展成为 16 位,或者将一个 16 位数扩展成为 32 位。

对于无符号数,扩展字长比较简单,只需添上足够个数的 0 即可。例如,以下两条指令将 AL 中的一个 8 位无符号数扩展成为 16 位,存放在 AX 中。

```
MOV   AL,0FBH          ;(AL)=11111011B
XOR   AH,AH            ;(AH)=00000000B
```

但是,对于带符号数,扩展字长时正数与负数的处理方法不同。正数的符号位为 0,而负数的符号位为 1,因此,扩展字长时,应分别在高位添上相应的符号位,这样才能保证原数据的大小和符号不变。符号扩展指令就是用来实现对带符号数字长的扩展。

①CBW 字节扩展指令(Convert Byte to Word)

指令格式如下:

```
CBW
```

该指令的功能是将 1 个字节(8 位)按其符号扩展成 1 个字(16 位)。扩展方法为:

Ⅰ.如果 AL 的最高位为 0,则执行 CBW 指令后,(AH)=0;

Ⅱ.如果 AL 的最高位为 1,则执行 CBW 指令后,(AH)=0FFH。

CBW 指令对状态标志位没有影响。

②字扩展指令

指令格式如下:

```
CWD
```

该指令的功能是将 1 个字(16 位)按其符号扩展成 1 个双字(32 位)。扩展方法为:

Ⅰ.如果 AX 的最高位为 0,则执行 CBW 指令后,(DX)=0;

Ⅱ.如果 AX 的最高位为 1,则执行 CBW 指令后,(DX)=0FFFFH。

与 CBW 指令一样,CWD 指令对状态标志位没有影响。

CBW 和 CWD 指令在带符号数的乘法(IMUL)和除法(IDIV)运算中十分有用,在字节或字的运算之前,将 AL 或 AX 中数据的符号位进行扩展。例如:

```
MOV   AL,MUL_BYTE      ;(AL)←8 位被乘数(带符号数)
CBW                   ;将 AL 中的 8 位带符号数扩展成 16 位,结果存在 AX 中
IMUL   BX             ;两个 16 位带符号数相乘,结果存在 DX:AX 中
```

下面是一个字长相等的带符号数除法的例子。

```
MOV   AX,−2000        ;(AX)=−2000
CWD                   ;将 AX 中的 16 位带符号数扩展成 32 位,结果存在 DX:AX 中
MOV   BX,−421         ;(BX)=−421
IDIV   BX             ;(AX)=4(商),(DX)=−316(余数)
```

以上程序的运行结果为,商为 4,余数为−316,余数的符号与被除数相同。

3.3.3　逻辑运算和移位指令

8086 指令系统中提供了对 8 位或 16 位数据按位进行操作的指令,包括逻辑运算指令和移位指令两类。

1. 逻辑运算指令

8086 指令系统包括 5 条逻辑运算指令：逻辑与指令、测试指令、逻辑或指令、逻辑异或指令和逻辑非指令。除逻辑非指令对状态标志位不产生影响外，其余 4 条指令对状态标志位均有影响。

（1）逻辑与指令

指令格式如下：

```
        AND   dst,src        ;(dst)←(dst)∧(src)
```

该指令的功能是将源操作数的内容与目的操作数的内容按位相与，并将结果送回目的操作数。目的操作数可以是寄存器或存储器，源操作数可以是立即数、寄存器或存储器。但是指令的两个操作数不能同时是存储器。AND 指令操作对象的类型可以是字节，也可以是字。例如：

```
        AND   AL,00001111H
        AND   CX,DI
        AND   SI,[BX]
        AND   [DI],AX
        AND   [BX][SI],0FFFEH
```

执行逻辑与指令后，状态标志位 CF 和 OF 被清 0，ZF、SF 和 PF 根据运算结果确定，而 AF 不确定。

逻辑与指令常用来屏蔽操作数中某些不关心的位，而保留其他位不变。实现方法：欲屏蔽的位与 0 相与，保持不变的位与 1 相与。

例如，若将 AL 的高 4 位屏蔽，只保留低 4 位，则可以使用如下指令：

```
        AND   AL,0FH
```

利用该指令可将数字 0～9 的 ASCII 码转换成相应的非压缩型 BCD 码。例如：

```
        MOV   AL,'6'          ;(AL)=00110110B
        AND   AL,0FH          ;(AL)=00000110B
```

如果将一个寄存器的内容和该寄存器本身进行逻辑与操作，寄存器原来的内容不会改变，但寄存器中的内容将影响状态标志位 SF、ZF 和 PF，且将 OF 和 CF 清 0。

利用这个特性，可以在数据传送指令之后，使该数据影响状态标志位，然后可以判断数据的正负或者是否为 0。例如，以下几条指令用来判断数据是否为 0：

```
            MOV   AX,DATA        ;(AX)←DATA
            AND   AX,AX          ;影响状态标志位
            JZ  ZERO             ;如为 0，转移到 ZERO
            …                    ;否则，…
        ZERO：…
```

上述程序中如果不使用 AND　AX,AX 指令，则不能紧跟着进行条件判断和程序转移，因为 MOV 指令不影响状态标志位。当然采用 CMP　AX,0 指令代替 AND　AX,AX 指令也可以得到同样的效果，但 CMP 指令字节较多，执行速度较慢。

（2）测试指令

指令格式如下：

```
        TEST  dst,src         ;(dst)∧(src)
```

该指令的功能是将源操作数的内容与目的操作数的内容按位相与，但结果不送回目的操

作数,只将结果反映在状态标志位上。和 AND 指令一样,TEST 指令总是将状态标志位 CF 和 OF 清 0,ZF、SF 和 PF 根据运算结果确定,而 AF 不确定。

TEST 指令常常用来检测某一位或某几位的状态,通常该指令的后面加一条条件转移指令,共同完成对特定位状态的判断,并实现相应的程序转移。与 CMP 指令相比,TEST 指令只比较某几个指定的位,而 CMP 指令比较整个操作数(字节或字)。

例如,假设从一个端口地址为 PORT 的 I/O 端口输入数据,若输入数据的第 1、3、5 位中的任一位不等于 0,则转移到 NEXT,实现该功能的程序如下:

```
        IN   AL,PORT           ;从端口 PORT 输入数据
        TEST  AL,00101010B      ;测试第 1、3、5 位
        JNZ  NEXT              ;任一位不为 0,则转移到 NEXT
   NEXT:…
```

(3)逻辑或指令

指令格式如下:

```
        OR   dst,src           ;(dst)←(dst)∨(src)
```

该指令的功能是将源操作数的内容与目的操作数的内容按位相或,结果存放到目的操作数中。操作数的类型与 AND 相同,即目的操作数可以是寄存器或存储器,源操作数可以是立即数、寄存器或存储器,但两个操作数不能同时都是存储器。例如:

```
        OR   BL,0F6H
        OR   AX,BX
        OR   CL,BETA[BX][DI]
        OR   [SI],DX
        OR   [BX],80H
```

逻辑或指令常用来使操作数中某些位置为 1,其他位保持不变。实现方法:欲置位的位与 1 相或,保持不变的位与 0 相或。

例如,以下指令可将 AH 及 AL 的最高位同时置 1,而 AX 的其余位保持不变:

```
        OR   AX,8080H          ;(AX)∨(1000000010000000B)
```

如果将一个寄存器的内容和该寄存器本身进行逻辑或操作,则寄存器原来的内容不会改变,但寄存器中的内容将影响状态标志位 SF、ZF 和 PF,且将 OF 和 CF 清 0。

(4)逻辑异或指令

指令格式如下:

```
        XOR  dst,src           ;(dst)←(dst)⊕(src)
```

该指令的功能是将源操作数的内容与目的操作数的内容按位相异或,结果存放到目的操作数单元中。XOR 指令操作数的类型和 AND、OR 指令均相同。例如:

```
        XOR  DI,23F6H
        XOR  SI,DX
        XOR  CL,BUFFER
        XOR  [BX],AX
```

逻辑异或指令常用来使操作数中某些位进行取反操作,其他位保持不变。实现方法:欲取反的位与 1 相异或,保持不变的位与 0 相异或。

例如,若要使 AL 中的第 1、3、5、7 位求反,第 0、2、4、6 位保持不变,则只需执行 XOR AL,0AAH 指令即可,即令 AL 和 10101010B 相异或。

如果将一个寄存器的内容和该寄存器本身进行逻辑异或操作,该寄存器的内容将被清0,同时影响状态标志位 SF、ZF 和 PF,且将 OF 和 CF 清0。基于该方法,可以利用逻辑异或指令对某单元自身异或,以实现清0操作。

(5)逻辑非指令(Logical Not)

指令格式如下:

  NOT dst   ;(dst)←0FFH−(dst)(字节求反),(dst)←0FFFFH−(dst)(字求反)

该指令的功能是将目的操作数取反,结果再送回目的操作数。目的操作数可以是8位或16位的寄存器或存储器,但不能是立即数。例如:

  NOT AH

  NOT CX

  NOT BYTE PTR[BP]   ;8位存储器操作数求反

  SNOT WORD PTR COUNT ;16位存储器操作数求反

2. 移位指令

8086指令系统的移位指令可分为非循环移位指令和循环移位指令两类。

(1)非循环移位指令

非循环移位指令包括逻辑左移指令、算术左移指令、逻辑右移指令和算术右移指令,其中逻辑左移指令和算术左移指令的操作完全相同。

①逻辑左移/算术左移指令

指令格式如下:

  SHL/SAL dst,1 或 SHL/SAL dst,CL

其中 SHL 代表逻辑左移指令,SAL 代表算术左移指令。这两种指令的功能都是将目的操作数顺序向左移动1位或移动 CL 指定的位数。移动时,目的操作数的最高位移到进位标志位 CF,最低位补0。SHL/SAL 指令操作示意如图3-16所示。

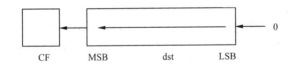

图3-16　SHL/SAL 指令操作示意

SHL/SAL 指令的目的操作数可以是一个8位或16位的寄存器或存储器。

需要注意的是,当一次移动多位时,移动位数必须存放在 CL 中,即指令中规定的移位次数不允许是1以外的常数或 CL 以外的寄存器。

SHL/SAL 指令将影响 CF 和 OF 两个状态标志位。如果移位次数等于1,且移位以后目的操作数新的最高位与 CF 不相等,则溢出标志位 OF=1,否则 OF=0。因此 OF 的值表示移位操作是否改变了符号位。如果移位次数不等于1,则 OF 的值不确定。SHL/SAL 指令对其他状态标志位没有影响。

通过 SHL/SAL 指令将目的操作数左移1位后,如果结果未超出1个字节或1个字所能表达的范围,则相当于将原来的目的操作数乘以2,因而可以利用 SHL/SAL 指令完成乘法的运算。例如:

  MOV AL,08H

  SAL AL,1   ;该指令执行后,AL 中的内容变为16(相当于乘以2)

通常情况下,利用 SHL/SAL 指令代替乘法指令往往能大大提高执行速度。若欲乘的数值不是 2^n(n 为正整数)时,可将数值分解,然后再利用 SHL/SAL 指令。

例 3-16 请利用 SHL 指令将一个 16 位无符号数乘以 12(假设结果不超出表示范围),假设该数原来存放在以 ABC 为首地址的两个连续的存储单元中(低位在前,高位在后)。

分析　因为 ABC×12=(ABC×8)+(ABC×4),故需用 2 次左移结果与 3 次左移结果相加实现以上乘法运算。

实现该功能的程序如下:

```
MOV   AX,ABC      ;(AX)←被乘数
SHL   AX,1        ;(AX)＝ABC×2
SHL   AX,1        ;(AX)＝ABC×4
MOV   BX,AX       ;暂存 BX
SHL   AX,1        ;(AX)＝ABC×8
ADD   AX,BX       ;(AX)＝ABC×12
HLT
```

②SHR 逻辑右移指令(Shift Logic Right)

指令格式如下:

SHR　　dst,1/CL

该指令的功能是将目的操作数顺序向右移动 1 位或移动 CL 指定的位数。移动时,目的操作数的最低位移到进位标志位 CF,最高位补 0。该指令操作示意如图 3-17 所示。

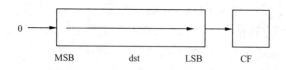

图 3-17　SHR 指令操作示意

该指令的目的操作数类型与 SHL/SAL 指令相同,并且 SHR 指令也将影响 CF 和 OF 状态标志位。如果移位次数等于 1,且移位以后新的最高位与次高位不相等,则 OF＝1,否则 OF＝0。实质上此时 OF 的值仍然表示符号位在移位前后是否改变。如果移位次数不等于 1,则 OF 的值不确定。

通过 SHR 指令将目的操作数右移 1 位后,如果结果未超出 1 个字节或 1 个字所能表达的范围,则相当于将原来的目的操作数除以 2,因而可以利用 SHR 指令完成除法的运算。例如:

```
MOV   AL,08H
SHR   AL,1        ;该指令执行后,AL 中的内容变为 4(相当于除以 2)
```

例 3-17 请利用 SHR 指令将一个 16 位无符号数除以 16(假设结果不超出表示范围),假设该数原来存放在以 ABC1 为首地址的两个连续的存储单元中。

分析　因为 16＝2^4,故直接用 4 次 SHR 指令即可实现上述功能。

实现该功能的程序如下:

```
MOV   AX,ABC1     ;(AX)←被除数
MOV   CL,4
SHR   AX,CL       ;(AX)＝ABC1÷16
HLT
```

需要注意的是,如果被除数是 2^n 时,不会产生误差;如果被除数不是 2^n 时,将会把余数

舍去。

③算术右移指令

指令格式如下：

    SAR dst,1/CL

该指令的功能与逻辑右移指令SHR类似,都是将目的操作数向右移动1位或移动CL指定的位数,与SHR指令的不同之处在于:算术右移时,最高位保持不变,目的操作数的最低位移到进位标志位CF。该指令操作示意如图3-18所示。

图 3-18　SAR 指令操作示意

SAR指令的目的操作数类型与SHL/SAL指令相同,并且该指令对状态标志位CF、OF、PF、SF和ZF有影响,而对AF的影响不确定。

通过SAR指令将目的操作数右移1位后,如果结果未超出1个字节或1个字所能表达的范围,则相当于将原来的带符号数除以2。如果被除数不是2^n时,将会把余数舍去。

（2）循环移位指令（Rotate）

循环移位指令包括不带进位标志位CF的循环左移指令和循环右移指令,以及带进位标志位CF的循环左移指令和循环右移指令。

循环移位指令的目的操作数类型与移位指令相同,可以是8位或16位的寄存器或存储器。指令中指定的左移或右移的位数也可以是1或由CL指定,但不能是1以外的常数或CL以外的其他寄存器。

①不带进位标志位CF的循环左移指令

指令格式如下：

    ROL dst,1/CL

该指令的功能是将目的操作数向左循环移动1位或移动CL指定的位数。最高位移到最低位形成循环,同时最高位移到进位标志位CF,但进位标志位CF不在循环回路之内。该指令操作示意如图3-19所示。

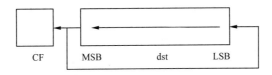

图 3-19　ROL 指令操作示意

ROL指令将影响CF和OF两个状态标志位。如果循环移位次数等于1,且移位以后目的操作数新的最高位与CF不相等,则OF=1,否则OF=0。因此,OF的值表示循环移位前后符号位是否有所变化。如果移位次数不等于1,则OF的值不确定。

例如,已知AL＝10011011B,CF＝0,执行ROL AL,1指令之后,AL＝00110111B,CF＝1,OF＝1。

②ROR循环右移指令（Rotate Right）

指令格式如下：

ROR dst,1/CL

该指令的功能是将目的操作数向右循环移动 1 位或移动 CL 指定的位数。最低位移到最高位形成循环,同时最低位移到进位标志位 CF。该指令操作示意如图 3-20 所示。

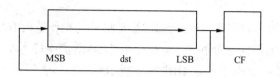

图 3-20 ROR 指令操作示意

该指令也将影响状态标志位 CF 和 OF。若循环移位次数等于 1,且移位后新的最高位和次高位不等,则 OF=1,否则 OF=0。若循环移位次数不等于 1,则 OF 的值不确定。

例如,已知 AL=10011011B,CF=0,执行 ROR AL,1 指令之后,AL=11001101B,CF=1,OF=0。

③RCL 带进位循环左移指令(Rotate through Carry Left)

指令格式如下:

RCL dst,1/CL

该指令的功能是将目的操作数连同进位标志位 CF 一起向左循环移动 1 位或移动 CL 指定的位数。最高位移入 CF,而 CF 移入最低位。该指令操作示意如图 3-21 所示。

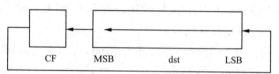

图 3-21 RCL 指令操作示意

RCL 指令对状态标志位的影响与 ROL 指令相同。

例如,已知 AL=10011011B,CF=0,执行 RCL AL,1 指令之后,AL=00110110B,CF=1,OF=1。

④带进位标志位 CF 的循环右移指令

指令格式如下:

RCR dst,1/CL

该指令的功能是将目的操作数与进位标志位 CF 一起向右循环移动 1 位或移动 CL 指定的位数。最低位移入 CF,而 CF 移入最高位。该指令操作示意如图 3-22 所示。

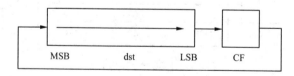

图 3-22 RCR 指令操作示意

RCR 指令对状态标志位的影响与 ROR 指令相同。

例如,已知 AL=10011011B,CF=0,执行 RCR AL,1 指令之后,AL=01001101B,CF=1,OF=1。

与非循环移位指令进行对比发现,利用循环移位指令进行移位之后,操作数中原来各位的信息不会丢失,只是移到了操作数中的其他位或进位标志位上,必要时还可以恢复。

利用循环移位指令可以对寄存器或存储器中的任一位进行位测试。

例如,要求测试 AL 中第三位的状态是 0 还是 1,可利用以下程序实现:

```
MOV   CL,5        ;(CL)←移位次数
ROL   AL,CL       ;(CF)←AL 的第三位
JNC   ZERO        ;若(CF)=0,转 ZERO
…                 ;否则,…
ZERO:…
```

3.3.4　串操作指令

在某一个连续的存储区中存放着一串字节或字,它们可以是二进制数,也可以是 BCD 码或 ASCII 码。串操作指令就是用一条指令实现对存储区中的一串字符或数据的操作。

8086 指令系统中共有 5 条串操作指令:串传送指令、串比较指令、串搜索指令、串读取指令和串送存指令。

上述串操作指令的基本操作各不相同,但都具有以下几个共同特点:

①总是用 SI 寄存器寻址源操作数,用 DI 寄存器寻址目的操作数。源操作数通常存放在现行的数据段,段寄存器 DS 被隐含,但也允许段超越。目的操作数总是在现行的附加数据段,附加段寄存器 ES 被隐含,不允许段超越。串操作指令是 8086 指令系统中唯一的一组源操作数和目的操作数都在存储器中的指令。

②每一次操作以后会自动修改地址指针,地址指针的增减由方向标志位 DF 决定。当 DF=0 时,地址指针不断增值,即字节操作时地址指针加1,字操作时地址指针加2。当 DF=1 时,地址指针不断减值,即字节操作时地址指针减1,字操作时地址指针减2。

③串操作指令分为带操作数和不带操作数两种,不带操作数的指令助记符后必须加上字母 B 或 W 以区分是字节操作还是字操作。若在助记符后加上 B 或 W 后,助记符后面不允许再带操作数。

④有的串操作指令可在前面加重复前缀,于是指令就按规定的操作重复进行,重复操作的次数由 CX 寄存器决定。

8086 指令系统有 3 类重复前缀:重复前缀 REP、相等时重复前缀 REPE/REPZ 和不相等时重复前缀 REPNE/REPNZ。

其中 REP 的功能是重复执行串操作指令,执行重复操作的条件是(CX)≠0;

REPE/REPZ 也是重复执行串操作指令,但执行重复操作的条件不仅要求(CX)≠0,同时要求 ZF=1;

REPNE/REPNZ 也是重复执行串操作指令,但执行重复操作的条件不仅要求(CX)≠0,同时要求 ZF=0。

如果在串操作指令前加上重复前缀 REP,则 CPU 按以下步骤执行:

①首先检查 CX 寄存器,若(CX)=0,则退出重复串操作指令,否则进入下一步;

②执行一次字符串基本操作;

③根据 DF 修改地址指针;

④CX 减1(但不改变标志位);

⑤转至下一次循环,重复以上步骤。

若串操作指令的基本操作影响零标志位 ZF,使用重复前缀不仅要满足 CX 的条件,而且还要满足 ZF 的条件。此时需要加重复前缀 REPE/REPZ 或 REPNE/REPNZ。

1. MOVS 字符串传送指令(Move String)

指令格式如下:

    [REP] MOVS   dst,[seg:]src
    [REP] MOVSB
    [REP] MOVSW

串传送指令的功能是将源操作串(以 SI 为偏移地址)中的 1 个字节或 1 个字传送到目的操作串(以 DI 为偏移地址)中,然后根据方向标志位 DF 自动修改地址指针。串传送指令不影响状态标志位。以上格式中,凡是方括号中的内容均表示任选项。通常情况,用以上 3 个助记符中的 MOVS 指令代表串传送指令。

串传送指令分为带操作数和不带操作数两种。第一种格式为带操作数形式,指令中给出了源操作数和目的操作数,此时指令执行字节操作还是字操作,取决于这两个操作数定义时的类型。该格式主要用在源字符串有段超越的程序中,如果没有段超越,使用后两种格式比较方便。第二种和第三种格式为不带操作数形式,串传送指令 MOVS 后面加上字母 B 或 W,以表示操作对象是字节串或字串。

串传送指令常采用如下形式:

    REP   MOVS   DATA2,DATA1
          MOVS   BUFFER2,ES:BUFFER1
    REP   MOVS   WORD PTR[DI],[SI]
    REP   MOVSB
          MOVSW

串传送指令常常与重复前缀 REP 联合使用,这样不仅可以简化程序,而且可以提高运行速度。但此时必须先把字符串的长度送到 CX 中,以便控制指令结束。

例 3-18 试用串传送指令将数据段中逻辑地址 3000H:2000H 开始的 30 个字节传送到附加数据段逻辑地址 4000H:1000H 开始的存储区中。

实现该功能的程序如下:

    MOV   DS,3000H
    MOV   ES,4000H
    MOV   SI,2000H
    MOV   DI,1000H
    MOV   CX,30
    CLD   ;清方向标志位 DF
    REP   MOVSB   ;传送 30 个字节
    HLT   ;停止

例 3-19 试用串传送指令将数据段中首地址为 BUFFER1 的 50 个字传送到附加数据段首地址为 BUFFER2 的存储区中。

实现该功能的程序如下:

    LEA   SI,BUFFER1   ;(SI)←源串首地址指针
    LEA   DI,BUFFER2   ;(DI)←目的串首地址指针
    MOV   CX,50   ;(CX)←字串长度
    CLD   ;清方向标志位 DF
    REP   MOVSW   ;传送 50 个字
    HLT   ;停止

2. CMPS 串比较指令（Compare String）

指令格式如下：

```
[REPE/REPNE] CMPS      [seg:]src,dst
[REPE/REPNE] CMPSB
[REPE/REPNE] CMPSW
```

串比较指令的功能是将源操作串（以 SI 为偏移地址）与目的操作串（以 DI 为偏移地址）中相应的元素逐个比较（相减），但不将比较结果送回目的操作串，只根据结果设置标志位，地址指针根据方向标志位 DF 自动修改。该指令对状态标志位 SF、ZF、AF、PF、CF 和 OF 有影响。以上格式中，凡是方括号中的内容均表示任选项。通常情况，用以上 3 个助记符中的 CMPS 指令代表串比较指令。

串比较指令也分为带操作数和不带操作数两种。第一种格式为带操作数形式，指令中给出了源操作数和目的操作数，但 CMPS 指令与其他指令有所不同，该指令中源操作数在前，而目的操作数在后。第二种和第三种格式为不带操作数形式，在串比较指令 CMPS 后面加字母 B 或 W，以表示操作对象是字节串或字串。

如果两个被比较的字节或字相等，则 ZF＝1，否则 ZF＝0，即 CMPS 指令对 ZF 有影响，因此该指令经常与重复前缀 REPE/REPZ 或 REPNE/REPNZ 配合使用。

如果想在两个字符串中寻找第一个不相等的字符，则应使用重复前缀 REPE/REPZ。当遇到第一个不相等的字符时，就停止进行比较。但此时地址已被修改，即（DS:SI）和（ES:DI）已经指向下一个字节或字地址，所以应对 SI 和 DI 进行修正，使之指向所要寻找的不相等字符。

同理，如果想要寻找两个字符串中第一个相等的字符，则应使用重复前缀 REPNE/REPNZ。但是也有可能将整个字符串比较完毕仍未出现规定的条件（例如两个字符相等或不相等），不过此时（CX）＝0，故可用条件转移指令 JCXZ 进行处理。

例 3-20　比较两个字符串，找出其中第一个不相等字符的地址。如果两个字符全部相同，则转到 ALLEQUAL 进行处理。这两个字符串长度均为 40，首地址分别为 STRING1 和 STRING2。

实现该功能的程序如下：

```
          LEA   SI,STRING1      ;(SI)←字符串1首地址
          LEA   DI,STRING2      ;(DI)←字符串2首地址
          MOV   CX,40           ;(CX)←字符串长度
          CLD                   ;清方向标志位 DF
          REPE  CMPSB           ;如相等，重复进行比较
          JCXZ  ALLEQUAL        ;若(CX)＝0,跳至 ALLEQUAL
          DEC   SI              ;否则(SI)－1
          DEC   DI              ;(DI)－1
          HLT                   ;停止
ALLEQUAL: MOV   SI,0
          MOV   DI,0
          HLT                   ;停止
```

3. SCAS 串搜索指令（Scan String）

指令格式如下：

```
[REPE/REPNE] SCAS   dst
```

　　［REPE/REPNE］SCASB

　　［REPE/REPNE］SCASW

　　串搜索指令的功能是在目的操作串中查找 AL 或 AX 的内容。目的操作串的起始地址只能放在(ES:DI)中，不允许段超越。查找的方法是用 AL 或 AX 的内容减去目的操作串中的1 个字节或 1 个字的内容，不保留结果，只根据结果设置标志位，地址指针根据方向标志位 DF 自动修改。该指令对状态标志位 SF、ZF、AF、PF、CF 和 OF 有影响。以上格式中，凡是方括号中的内容均表示任选项。通常情况，用以上 3 个助记符中的 SCAS 指令代表串搜索指令。

　　串搜索指令也分为带操作数和不带操作数两种。第一种格式为带操作数形式，但该指令只给出目的操作数，源操作数固定为 AL 或 AX 的内容。第二种和第三种格式为不带操作数形式，在串搜索指令 SCAS 后面加字母 B 或 W，以表示操作对象是字节串或字串。

　　如果累加器的内容与字符串中的元素相等，则比较之后 ZF＝1，否则 ZF＝0。因此，该指令经常与重复前缀 REPE/REPZ 或 REPNE/REPNZ 配合使用。

　　与串比较指令相比，串搜索指令相当于它的一个特殊形式(源操作数固定)，所以操作方法与串比较指令基本相同。

　　例 3-21　在包含 50 个字符的字符串中寻找第一个回车符 CR(其 ASCII 码为 0DH)，找到后将其地址保留在 ES:DI 中，并在屏幕上显示字符"Y"。如果字符串中没有回车符，则在屏幕上显示字符"N"。该字符串的首地址为 STRING。

　　实现该功能的程序如下：

```
              LEA    DI,STRING      ;(DI)←字符串首地址
              MOV    AL,0DH         ;(AL)←回车符
              MOV    CX,50          ;(CX)←字符串长度
              CLD                   ;清方向标志位 DF
              REPNE  SCASB          ;如未找到，重复扫描
              JZ     MATCH          ;如找到，则转 MATCH
              MOV    DL,'N'         ;字符串中无回车，则(DL)←'N'
              JMP    DISPLAY        ;转到 DISPLAY
    MATCH：   DEC    DI             ;(DI)←(DI)－1
              MOV    DL,'Y'         ;(DL)←'Y'
    DISPLAY： MOV    AH,02H
              INT    21H            ;显示字符
              HLT
```

4. LODS 串读取指令(Loading String)

　　指令格式如下：

　　LODS　［seg:］src

　　LODSB

　　LODSW

　　串读取指令的功能是将源操作串中的字节或字逐个读取，然后存放到 AL 或 AX 中，并根据方向标志位 DF 自动修改地址指针 SI 的值。源操作串的起始地址默认放在(DS:SI)中，允许段超越。

　　串读取指令也分为带操作数和不带操作数两种。第一种格式为带操作数形式，但该指令只给出源操作数，目的操作数固定为 AL 或 AX 的内容。第二种和第三种格式为不带操作数形式，在串读取指令 LODS 后面加字母 B 或 W，以表示操作对象是字节串或字串。

串读取指令不影响状态标志位,而且一般不带重复前缀,这是因为每重复读取一次数据,累加器的内容就被改写,执行重复传送操作后,只能保留最后存入的数据,所以串读取指令加重复指令无意义。

例 3-22 将 4000H:2000H 单元开始的 30 个字节的内容逐一取出,放在累加器中进行处理,处理完后再送入 3000H 为首地址的存储区中。

实现该功能的程序如下:

```
        MOV   DS,4000H
        MOV   SI,2000H
        MOV   DI,3000H
        CLD                    ;清方向标志位 DF
        MOV   CX,30            ;(CX)←字符串长度
LOOP:   LODSB                  ;取 1 个字节到 AL 中,并令地址指针加 1
        PUSH  CX               ;保留计数值
        …                      ;字符处理
        POP   CX               ;恢复计数值
        DEC   CX               ;计数值减 1
        MOV   [DI],AL          ;送回处理结果
        JNZ   LOOP             ;如未处理完,则返回 LOOP 继续
```

5. STOS 串送存指令(Store String)

指令格式如下:

```
[REP] STOS  dst
[REP] STOSB
[REP] STOSW
```

串送存指令的功能是将 AL 或 AX 的值逐个送存到目的操作串中,并根据方向标志位 DF 自动修改地址指针 SI 的值。目的操作串的起始地址只能放在(ES:DI)中,不允许段超越。

串送存指令也分为带操作数和不带操作数两种。第一种格式为带操作数形式,但该指令只给出目的操作数,源操作数固定为 AL 或 AX 的内容。第二种和第三种格式为不带操作数形式,在串送存指令 STOS 后面加字母 B 或 W,以表示操作对象是字节串或字串。

串送存指令对状态标志位没有影响。指令若加上重复前缀 REP,则操作将一直重复进行下去,直到(CX)=0。

例 3-23 试用串送存指令将以 DATA 为首地址的 256 个单元清 0。

实现该功能的程序如下:

```
LEA   DI,DATA
MOV   AX,0
MOV   CX,128
CLD
REP   STOSW
HLT
```

该程序采用 STOSW 指令,每次传送一个字,需要传送 128 次,因此传送前令(CX)=128;若采用 STOSB 指令,需要传送 256 次,即令(CX)=256。这两种方法程序执行的结果是相同的,但前者执行速度要更快一些。

3.3.5 控制转移指令

在 8086 微处理器中,指令的执行顺序是由 CS 和 IP 决定的。一般情况下,计算机执行程序时按顺序逐条执行指令,但实际上我们经常需要根据不同的情况改变程序的执行顺序。有时可能要跳过几条指令,有时可能要重复执行某几条指令,有时可能需要从当前程序段转移到另一个程序段去执行。为了使程序转移到新的地址去执行,可以采用改变 CS 和 IP 或者仅改变 IP 的方法来实现。

8086 指令系统中用于控制程序流程的指令包括转移指令、循环控制指令、过程调用和返回指令及中断控制指令 4 类。下面分别进行讨论。

1. 转移指令

转移指令包括无条件转移指令和条件转移指令两类。

(1)无条件转移指令(Jump)

无条件转移是指当程序执行到该指令时,程序无条件转移到指令所提供的目标地址处执行。

指令格式如下:

  JMP dst

其中目的操作数 dst 提供要转移到的目标地址,该目标地址可以用直接的方式给出,也可以用间接的方式给出。根据寻址方式的不同,无条件转移指令可分为段内直接近转移、段内直接短转移、段内间接转移、段间直接转移和段间间接转移 5 类。无条件转移指令对状态标志位没有影响。

①段内直接近转移

指令格式如下:

  JMP Label ;(IP)←(IP)+disp-16

该指令中的操作数 Label 是一个近标号,该标号在本段内。该指令的功能是使程序无条件转移到指令中近标号指定的目标地址去执行,即指令从现行的物理地址 CS×16+IP 转移到指定的物理地址 CS×16+IP+近标号偏移量,偏移量范围为-32768~+32767。

例 3-24

    JMP NEXT

    MOV AL,01H

    …

  NEXT： MOV AL,80H

    …

在这段程序中,NEXT 为近标号,执行这段指令时,如果指令 JMP　NEXT 不是转移指令,则在执行完这条指令后应该执行后一条指令 MOV　AL,01H。但是,由于 JMP　NEXT 是无条件转移指令,所以应该转去执行指令 NEXT:MOV　AL,80H。

假设(CS)=3000H,指令 JMP NEXT 的有效地址为 0020H,物理地址为 30020H,NEXT 标号的有效地址为 1080H,物理地址为 31080H,即偏移量 disp-16=1060H。这段程序的执行过程如图 3-23 所示。

②段内直接短转移

指令格式如下:

　　　　　　JMP　Label　　　　　　;(IP)←(IP)+disp-8

该指令中的操作数 Label 是一个短标号,该标号也在本段内。执行该指令时,将 IP 的内容加上偏移量 disp-8,CS 的内容不变。此时,偏移量的范围为-128～+127。段内直接短转移实际是段内直接近转移的一个特例。

例 3-25

　　　　　　　　JMP　NEXT
　　　　　　　　ANL　AL,01H
　　　　　　　　...
　　　　　NEXT:　OR　AL,80H
　　　　　　　　...

在这段程序中,NEXT 为短标号,假设(CS)=3000H,指令 JMP　NEXT 的物理地址为30020H,NEXT 标号的物理地址为30080H,即偏移量 disp-8=0060H。这段程序的执行过程如图 3-24 所示。

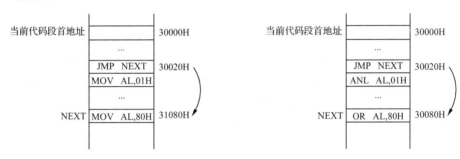

　　图 3-23　例 3-24 的执行过程　　　　　　图 3-24　例 3-25 的执行过程

③段内间接转移

指令格式如下:

　　　　　　JMP　reg-16/mem-16　　　　　;(IP)←(reg-16)/(IP)←(mem-16)

该指令的操作数是一个 16 位的寄存器或 16 位的存储器操作数,执行该指令时,用指定的寄存器或存储器中的内容取代当前 IP 的值,而 CS 的内容不变,从而实现程序的段内转移。

例 3-26　假设(CS)=2000H,(AX)=3000H。试分析执行 JMP AX 指令后指令指针中的数值为多少。

分析　由于是段内转移,所以执行 JMP　AX 指令后,CS 的内容不变,只是将 AX 的内容送入 IP,即 IP=3000H,于是程序转到地址为 23000H 处去执行指令。

假设 JMP　AX 的物理地址为 21000H,则执行过程如图 3-25 所示。

例 3-27　假设(DS)=1000H,(DI)=0100H,(CS)=2000H,存储单元(10100H)=12H,(10101H)=34H。试分析执行 JMP　WORD　PTR[DI]指令后指令指针中的数值为多少。

分析　该指令的功能是将字存储器中的内容送入 IP,根据已知条件可得,字存储器单元的物理地址为 DS×16+DI=10100H,所以 IP=3412H。由于是段内转移,CS 的内容不变,所以执行 JMP　[DI]指令后,程序转到地址为 23412H 处去执行指令。

假设 JMP　[DI]的物理地址为 21000H,执行过程如图 3-26 所示。

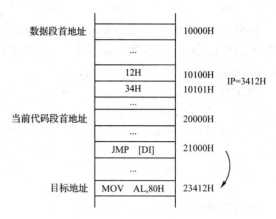

图 3-25 例 3-26 的执行过程   图 3-26 例 3-27 的执行过程

④段间直接转移

指令格式如下：

    JMP   Label   ;(IP)←OFFSET Label,(CS)←SEG Label

该指令中的操作数 Label 是一个远地址标号,该标号在另一个代码段内。执行该指令时,用标号的偏移地址取代 IP 的内容,同时用标号所在代码段的段地址取代当前 CS 的内容,从而使程序转移到另一代码段内指定的标号处。

例 3-28

    ABC: ANL   AL,01H
             ...
             JMP   ABC
    NEXT: OR   AL,80H
             ...

在这段程序中,标号 NEXT 是当前段中的一个标号,而 ABC 是另一个段程序中的标号,是远标号。假设当前代码段寄存器 CS=2000H,指令 JMP   ABC 的物理地址为 21000H,而标号 ABC 所在代码段寄存器 CS=1000H,偏移地址 EA=0100H,则在执行完指令 JMP   ABC 之后,程序将跳转到 10100H 处去执行指令 ANL   AL,01H。

该程序的执行过程如图 3-27 所示。

⑤段间间接转移

指令格式如下：

    JMP   mem-32   ;(IP)←(mem-32),(CS)←(mem-32+2)

该指令的操作数是一个 32 位的存储器操作数,执行该指令时,将存储器的前两个字节送给 IP,存储器的后两个字节送给 CS,从而实现到另一个代码段的转移。

例 3-29 已知指令当前(CS)=2000H,(IP)=1000H,(DS)=1000H,(BX)=0100H,存储单元(10100H)=1234H,(10102H)=3000H。试分析执行 JMP   DWORD PTR[BX]指令后指令指针中的数值为多少。

分析 该指令的功能是将双字存储器中的内容送入 IP 和 CS,从而实现程序的转移。根据已知条件可得,双字存储器的物理地址为 DS×16+BX=10100H,所以 IP=1234H,CS=3000H。执行 JMP   [BX]指令后,程序转到地址为 31234H 处去执行指令。

假设 JMP   [BX]的物理地址为 21000H,执行过程如图 3-28 所示。

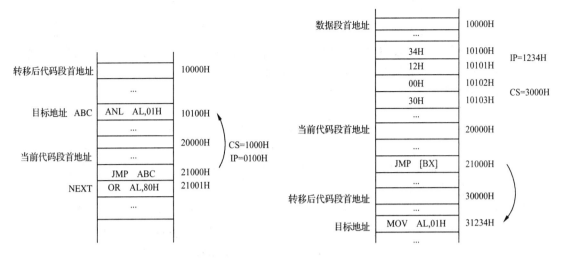

图 3-27 例 3-28 的执行过程   图 3-28 例 3-29 的执行过程

（2）条件转移指令

条件转移是当某种条件满足时，程序执行转移；条件不满足时，程序仍按原来顺序执行。8086 条件转移指令应用非常丰富：不仅可以测试一个状态标志位的状态，而且可以综合测试几个状态标志位；不仅可以测试无符号数的高低，而且可以测试带符号数的大小等。

指令格式如下：

    Jcc rel

其中 cc 表示条件，操作数 rel 用来指明转移的目标地址。注意该操作数必须是一个短标号，即转移指令的下一条指令到目标地址之间的距离必须为 $-128 \sim +127$。如果指令规定的条件满足，则将这个偏移量加到 IP 寄存器上，实现程序的转移。

按照判断条件的不同，条件转移指令可以分为以下几种类型：判断单个状态标志位、判断无符号数的大小、判断带符号数的大小、判断 CX 寄存器。

①判断单个状态标志位

该类指令是根据 5 个状态标志位 OF、SF、CF、ZF 和 PF 进行转移的指令。

Ⅰ. 判 OF 状态转移指令

  JO rel   ;如果 OF＝1，则程序发生转移

  JNO rel   ;如果 OF＝0，则程序发生转移

Ⅱ. 判 SF 状态转移指令

  JS rel   ;如果 SF＝1，则程序发生转移

  JNS rel   ;如果 SF＝0，则程序发生转移

Ⅲ. 判 CF 状态转移指令

  JC rel   ;如果 CF＝1，则程序发生转移

  JNC rel   ;如果 CF＝0，则程序发生转移

Ⅳ. 判 ZF 状态转移指令

  JE/JZ rel   ;如果 ZF＝1，则程序发生转移

  JNE/JNZ rel   ;如果 ZF＝0，则程序发生转移

Ⅴ. 判 PF 状态转移指令

  JP/JPE rel   ;如果 PF＝1，则程序发生转移

```
        JNP/JPO  rel        ;如果 PF＝0,则程序发生转移
```

②判断无符号数的大小

两个无符号数进行比较时,要根据 CF 和 ZF 的组合来判断二者的关系——高于、低于或等于。根据两个无符号数的关系,该类指令具有如下几种形式:

```
        JA/JNBE  rel        ;高于,则程序发生转移,此时 CF＝0 且 ZF＝0
        JAE/JNB  rel        ;高于或等于,则程序发生转移,此时 CF＝0 且 ZF＝1
        JB/JNAE  rel        ;低于,则程序发生转移,此时 CF＝1 且 ZF＝0
        JBE/JNA  rel        ;低于或等于,则程序发生转移,此时 CF＝1 且 ZF＝1
```

上述指令中,在助记符中采用 A 代表高于,B 代表低于,E 代表等于。

③判断带符号数的大小

两个带符号数比较大小时,要根据 OF 和 SF 的组合来判断二者的关系——大于、小于或等于。若考虑相等,还要考虑 ZF。根据两个带符号数的关系,该类指令具有如下几种形式:

```
        JG/JNLE  rel        ;大于,则程序发生转移,此时 SF ⊕ OF＝0 且 ZF＝0
        JGE/JNL  rel        ;大于或等于,则程序发生转移,此时 SF ⊕ OF＝0 或 ZF＝1
        JL/JNGE  rel        ;小于,则程序发生转移,此时 SF ⊕ OF＝1 且 ZF＝0
        JLE/JNG  rel        ;小于或等于,则程序发生转移,此时 SF ⊕ OF＝1 或 ZF＝1
```

上述指令中,在助记符中采用 G 代表大于,L 代表小于,E 代表等于。

④判断 CX 寄存器

```
        JCXZ  rel        ;当 CX＝0 时,程序发生转移
```

上述条件转移指令,除 JCXZ 指令外,都是将状态标志位的状态作为测试的条件。因此,首先应执行影响有关状态标志位的指令,然后才能用条件转移指令测试这些状态标志位,以确定程序是否转移。CMP 和 TEST 指令常常与条件转移指令配合使用,因为这两条指令不改变目的操作数的内容,但可以影响状态标志位。其他如加法、减法及逻辑运算指令等也影响状态标志位。

例 3-30 在存储器的数据段中存放了若干个 8 位带符号数,数据块的长度为 COUNT(不超过 255),首地址为 TABLE。试统计其中正数、负数及 0 的个数,并将统计结果分别存入 PLUS、MINUS 和 ZERO 单元中。

分析 为了统计正数、负数和 0 的个数,可先将 PLUS、MINUS 和 ZERO 三个单元清 0,然后将数据表中的带符号数逐个送入 AL 中并使其影响状态标志位,再利用前面介绍的 JS、JZ 等条件转移指令测试该数是一个负数、0,还是正数,然后分别在相应的单元中进行计数。

实现该功能的程序如下:

```
              XOR  AL,AL          ;(AL)←0
              MOV  PLUS,AL        ;清 PLUS 单元
              MOV  MINUS,AL       ;清 MINUS 单元
              MOV  ZERO,AL        ;清 ZERO 单元
              LEA  SI,TABLE       ;(SI)←数据表首地址
              MOV  CX,COUNT       ;(CX)←数据表长度
              CLD                 ;清方向标志位 DF
      CHECK：  LODSB               ;取一个数据到 AL
              OR  AL,AL           ;使数据影响状态标志位
              JS  X1              ;如为负数,转 X1
              JZ  X2              ;如为 0,转 X2
```

```
          INC   PLUS          ;否则为正数,PLUS 单元加 1
          JMP   NEXT
X1:       INC   MINUS         ;MINUS 单元加 1
          JMP   NEXT
X2:       INC   ZERO          ;ZERO 单元加 1
NEXT:     LOOP  CHECK         ;CX 减 1,如不为 0,则转 CHECK
          HLT                 ;停止
```

例 3-31 假设在以 DATA 为首地址的存储区数据段中,存放了 100 个 16 位带符号数。试将其中最大和最小的带符号数找出来,分别存放到以 MAX 和 MIN 为首的存储单元中。

分析 为了寻找最大和最小的元素,可先取出数据块中的一个数据作为标准,暂且将它同时存放到 MAX 和 MIN 单元中。然后将数据块中的其他数据逐个与 MAX 和 MIN 中的数相比较:凡大于 MAX 者,取代原来 MAX 中的内容;凡小于 MIN 者,取代原来 MIN 中的内容。最后即可得到数据块中最大和最小的带符号数。

必须注意,比较带符号数的大小时,应该采用 JG 和 JL 等条件转移指令。

实现该功能的程序如下:

```
          LEA   SI,DATA       ;(SI)←数据块首地址
          MOV   CX,100        ;(CX)←数据块长度
          CLD                 ;清方向标志位 DF
          LODSW               ;取一个 16 位带符号数到 AX
          MOV   MAX,AX        ;送 MAX 单元
          MOV   MIN,AX        ;送 MIN 单元
          DEC   CX            ;(CX)←(CX)-1
NEXT:     LODSW               ;取下一个 16 位带符号数
          CMP   AX,MAX        ;与 MAX 单元内容比较
          JG    GREATER       ;大于 MAX 单元内容,则转 GREATER
          CMP   AX,MIN        ;否则,与 MIN 单元内容比较
          JL    LESS          ;小于 MIN 单元内容,则转 LESS
          JMP   GOON          ;否则,转 GOON
GREATER:  MOV   MAX,AX        ;(MAX)←(AX)
          JMP   GOON          ;转 GOON
LESS:     MOV   MIN,AX        ;(MIN)←(AX)
GOON:     LOOP  NEXT          ;CX 减 1,若不等于 0,转 NEXT
          HLT                 ;停止
```

2. 循环控制指令

在设计循环程序时,可以用条件转移指令来控制循环是否继续。除此以外,8086 指令系统还提供了 3 种专用的循环控制指令:LOOP、LOOPE/LOOPZ 和 LOOPNE/LOOPNZ。循环控制指令对状态标志位没有影响。

(1)LOOP

指令格式如下:

```
          LOOP  rel
```

该指令的操作数是一个短标号,即跳转距离不超过 $-128 \sim +127$ 的范围。该指令使用 CX 作为计数器,执行指令时先将 CX 的内容减 1。如果结果不等于 0,则程序转移到指令中指

定的短标号处;否则,顺序执行下一条指令。因此,在循环程序开始前,应将循环次数送到 CX 中。

例 3-32 假设从 2000H 开始有 32 个字节数,试统计负数的个数并将结果送入 MINUS 单元。

实现功能的程序如下:

```
        XOR   DI,DI
        MOV   BX,2000H
        MOV   CX,20H
AGAIN:  MOV   AL,[BX]
        INC   BX
        TEST  AL,80H
        JZ    GOON
        INC   DI
GOON:   LOOP  AGAIN
        MOV   MINUS,DI
```

上述程序中 LOOP   AGAIN 相当于以下两种指令的组合:

```
        DEC   CX
    JNZ   AGAIN
```

(2)LOOPE/LOOPZ

指令格式如下:

```
    LOOPE/LOOPZ  rel
```

该类指令的操作也是先将 CX 的内容减 1,如果结果不为 0,且 ZF=1,则转移到指定的短标号,直到 CX=0 或 ZF=0 退出循环。

(3)LOOPNE/LOOPNZ

指令格式如下:

```
    LOOPNE/LOOPNZ  rel
```

该类指令的操作也是将 CX 的内容减 1,如果结果不为 0,且 ZF=0,则转移到指定的短标号,直到 CX=0 或 ZF=1 退出循环。

3.过程调用和返回指令(Call and Return)

如果有一些程序段需要在不同的地方多次反复地出现,则可以将这些程序段设计成为过程或子程序,每次需要时进行调用。过程或子程序可以在程序中反复多次使用,且能减小程序所占的存储空间。

为了实现主程序对过程或子程序的一次完整调用,主程序应该能在需要时通过过程调用指令自动转入过程或子程序执行,过程或子程序执行完后应能通过过程返回指令自动返回过程调用指令的下一条指令(该指令地址被称为断点地址)执行。因此,过程调用指令是在主程序需要调用过程或子程序时使用的,过程返回指令则需放在过程或子程序末尾。

过程调用指令和过程返回指令对状态标志位都没有影响。

(1)过程调用指令

8086 指令系统采用 CALL 指令来调用一个过程或子程序,被调用的过程或子程序可以在本段内(近过程),也可在其他段内(远过程)。

指令格式如下:

```
CALL   dst
```

其中目的操作数 dst 提供被调用的过程地址,该地址可以用直接的方式给出,也可以用间接的方式给出。根据寻址方式的不同,调用指令可分为段内直接调用、段内间接调用、段间直接调用和段间间接调用 4 类。

①段内直接调用

指令格式如下:

```
CALL   near_proc          ;(SP)←(SP)-2,((SP)+1:(SP))←(IP),(IP)←(IP)+disp-16
```

该指令的操作数 near_proc 是一个近过程,该过程在本段内。指令汇编以后,得到 CALL 的下一条指令与被调用的过程入口地址之间的偏移量 disp-16。执行指令时先将 IP 压入堆栈,然后将偏移量 disp-16 加到 IP 上,从而使程序转移到被调用的过程处执行。偏移量 disp-16 的范围为 $-32768\sim+32767$。

②段内间接调用

指令格式如下:

```
CALL   reg-16/mem-16       ;(SP)←(SP)-2,((SP)+1:(SP))←(IP),(IP)←(reg-16)/(mem-16)
```

该指令的操作数是一个 16 位的寄存器或 16 位的存储器操作数,其中的内容是一个近过程的入口地址。执行该指令时先将 IP 压入堆栈,然后用指定的寄存器或存储器中的内容取代当前 IP 的值。

③段间直接调用

指令格式如下:

```
CALL   far_proc          ;(SP)←(SP)-2,((SP)+1:(SP))←(CS),(CS)←SEG  far_proc
                         ;(SP)←(SP)-2,((SP)+1:(SP))←(IP),(IP)←OFFSET  far_proc
```

该指令的操作数 far_proc 是一个远过程,该过程在另外的代码段内。执行该指令时,先将 CS 中的段地址压入堆栈,并将远过程所在段的段地址送入 CS;再将 IP 中的偏移地址压入堆栈,然后将远过程的偏移地址送入 IP。

④段间间接调用

指令格式如下:

```
CALL   mem-32          ;(SP)←(SP)-2,((SP)+1:(SP))←(CS),(CS)←(mem-32+2)
                       ;(SP)←(SP)-2,((SP)+1:(SP))←(IP),(IP)←(mem-32)
```

该指令的操作数是一个 32 位的存储器操作数,执行该指令时,先将 CS 压入堆栈,并将存储器操作数的后两个字节送入 CS;再将 IP 压入堆栈,然后将存储器操作数的前两个字节送入 IP,于是程序转到另一个代码段的远过程处执行。

(2)过程返回指令

过程返回指令是和过程调用指令成对使用的。调用指令具有把断点地址保护到堆栈以及把过程或子程序入口地址自动送入 CS 和 IP 的功能;过程返回指令则具有能把堆栈中的断点地址自动恢复到 CS 和 IP 的功能。

8086 指令系统采用 RET 指令来实现过程返回功能。

指令格式如下:

```
RET
```

与调用指令对应,过程返回指令包括从近过程返回和从远过程返回两种。

①从近过程返回

```
RET                    ;(IP)←((SP)+1:(SP)),(SP)←(SP)+2
```

```
    RET    pop_value    ;(IP)←((SP)+1:(SP)),(SP)←(SP)+2,(SP)←(SP)+pop_value
  ②从远过程返回
    RET                 ;(IP)←((SP)+1:(SP)),(SP)←(SP)+2
                        ;(CS)←((SP)+1:(SP)),(SP)←(SP)+2
    RET    pop_value    ;(IP)←((SP)+1:(SP)),(SP)←(SP)+2
                        ;(CS)←((SP)+1:(SP)),(SP)←(SP)+2,(SP)←(SP)+pop_value
```

通常,RET 指令的类型是隐含的,它自动与过程定义时的类型匹配。如为近过程,返回时将栈顶的字弹出到 IP;如为远过程,返回时先从栈顶弹出一个字到 IP,接着再弹出一个字到 CS。

此外,RET 指令还允许带一个弹出值 pop_value,这是一个范围为 0~64 K 的立即数,通常是偶数。弹出值表示返回时从堆栈中舍弃的字节数。例如,RET 4,返回时舍弃堆栈中的 4 个字节。这些字节一般是调用前通过堆栈向过程传递的参数。

4. 中断控制指令

8086 系统中除了触发 CPU 的中断引脚可以引起硬件中断外,在程序中使用中断控制指令也可以引起一个中断过程,这种中断称为软件中断。8086 提供 3 种中断控制指令:中断指令、中断溢出指令和中断返回指令。

(1)中断指令

指令格式如下:

```
    INT    n
```

该指令中 n 为中断类型号,可提供 0~255(或 00H~FFH)共 256 个中断类型号。这些中断类型号代表的具体功能请参考第 7 章。

执行该中断指令时,将根据 n 值计算出指令所对应的中断向量(中断服务程序的入口地址)的所在位置,进而转移到相应的中断服务程序继续执行。

该指令将执行如下操作:

①将标志寄存器 FLAGS 压入堆栈;

②清除控制标志位 IF 和 TF;

③将当前 CS 的值压入堆栈;

④将 n×4+2 所指向存储单元中的字数据送给 CS;

⑤将当前 IP 的值压入堆栈;

⑥将 n×4 所指向存储单元中的字数据送给 IP。

(2)中断溢出指令

指令格式如下:

```
    INTO
```

执行该指令时,系统将检测溢出标志位 OF。该指令可写在一条算术运算指令的后面。若算术运算结果产生溢出,即 OF=1,则 INTO 启动一个中断过程;否则不执行任何操作,继续执行下一条指令。

如果 OF=1,INTO 指令的操作过程和 INT n 指令相同。

INTO 的中断类型号为 4,它的中断向量地址为 10H,即存储单元 10H 与 11H 存放的是该中断服务程序的入口地址的偏移量,存储单元 12H 和 13H 存放的是中断服务程序的入口地址的代码段地址。执行该指令时,将 CS 和 IP 压入堆栈后,将 12H 单元的字内容送入 CS,

10H 单元的字内容送入 IP,此后就从该中断起始地址开始执行中断处理程序。

(3)中断返回指令

指令格式如下:

    IRET

所有的中断过程不管是硬件引起的,还是软件引起的,最后执行的一条指令一定是中断返回指令 IRET,用以退出中断过程,返回到原程序的断点处。

执行 IRET 指令时,将依次从堆栈中弹执行中断指令时被保存的 CS、IP 和 FLAGS 值,从而使系统能够正确返回原来被中断的位置继续执行。

3.3.6 处理器控制指令

该类指令用于完成对 CPU 的简单控制功能,可以分为三大类:标志位操作指令、外部同步指令和空操作指令。

1. 标志位操作指令

该类指令共包括 7 条指令,分为三类,分别对进位标志位 CF、方向标志位 DF 和中断标志位 IF 进行设置,而对其他标志位没有影响。

(1)CF 标志位操作指令

指令格式如下:

    CLC   ;进位标志位清 0,使 CF=0

    STC   ;进位标志位置 1,使 CF=1

    CMC   ;进位标志位取反

这组指令的功能是将 CF 标志位的内容清 0、置 1 或取反。

(2)DF 标志位操作指令

指令格式如下:

    CLD   ;方向标志位清 0,使 DF=0

    STD   ;方向标志位置 1,使 DF=1

这组指令的功能是将 DF 标志位的内容清 0 或置 1,用来控制字符串操作时地址指针的增减方向。

(3)IF 标志位操作指令

指令格式如下:

    CLI   ;中断标志位清 0,使 IF=0

    STI   ;中断标志位置 1,使 IF=1

这组指令的功能是将 IF 标志位的内容清 0 或置 1,用来屏蔽或开放外部中断。

2. 外部同步指令

8086 指令系统包括四种外部同步指令:处理器暂停指令、处理器等待指令、处理器交权指令和总线锁定指令。

(1)处理器暂停指令

指令格式如下:

    HLT

执行该指令将使 CPU 进入暂停状态,它常用来等待中断的产生。外部中断(当 IF=1 时的可屏蔽中断请求 INTR 或非屏蔽中断请求 NMI)或复位信号 RESET 可使 CPU 退出暂停状态。HLT 指令对状态标志位没有影响。

(2)处理器等待指令

指令格式如下:

　　WAIT

如果 8086 CPU 的 TEST 引脚上的信号没有维持在低电平,执行 WAIT 指令将使 CPU 进入等待状态。然后每隔 5 个时钟周期要检查一下 TEST 引脚。若该引脚仍为高电平,则继续等待;若为低电平,则退出等待状态。该指令主要用于 CPU 与协处理器和外设之间的同步。

在允许中断的情况下,一个外部中断请求将使 CPU 离开等待状态,转向中断服务程序。此时被推入堆栈进行保护的断点地址即 WAIT 指令的地址,因此从中断返回后又执行 WAIT 指令,CPU 再次进入等待状态。

(3)处理器交权指令

指令格式如下:

　　ESC　ext_op,src

该指令中的 ext_op 是其他处理器(以下称为协处理器)的一个操作码(外操作码),src 是一个存储器操作数。执行该指令后,8086 CPU 访问一个存储器操作数,并将其放在数据总线上,供协处理器使用,即 8086 交权给协处理器,使协处理器可以使用 8086 的寻址方式,并从 8086 的指令队列中取得指令。该指令一般和 WAIT 指令一起使用,通过 TEST 引脚和协处理器同步。

ESC 指令对状态标志位没有影响。

(4)总线锁定指令

指令格式如下:

　　LOCK

该指令是一个可放在任何一条指令前面的前缀。该指令执行时,就锁定了总线控制权,其他处理器将得不到总线控制权,这个过程一直持续到该指令执行完毕为止。它常用于多机系统。

3. 空操作指令

指令格式如下:

　　NOP

执行该指令时不进行任何操作,仅仅消耗 3 个时钟周期,常用在程序延时或调试程序时使用。NOP 指令对状态标志位没有影响。

习题 3

一、选择题

1. 8086 直接寻址方式的特点是数据所在单元的地址包含在(　　)中。

A. 数据存储器　　　　　　B. 指令　　　　　　C. 堆栈　　　　　　D. 通用寄存器

2. 在8086的循环控制指令LOOP ABC,目标地址ABC距LOOP的下一条指令的地址偏移范围为( )。

A. −128～+127　　　B. 0～65535　　　C. 0～255　　　D. −32768～+32767

3. 已知(SI)=0004H,(DS)=8000H,(80004H)=02H,(80005H)=C3H。指令LEA AX,[SI]执行后,(AX)=( )。

A. 0002H　　　　　　B. 0005H　　　　　　C. 0004H　　　　　　D. C302H

4. 执行下面程序后,BX中的内容是( )。

```
MOV   CL,2
MOV   BX,0A6H
ROL   BX,CL
```

A. 0530H　　　　　　B. 3050H　　　　　　C. 0298H　　　　　　D. 0035H

5. 用于控制串操作的方向(增量/减量)标志位是( )。

A. TF　　　　　　B. PF　　　　　　C. IF　　　　　　D. DF

6. 指令PUSH DS的目的操作数寻址方式采用的是( )。

A. 寄存器寻址　　　　B. 寄存器间接寻址　　C. 直接寻址　　　　D. 固定寻址

7. 如果(AL)=A3H,执行指令CBW后,(AX)=( )。

A. 00A3H　　　　　　B. FFA3H　　　　　　C. 0FA3H　　　　　　D. A300H

8. 下列指令中,不含有非法操作数寻址的指令是( )。

A. ADC [BX],[30H]　　　　　　　　B. ADD [SI+DI],AX

C. SBB AX,CL　　　　　　　　　　　D. SUB [3000H],DX

9. 指令执行前,(AX)=8F00H,执行CBD后,(DX)=( )。

A. 0000H　　　　　　B. FFFFH　　　　　　C. 00FFH　　　　　　D. 0001H

10. 指令LEA SP,DS:[0470H]执行后,(SP)=( )。

A. 地址为0470H的存储单元中的内容　　　B. 0470H

C. 0470H+(SS)　　　　　　　　　　　D. 0470H+(DS)

11. 执行下列程序后,(AL)=( )。

```
MOV   AL,92H
SUB   AL,71H
DAS
```

A. 21　　　　　　B. 11　　　　　　C. 21H　　　　　　D. 11H

12. 在8086中,( )组寄存器都可以用来实现对存储器的寻址。

A. AX,SI,DI,BX　　　B. BP,BX,CX,DX　　　C. SI,DI,BP,BX　　　D. BX,CX,SI,DI

13. 若已知(SP)=2000H,(AX)=0020H,则执行指令PUSH AX后,(SP)和((SS):(SP))的值分别为( )。

A. 2002H,00H　　　B. 1FFEH,00H　　　C. 1FFEH,20H　　　D. 2002H,20H

二、判断题(判断对错,并改正)

1. 输入/输出指令(如IN、OUT)是所有微处理器必须具备的指令。 ( )

2. 在 8086 汇编语言源程序中,只要改变 CS、IP 之中任一寄存器的值就可以达到程序跳转的目的。 （　　）

3. 判断下列指令是否有错误,并改正。

(1)MOV　CS,BX （　　）

(2)PUSH　02FFH （　　）

(3)MOV　BYTE PTR[BX],1000 （　　）

(4)OUT　[BX],AX （　　）

(5)MOV　IP,AX （　　）

(6)MOV　AL,1000 （　　）

(7)SAR　AX,8 （　　）

(8)OUT　AL,0436H （　　）

(9)MOV　DS,3000H （　　）

(10)ADD　[DI],[SI] （　　）

三、填空题

1. 8086 允许使用的间接寻址的寄存器有_____、_____、_____和_____。

2. 指令 MOV　AX,ES:[BX][SI]中,源操作数的物理地址计算式是_____。

3. 设(AX)=2A45H,(DX)=5B19H。执行指令 SUB　AX,DX 后,(AL)=_____H, CF=_____,ZF=_____,OF=_____。

4. 假设 VAR 为数据段中已定义的变量,则指令 MOV　BX,OFFSET VAR 中源操作数的寻址方式是_____。

5. 若(AL)=96H,(BL)=12H,则执行 ADD　AL,BL 后,结果为_____H,状态标志位 OF 为_____,CF 为_____。

6. 已知(AL)=01011101B,执行指令 NEG AL 后,再执行 CBW 指令,则(AX)=_____。

7. 若(AL)=01001001B,执行 ADD　AL,AL 指令后,再执行 DAA 指令,则(AL)=_____,(CF)=_____,(AF)=_____。

8. 已知指令如下:

  MOV　AX,0FFBDH

  MOV　BX,12F8H

  IDIV　BL

此指令执行后,(AX)=_____,(BX)=_____。

9. 在数据传送指令中,只有_____和_____两条指令会影响状态标志位的值。

10. 指令 MOV　DL,[BX][SI]中,源操作数使用_____的寻址方式,源操作数在_____段中。

四、简答题

1. 8086 微处理器有哪几种寻址方式? 分别说明下列各指令的源操作数和目的操作数各采用什么寻址方式。

(1)MOV　AX,2408H　　　(2)MOV　CL,0FFH　　　(3)MOV　BX,[SI]

(4)MOV　[BX],BL　　　(5)MOV　[BP+100H],AX　　　(6)MOV　[BX+DI],'MYM'

(7)MOV DX,ES:[BX+SI] (8)MOV VAL[BP+DI],DX (9)IN AL,05H

(10)MOV DS,AX

2.假设标志寄存器各状态标志位的初始值为0,试分析分别单独执行如下各组指令后,有关寄存器和标志寄存器的值。

(1)MOV AX,2B7EH

MOV CX,4DB5H

ADD AX,CX

(2)STC

MOV BX,B69FH

MOV AX,43A2H

SBB AX,BX

(3)MOV DX,1234H

ADD DL,DH

ADD DH,DL

ADD DH,0E2H

3.试用逻辑运算指令分别实现下列逻辑操作。

(1)令 AH 中数据的低两位变为 0,其余位不变;

(2)令 AL 中数据的低两位变为 1,其余位不变;

(3)令 CX 中数据的低两位变反,其余位不变。

4.指出下列指令中哪些是错误的,错在什么地方。

(1)MOV DL,AX   (2)MOV 8650H,AX   (3)MOV DS,0200H

(4)MOV [BX],[1200H]   (5)MOV IP,0FFH   (6)MOV [BX+DI+3],IP

(7)MOV DX,[BX+BP]   (8)MOV AL,ES:[BP]   (9)MOV DL,[SI+DI]

(10)MOV AX,OFFSET 0A20H   (11)MOV AL,OFFSET TABLE

(12)XCHG AL,50H   (13)IN 05H   (14)OUT AL,0FFEH

5.假定(DS)=3000H,(ES)=3100H,(SS)=2800H,(SI)=00BAH,(BP)=1200H,(BX)=0010H,数据段中变量 VAR 的偏移地址是 0600H,说明下列各源操作数的物理地址。

(1)MOV AX,BX

(2)MOV AX,0AH[BX]

(3)MOV AX,[BX]

(4)MOV AX,[260H]

(5)MOV AX,[BP+10H]

(6)MOV AX,ES:[BX]

6. MOV AL,64H

MOV BL,-1

CMP AL,BL

ADD AL,AL

执行本程序段后,(AL)=_____,(BL)=_____,(CF)=_____。

7. MOV AL,25H

MOV BL,57H

```
    AND   AL,BL
    ADD   AL,AL
    DAA
```

执行上面程序段后,(AL)=＿＿＿＿＿＿,(ZF)=＿＿＿＿＿＿,(AF)=＿＿＿＿＿＿。

8.已知:(SS)=0B2F0H,(SP)=00D0H,(AX)=8031H,(CX)=0F012H

```
PUSH AX
PUSH CX
POP AX
PUSH CX
POP AX
POP CX
```

执行上面程序段后,(SS)=＿＿＿＿＿＿,(SP)=＿＿＿＿＿＿,(AX)=＿＿＿＿＿＿,(CX)=＿＿＿＿＿＿。

9.写出下列程序段执行后的结果:(AL)=＿＿＿＿＿＿,(DL)=＿＿＿＿＿＿。

```
MOV   CL,4
MOV   AL,87
MOV   DL,AL
AND   AL,0FH
OR    AL,30H
SHR   DL,CL
OR    DL,30H
```

10.已知执行下列指令前,(AX)=C376H,(BX)=0002H,(SI)=4400H,(DI)=2300H,DS=ES=SS=CS=6000H,(SP)=4400H,(IP)=1200H,(64400H)=A2H,(64401H)=71H,(64402H)=00H,(64403H)=F3H,CF=1,DF=1 写出下列指令单独执行后有关寄存器和存储单元的值,并指出是否影响标志 SF、ZF、CF、OF,若影响需写出标志值。

(1)ADC AL,[4400H]

(2)OR AL,[BX+SI-1]

(3)MOVSW

(4)NEG BYTE PTR[SI]

(5)CALL BX(段内间接调用)

11.设(DS)=3000H,(BX)=1100H,(CS)=0062H,(SI)=0002H,(31100H)=52H,(31101H)=8FH,(31162H)=6BH,(31163H)=99H,(31103H)=F6H,(32200H)=AAH,(32201H)=B6H,(32800H)=55H,(32801H)=77H,给出下列各指令执行后 AX 寄存器的内容。

(1)MOV   AX,BX

(2)MOV   AX,[BX]

(3)MOV   AX,4200H

(4)MOV   AX,[2800H]

(5)MOV   AX,1100H[BX]

(6)MOV   AX,[1160H+SI]

12.设(AX)＝00D9H,(CL)＝03H,(CF)＝1,写出下列指令分别执行后 AX 中的内容(16进制数)。

(1)SAR　AX,CL

(2)SHR　AX,1

(3)SHL　AL,1

(4)SHL　AX,CL

(5)ROR　AX,CL

(6)RCL　AX,CL

(7)RCR　AL,1

(8)ROL　AL,CL

13.设(CS)＝1200H,(IP)＝0100H,(SS)＝5000H,(SP)＝0400H,(DS)＝2000H,(SI)＝3000H,(BX)＝0300H,(20300H)＝4800H,(20302H)＝00FFH,TABLE＝0500H,PROG_N标号的地址为 1200:0278H,PROG_F 标号的地址为 3400:0ABCH。说明下列每条指令执行完后,程序将分别转移到何处执行?

(1)JMP　PROG_N

(2)JMP　BX

(3)JMP　[BX]

(4)JMP　FAR PROG_F

(5)JMP　DWORD　PTR[BX]

14.如在下列程序段的括号中分别填入以下指令:

(1) LOOP　NEXT

(2) LOOPE　NEXT

(3) LOOPNE　NEXT

试说明在这三种情况下,程序段执行完后,AX、BX、CX、DX 寄存器的内容分别是什么?

```
START：  MOV  AX,01H
         MOV  BX,02H
         MOV  CX,03H
         MOV  DX,04H
NEXT：   INC BX
         ADD BX,AX
         SHR DX,1
         (            )
```

15.请用串操作指令实现将从内存单元 2100H 开始存放的 10~99 这 90 个数传送到3100H 开始的内存单元处。

16. 读程序段,回答问题。

```
(1)MOV  AL,[82H]       (2)MOV   AL,[82H]
   XOR  AH,AH              MOV   BL,0AH
   ADD  AX,AX             IMUL  BL
   MOV  BX,AX
   MOV  CX,2
```

```
    SHL    BX,CL
    ADD    AX,BX
```

问：

①程序段(1)的功能是什么？

②若从[82H]读入的数据为 05H，完成程序段(1)后(AX)＝？

③若读入的数据为 A5H，完成程序段(1)后，(AX)＝？ 又问程序段(1)与程序段(2)的功能是否相同(忽略 BX 的变化)？

④用最简单的指令完成与(1)相同的功能，请写出这些程序。

第4章

汇编语言程序设计

汇编语言程序格式　汇编语言程序
设计基础

上一章详细讲述了 8086 的汇编语言指令,这些汇编语言指令必须按某种固定的规范来组合成相应的汇编程序,实现特定的功能。这些规范包括了汇编语言程序的定义、数的定义、程序结构的定义和子程序调用方式等内容。

本章以微软公司的宏汇编 MASM 为背景,主要讲述了汇编语言程序的基本结构、汇编语言的语法规则以及程序设计的基本方法,同时介绍了一些 DOS 系统的功能调用和基本输入输出系统的中断调用,为汇编语言程序设计打下基础。汇编语言作为一种编程语言需要各种计算机操作系统的配合使用,正向同学们面对问题需要团队之间要分工合作,团结协作,面对困难分而治之,逐个击破,获得积极向上、奋发有为的精神力量一样。

4.1　汇编语言程序格式

任何计算机都必须在程序控制之下进行有效的工作。为了沟通使用者和计算机之间的信息交换,产生了各种各样的程序设计语言。各种语言都有自己的特点、优势及运行环境,有自己的应用领域和针对性。从使用者的角度看,计算机程序设计语言一般可分为机器语言、汇编语言、中高级语言等。

所谓汇编语言,是指一种采用助记符表示的程序设计语言,即用助记符来表示指令的操作码和操作数,用标号或符号代表地址、常量或变量。助记符一般都是英文缩写,因而方便人们书写、阅读和检查。一般情况下,一个助记符表示一条机器指令,所以汇编语言也是面向机器的语言。实际上,由汇编语言编写的源程序就是机器语言程序的符号表示,汇编语言源程序与其经过汇编所产生的目标代码程序之间有明显的一一对应关系。汇编语言程序能够直接利用硬件系统的特性(如寄存器、标志、中断系统等)直接对位、字节、字寄存器、存储单元、I/O 端口进行处理,同时也能直接使用 CPU 指令系统提供的各种寻址方式,这样的程序不但占用内存空间少,而且执行速度快。

用汇编语言编写的程序称为汇编语言源程序。由于计算机只能辨认和执行机器语言,因此,必须将汇编语言源程序"翻译"成能够在计算机上执行的机器语言(称为目标代码程序),这个翻译过程称为汇编(Assemble),完成汇编过程的系统程序称为汇编程序。

汇编程序是最早也是最成熟的一种系统软件。在 IBM PC 中,有两个汇编程序,一个是小汇编程序 ASM,另一个是宏汇编程序 MASM。小汇编程序 ASM 能够将汇编语言源程序翻译成机器语言程序,还能够根据用户的要求自动分配存储区域(包括程序区、数据区、暂存区等),自动地把各种进制数转换成二进制数,把字符转换成 ASCII 码,计算表达式的值,自动对源程序进行检查,给出错误信息(如非法格式,未定义的助记符、标号,漏掉操作数等)。

下面举一个汇编语言编写的源程序的例子,来具体了解汇编语言源程序的结构、汇编语句的类型及格式、汇编表达式的使用等。

例如,一个多字节的加法运算利用汇编语言编写的源程序如下。

```
DATA     SEGMENT                              ;定义数据段
DATA1    DB  0F8H,60H,0ACH,74H,3BH           ;被加数
DATA2    DB  0C1H,36H,9EH,0D5H,20H           ;加数
DATA     ENDS                                 ;数据段结束
STACK    SEGMENT  STACK  'STACK'
ST1      DB  100 DUP(?)
STACK    ENDS
CODE     SEGMENT                              ;定义代码段
MAIN     PROC  FAR
         ASSUME  CS:CODE,DS:DATA,SS:STACK     ;段分配
START:   MOV  AX,STACK                        ;送堆栈段地址
         MOV  SS,AX
         PUSH  DS                             ;为程序返回 DOS 做准备
         XOR  AX,AX
         PUSH  AX
         MOV  AX,DATA
         MOV  DS,AX                           ;初始化 DS
         MOV  CX,5                            ;循环次数送 CX
         MOV  SI,0                            ;置 SI 初值为 0
         CLC                                  ;清 CF 标志
LOOPER:  MOV AL,DATA2[SI]                     ;取 1 个字节加数
         ADC  DATA1[SI],AL                    ;与被加数相加
         INC  SI                              ;SI 加 1
         DEC  CX                              ;CX 减 1
         JNZ  LOOPER                          ;若不等于 0,转 LOOPER
         RET
MAIN     ENDP
CODE     ENDS                                 ;代码段结束
         END  START                          ;源程序结束
```

4.1.1 汇编语言源程序的结构与编写格式

由上面的例子可以看出,汇编语言源程序的结构是分段结构形式。一个汇编语言源程序由若干逻辑段组成,每个逻辑段以 SEGMENT 语句开始,以 ENDS 语句结束,整个程序以 END 语句结束。每个逻辑段内有若干行语句,一个汇编语言源程序由一行一行的语句组成。

通常一个完整的汇编语言源程序编写格式要包含以下几部分:段定义、段分配、设置段地址、返回 DOS 语句及程序结束,需要时加上过程调用。

(1)汇编语言源程序是分段的,要定义代码段、数据段、附加段、堆栈段,每段由段定义伪指令 SEGMENT 开始,ENDS 结束,并赋予段名以区分不同段。段定义的格式如下:

```
段名    SEGMENT
        ...
段名    ENDS
```

源程序中至少有一个代码段,此时数据可放在代码段中;堆栈段如果不定义,由计算机自动分配。段名可以自己定义,由字母和数字组成。计算机识别不同的段由段分配伪指令 ASSUME 来完成。段分配的格式如下:

```
ASSUME  CS:段名 1,DS:段名 2,SS:段名 3,ES:段名 4
```

(2)本例中把程序作为过程,可以被主程序或其他过程调用,过程定义由伪指令 PROC… ENDP 实现。过程定义的格式如下:

```
过程名   PROC   FAR(NEAR)        ;FAR 代表远调用,NEAR 表示近调用,可省略
         ...
过程名   ENDP
```

(3)若程序已经分别定义了数据段、堆栈段和附加段,主程序的开始要设置这些段的地址。代码段的地址不能人为设置,而由计算机分配。设置段地址的格式如下:

```
MOV   AX,STACK            ;送堆栈段地址
MOV   SS,AX
MOV   AX,DATA             ;送数据段地址
MOV   SS,AX
```

(4)程序执行完毕要返回 DOS 操作系统,有两种方式实现。一种方式是在程序的开始部分编写如下语句:

```
PUSH   DS
XOR   AX,AX
PUSH   AX
```

将 DS 的内容和 0 作为段地址和偏移地址入栈,在程序结束时返回 DOS。以上三句语句必须写在设置堆栈段地址语句的后面,否则堆栈段的设置会使一些指令不起作用。第二种方法是在程序结束前使用 DOS 功能调用指令,如下所示:

```
MOV   AX,4C00H
INT   21H
```

(5)全部汇编语言源程序用 END 语句结尾,END 后面可以加上程序执行起始的名称 START,汇编语言源程序遇见 END 语句就结束。

4.1.2　汇编语言的语句类型及格式

1. 汇编语言的语句类型

汇编语言中的语句可以分为指令语句和指示语句。指令语句就是第 3 章介绍的汇编语言指令；指示语句是指示汇编程序应如何汇编的语句。指示语句包括伪指令语句和宏命令伪指令语句两种。

①指令语句能产生目标代码，即 CPU 可以执行的能完成特定功能的语句，它主要由 CPU 指令组成。

②伪指令语句是一种不产生目标代码的语句，仅仅在汇编过程中告诉汇编程序应如何汇编指令序列。例如，告诉汇编程序已写出的汇编语言源程序有几个段，段的名字是什么，定义变量，定义过程，给变量分配存储单元，给数字或表达式命名等。所以伪指令语句是为汇编程序在汇编时用的。

③宏命令伪指令语句是一个指令序列，汇编时，凡有宏命令伪指令语句的地方，都将用相应的指令序列的目标代码插入。

2. 汇编语言的语句格式

指令语句与伪指令语句的格式是类似的，下面主要介绍这两种语句的格式。

一般情况下，汇编语言的语句可以由 1～4 部分构成：

[名字:]助记符　[操作数]　　　　[;注释]

其中带方括号的部分表示任选项，既可以有，也可以没有。如：

LOOPER：　　MOV　AL,DATA[S]　　　　　　;取 1 个字节数

DATA1　　　　DB　0F8H,60H,0ACH,74H,3BH　　;定义数组

第一条语句是指令语句，其中的 MOV 是指令助记符；第二条语句是伪指令语句，其中的 DB 是伪指令助记符。下面对汇编语言语句的各个组成部分进行讨论。

（1）名字

汇编语言语句的第一个组成部分是名字。在指令语句中，这个名字可以是一个标号。指令语句中的标号实质上是指令的符号地址。并不是每条指令都需要有标号，如果指令前有标号，程序的其他地方就可以引用这个标号，标号后面要有冒号。

标号有三种属性：段、偏移量、类型。

①标号的段属性是定义标号的程序段的段基值。当程序中引用一个标号时，该标号的段基值应在 CS 寄存器中。

②标号的偏移量属性表示标号所在段的起始地址到定义该标号的地址之间的字节数。偏移量是一个 16 位无符号数。

③标号的类型属性有两种：NEAR 和 FAR。前一种标号可以在段内被引用，地址指针为 2 个字节。后一种标号可以在其他段被引用，地址指针为 4 个字节。如果定义一个标号时后面跟冒号，则汇编程序确认其类型为 NEAR。标号的类型属性是指在转移指令中标号可转移的距离，也称为距离属性。

伪指令语句中的名字可以是变量名、段名、过程名。与指令语句中的称号不同，这些伪指令语句中的名字并不总是任选的，有些伪指令规定前面必须有名字，有些则不允许有名字，也有些伪指令的名字是可选的。不同的伪指令对于是否有名字有不同的规定，伪指令语句的名字后不加冒号，这是它与标号的明显区别。

很多情况下伪指令语句中的名字是变量名。变量名代表存储器中一个数据区的名字。变量也有三种属性:段、偏移量和类型。

①变量的段属性是定义变量所代表的数据区域和段的段基值。由于数据区一般在存储器的数据段,因此变量的段基值通常在 DS 和 ES 寄存器中。

②变量的偏移量属性是表示该变量所在段的起始地址与变量的地址之间的字节数。

③变量的类型属性有 BYTE(字节)、WORD(字)、DWORD(双字)、QWORD(4 个字)、TBYTE(10 个字节)等,表示数据区中存取操作对象的大小。

(2)助记符

指令语句中的指令助记符是该语句的指令名称的代表符号,它指出指令的操作类型,汇编程序将其翻译成机器指令。指令助记符是语句中的关键字,因此不可省略。伪指令助记符是汇编程序 MASM 规定的符号,常用的有数据定义伪指令助记符、符号定义伪指令助记符、段定义伪指令助记符、过程定义伪指令助记符等类型,相关内容将在后面作详细说明。

(3)操作数

汇编语言语句中的第三个组成部分是操作数。指令语句中的操作数表示参加本指令运算的数据,根据指令要求可能有单操作数、双操作数、多操作数,也可能无操作数。当操作数不止 1 个时,相互之间应该用逗号隔开,操作数与指令助记符之间用空格隔开。操作数可以是常量、变量、标号、寄存器名或表达式等。

伪指令语句中的操作数是由伪指令具体要求的,有的伪指令不允许带操作数,而有的伪指令却要求带多个操作数,多个操作数之间必须用逗号分开。操作数可以是常量、变量、标号或者表达式等。

(4)注释

汇编语言语句中最后一部分是注释。对于一个汇编语句来说注释部分不是必要的,加上注释可以增加程序的可读性。注释前面要求加上分号,如果注释的内容较多,超过一行,则换行以后前面还要加上分号。注释对汇编后生成的目标程序没有任何影响。

4.1.3 数据项及表达式

操作数是指令和伪指令中很重要的部分,它可以用寄存器、存储器单元或数据项来表示。其中,数据项最灵活多变,它分为三种形式:常量、标号、变量。常量、标号和变量以及它们的表达式都可以作为操作数使用。

1. 常量

常量就是指令中出现的那些固定值,可以分为数值常量和字符串常量两类。例如,立即数寻址时所用的立即数、直接寻址时所用的地址、ASCII 字符串都是常量,常量除了自身的值以外,没有其他的属性。在源程序中,数值常量有二进制数、八进制数、十进制数、十六进制数等几种不同表示形式。汇编语言中用不同的后缀加以区别。

还应指出,汇编语言中的数值常量第一位必须是 0~9 数字,否则汇编时将被看成是标识符。例如,B7H 应写成 0B7H,FFH 应写成 0FFH。

字符串常量是由单引号′ ′括起来的一串字符,如′ABCDEF′和′123′。单引号内的字符汇编时均以 ASCII 码的形式存在。上述两个字符串的 ASCII 码分别是 41H,42H,43H,44H,…,46H 和 31H,32H,33H。字符串最长可以有 255 个字符。汇编语言规定:除用 DB 定义的字符串常量以外,单引号中 ASCII 字符的个数不得超过 2 个。若只有 1 个,例如,DW　′C′就相当于 DW 0043H。

2. 寄存器

8086/8088 的寄存器可以作为指令的操作数。8 位寄存器 AH、AL、BH、BL、CH、CL、DH、DL 在指令中作为 8 位操作数使用;16 位寄存器 AX、BX、CX、DX、SI、DI、BP、SP、DS、ES、SS、CS 在指令中作为 16 位操作数使用。

3. 标号

由于标号代表一条指令的符号地址,因此可以作为转移(无条件转移或条件转移)、过程访问以及循环控制指令的操作数。

4. 变量

因为变量是存储器中某个数据区的名字,因此在指令中可以作为存储器操作数。

5. 表达式

汇编语言语句中的表达式可以计算出具体数值,因此可以做指令中的操作数,按照表达式的性质可分为两种:数值表达式和地址表达式。

6. 存储器

这类操作数就是存放在计算机内存中的具体数据。

7. 各种表达式及其运算符

汇编语言语句中的表达式可以计算出具体数值,因此可以作指令中的操作数。按照表达式的性质可分为两种:数值表达式和地址表达式。

数值表达式是一个数值结果,只有大小,没有属性。地址表达式的结果不是一个单纯的数值,而是一个表示存储器地址的变量或标号,它有三种属性:段、偏移量和类型。

表达式中常用的运算符有以下几种。

(1)算术运算符

常用的运算符有＋加,－减,×乘,/除和 MOD 模除(两个整数相除后取余数)等。以上算术运算符可用于数值表达式,运算结果是一个数值。在地址表达式中通常只使用＋和－两种运算符。

(2)逻辑运算符

逻辑运算符有 AND 逻辑与、OR 逻辑或、XOR 逻辑异或、NOT 逻辑非。逻辑运算符只用于数值表达式中对数值进行逻辑运算,并得到一个数值结果。

(3)关系运算符

关系运算符有 EQ 等于、NE 不等、LT 小于、GT 大于、LE 小于或等于、GE 大于或等于。

参与关系运算的必须是两个数值或同一段中的两个存储单元地址,但运算结果只能是两个特定的数值之一。当关系不成立(假)时:结果为 0(全 0);当关系成立(真)时,结果为 0FFFFH(全 1)。例如:

```
MOV   AX,4 EQ 3        ;关系不成立,故(AX)←0
MOV   AX,4 NE 3        ;关系成立,故(AX)←0FFFFH
```

(4)分析运算符

分析运算符也经常称为数值返回运算符。分析运算符可以把存储器操作数分解为它的组成部分,如它的段值、段内偏移量和类型,或取得它所定义的存储空间的大小。分析运算符有 SEG、OFFSET、TYPE、SIZE 和 LENGTH 等。

①SEG 运算符:利用 SEG 运算符可以得到标号或变量的段基值。例如将 ARRAY 变量的段基值送到 DS 寄存器:

    MOV   AX,SEG ARRAY
    MOV   DS,AX

②OFFSET 运算符:利用 OFFSET 运算符可以得到一个标号或变量的偏移地址。例如:

    MOV   DI,OFFSET DATA1

③TYPE 运算符:TYPE 运算符的运算结果是个数值,这个数值与存储器操作数类型的关系见表 4-1。

表 4-1   **TYPE 运算符的运算结果与存储器操作数类型的关系**

TYPE 运算结果	存储器操作数类型
1	BYTE
2	WORD
4	DWORD
6	FWORD
8	QWORD

下面是使用 TYPE 运算符的语句例子:

    VAR   DW ?   ;变量 VAR 的类型为字
    ARRAY   DD   10 DUP(?)   ;变量 ARRAY 的类型为双字
    STR   DB 'THIS IS TEST' ;变量 STR 的类型为字节
    MOV   AX,TYPE VAR   ;(AX)←2
    MOV   BX,TYPE ARRAY   ;(BX)←4
    MOV   CX,TYPE STR   ;(CX)←1
    VAR   DW ?   ;变量 VAR 的类型为字
    ARRAY   DD   10 DUP(?)   ;变量 ARRAY 的类型为双字
    STR   DB 'THIS IS TEST' ;变量 STR 的类型为字节
    MOV   AX,TYPE VAR   ;(AX)←2
    MOV   BX,TYPE ARRAY   ;(BX)←4
    MOV   CX,TYPE STR   ;(CX)←1

④LENGTH 运算符:如果一个变量已用重复操作符 DUP 说明,则可用 LENGTH 运算符得到变量的个数。如果一个变量未用重复操作符 DUP 说明,则得到的结果总是 1。如上面的例子中定义语句 ARRAY   DD 10 DUP(?)后,则 LENGTH   ARRAY 的结果为 10。

⑤SIZE 运算符:如果一个变量已用重复操作符 DUP 说明,则利用 SIZE 运算符可得到分配给该变量的字节总数。如果一个变量未用重复操作符 DUP 说明,则利用 SIZE 运算符可得到 TYPE 运算符的运算结果。同样定义语句 ARRAY   DD   10 DUP(?)后,SIZE   ARRAY 的结果为 10×4=40。由此可知,SIZE 运算符的运算结果等于 LENGTH 运算符的运算结果乘以 TYPE 运算符的运算结果。

    SIZE   ARRAY=(LENGTH ARRAY)×(TYPE ARRAY)

(5)合成运算符

合成运算符可以用来建立或临时改变变量或标号的类型或存储器操作数的存储单元类型。合成运算符有 PTR、THIS、SHORT 等。

①PTR 运算符:PTR 运算符可以指定或修改存储器操作数的类型。例如:

    INC   BYTE PTR[BX][SI]   ;将字节型存储器操作数加 1

```
        STUFF   DD ?                         ;定义 STUFF 为双字类型变量
        MOV   BX,WORD PTR STUFF             ;从 STUFF 中取 1 个字到 BX
```

②THIS 运算符:THIS 运算符也可指出存储器操作数的类型。使用 THIS 运算符可以使标号或变量具有灵活性。例如要求对同一个数据区,既可以字节为单位,又可以字为单位进行存取,则可用以下语句:

```
        TAB1   EQU   THIS WORD
        TAB2   DB   100 DUP(?)
```

TAB1 和 TAB2 实际上代表同一个数据区,其中共有 100 个字节,但 TAB1 的类型为 WORD(字类型),而 TAB2 的类型为 BYTE(字节类型)。

③SHORT 运算符:SHORT 运算符是指定一个标号的类型为 SHORT(短标号),即标号到引用该标号指令之间的距离在 $-128 \sim +127$ 个字节的范围内。

(6)其他运算符

①段超越运算符:段超越运算符:(冒号)紧跟在段寄存器名(DS、CS、SS、ES)之后,表示段超越,用来给存储器操作数指定一个段的属性,而不管原来隐含在什么段。例如:

```
        MOV   AX,ES:[DI]
```

②字节分离运算符:字节分离运算符 LOW 和 HIGH 用来分别得到一个数值或地址表达式的低位字和高位字。例如:

```
        STUFF   EQU   0ABCDH
        MOV   AH,HIGH STUFF        ;(AH)←0ABH
        MOV   AL,LOW STUFF         ;(AL)←0CDH
```

以上介绍了表达式中常用的几种运算符。如果一个表达式同时具有多个运算符,则按以下规则运算:

①优先级高的先运算,优先级低的后运算;

②优先级相同时按表达式中从左到右的顺序运算;

③括号可以提高运算的优先级,括号内的运算总是在相邻的运算之前进行。

表达式中运算符的优先级见表 4-2。

表 4-2　　　　　　　　　　　　表达式中运算符的优先级

优先级	运算符
高	
1	LENGTH,SIZE,WIDTH,MASK,(),[],<>
2	*(结构变量名后面的运算符)
3	:(段超越运算符)
4	PTR,OFFSET,SEG,TYPE,THIS
5	HIGH,LOW
6	+,-(一元运算符)
7	*,/,MOD,SHL,SHR
8	+,-(二元运算符)
9	EQ,NE,LT,LE,GT,GE
10	NOT
11	AND
12	OR,XOR
13	SHORT
低	

4.2 伪指令

指示语句中的伪指令,无论表现形式或其在语句中所处的位置都与 CPU 指令相似,但二者之间有重要区别。首先 CPU 指令是给 CPU 的命令,在运行时由 CPU 执行,每条指令对应 CPU 的一种特定操作;而伪指令是给汇编程序的命令,在汇编过程中出现汇编程序时进行处理。其次汇编以后,每条 CPU 指令产生一一对应的目标代码;而伪指令则不产生一一对应的目标代码。

伪指令主要完成变量定义、存储器分配、指示程序开始和结束、段定义、段分配等任务。根据伪指令的功能,大致分成以下几种类型:

①数据定义伪指令 DB、DW 和 DD;

②符号定义伪指令 EQU、＝和 LABEL;

③段定义伪指令 SEGMENT…ENDS 和 ASSUME;

④过程定义伪指令 PROC…ENDP;

⑤宏命令伪指令 MACRO…ENDM;

⑥模块定义与连接伪指令 NAME、ORG、END、PUBLIC 和 EXTRN;

⑦处理器方式伪指令.8086 和.386。

4.2.1 数据定义伪指令

数据定义伪指令的用途是定义一个变量的类型,给存储器赋初值,或给变量分配存储器单元。常用的数据定义伪指令有 DB、DW 和 DD。

数据定义伪指令的一般格式为:

〔变量名〕　伪指令　操作数〔,操作数…〕

方括号中的变量名为任选项。变量名后面不跟冒号。伪指令后面的操作数可以不止 1 个,如有多个操作数,互相之间应该用逗号分开。

1. DB 伪指令(Define Byte)

定义变量的类型为 BYTE,给变量分配字节或字节串。DB 伪指令后面的每一个操作数占有 1 个字节。

2. DW 伪指令(Define Word)

定义变量的类型为 WORD。DW 伪指令后面的操作数每个占有 1 个字,即 2 个字节在内存中存放时,低位字节在前,高位字节在后。

3. DD 伪指令(Define Double Word)

定义变量的类型为 DWORD。DD 后面的操作数每个占有 2 个字,即 4 个字节。在内存中存放时,低位字在前,高位字在后。

数据定义伪指令后面的操作数可以是常数、表达式或字符串,但每项操作数的值不能超过由伪指令所定义的数据类型限定的范围。例如,DB 伪指令定义数据的类型为字节,则其范围为无符号数 0～255,带符号数－128～＋127。字符串必须放在单引号中。另外,超过两个字符的字符串只能用 DB 伪指令定义。例如:

```
    DATA  DB  101,0F0H                    ;存入 65H,F0H
```

EXPR	DB	2 * 8+7	;存入 17H
STR	DB	′WELCOME!′	;存入 8 个字符的 ASCII 码值
AB	DB	′AB′	;存入 41H,42H
BA	DW	′AB′	;存入 42H,41H
ABDD	DD	′AB′	;存入 42H,41H,00,00
OFFAB	DW	AB	;存入变量 AB 的偏移地址
ADRS	DW	STR,STR+3,STR+5	;存入 3 个偏移地址
TOTAL	DD	DATA	;先存 DATA 的偏移地址,再存段地址

以上第一条和第二条语句中,分别将常数和表达式的值赋给一个变量。第三条语句的操作数是包含 8 个字符的字符串(只能用 DB)。在第四、五、六条语句,注意伪指令 DB、DW 和 DD 的区别,虽然操作数均为′AB′两个字符,但存入变量的内容各不相同。第七条语句的操作数是变量 AB,而不是字符串,此句将 AB 的 16 位偏移地址存入变量 OFFAB。第八条语句存入 3 个等距的偏移地址,共占 6 个字节。第九条语句中的 DD 伪指令将 DATA 的偏移地址和段地址顺序存入变量 TOTAL,共占 2 个字节。

除了常数、表达式和字符串外,问号"?"也可以作为数据定义伪指令的操作数,此时仅给变量保留相应的存储单元,而不赋给变量某个确定的初值。

当同样的操作数重复多次时,可用重复操作符 DUP 表示,其格式为:

n DUP(初值 [,初值,...])

圆括号中为重复的内容,n 为重复次数。如果用 n DUP(?)作为数据定义伪指令的唯一操作数,则汇编程序产生一个相应的数据区,但不赋任何初值。重复操作符 DUP 可以嵌套。

FILLER	DB	?	;给字节变量 FILLER 分配存储单元
SUM	DW	?	;给字变量 SUM 分配存储单元
	DB	?,?,?	;给没有名称的字节变量赋予 3 个不确定的值
BUFFER	DB	10 DUP(?)	;给 BUFFER 分配 10 个字节存储空间,但无初始值
ZERO	DW	30 DUP(0)	;ZERO 分配数据区,30 个字(60 个字节),均为 0
MASK	DB	5 DUP(′OK!′)	;MASK 分配数据区,5 个重复的字符串′OK!′
			;15 个字节
ARRAY	DB	10 DUP(3 DUP(8),6)	;ARRAY 分配数据区,10 个重复内容:8,8,8,6
			;40 个字节

其中第一条和第二条语句分别给字节变量 FILLER 和字变量 SUM 分配存储单元,但不赋给特定的值。第三条语句给一个没有名称的字节变量分配 3 个单元。第四条语句给变量 BUFFER 分配 10 个字节的存储空间。第五条语句给变量 ZERO 分配 1 个数据区,共 30 个字 (60 个字节),每个字的内容均为 0。第六条语句给变量 MASK 分配 1 个数据区,其中有 5 个重复的字符串′OK!′,共占 15 个字节。最后一条语句给变量 ARRAY 分配 1 个数据区,其中包含重复 10 次的内容:8,8,8,6,共占 40 个字节。

4.2.2　符号定义伪指令

符号定义伪指令的用途是给一个符号重新命名,或定义新的类型属性等。上述符号包括汇编语言的变量名、标号名、过程名、寄存器名以及指令助记符等。常用的符号定义伪指令有 EQU、= 和 LABEL。

1. EQU 伪指令

格式：

　　名字　EQU　表达式

EQU 伪指令是将表达式的值赋给一个名字，以后可以用这个名字来代替表达式。格式中的表达式可以是一个常数、符号、数值表达式或地址表达式。例如：

CR	EQU	0DH	;常数
LF	EQU	0AH	;常数
A	EQU	ASCII_TABLE	;变量
STR	EQU	64 * 1024	;数值表达式
ADR	EQU	ES:[BP+DI+5]	;地址表达式
CBD	EQU	AAM	;指令助记符

利用 EQU 伪指令，可以用一个名字代表一个数值，或用一个简短的名字代替一个较长的名字。

如果源程序中需要多次引用某一表达式，则可以利用 EQU 伪指令给其赋一个名字，以代替程序中的表达式，从而使程序更加简洁，便于阅读。将来如果改变表达式的值，也只需修改一处，程序易于维护。

注意：EQU 伪指令不能对同一符号重复定义。

2. ＝伪指令

格式：

　　名字＝表达式

等号语句伪指令功能与 EQU 相似，主要区别在于＝伪指令可以对同一符号重复定义。例如：

COUNT＝100	
MOV　CX,COUNT	;(CX)←100
COUNT＝COUNT－10	
MOV　BX,COUNT	;(BX)←90

3. 别名定义伪指令 LABEL 语句

LABEL 伪指令是定义标号或变量的类型，它和下一条指令共享存储器单元。

格式：

　　别名　LABEL　类型属性

LABEL 伪指令给已定义的变量或标号取另一个名字，并可重新定义它的类型属性，使同一变量或标号在不同地方被引用时，可采用不同的名字，具有不同的类型属性，这样提高了程序的灵活性。

别名作为标号的类型，可以是 NEAR 和 FAR；别名作为变量的类型，可以是 BYTE（字节）、WORD（字）、DWORD（双字）。利用 LABEL 伪指令可以使同一个数据区兼有两种属性 BYTE（字节）或 WORD（字），可以在以后的程序中根据不同的需要以字节或字为单位存取其中的数据。例如：

AREAW	LABEL　WORD	;变量 AREAW 的类型为 WORD
AREAB	DB　100 DUP(?)	;变量 AREAB 的类型为 BYTE
MOV	AREAW,AX	;AX 送第 1 个和第 2 个字节中
MOV	AREAB[49],AL	;AL 送第 50 个字节中

```
    DISF  LABEL  FAR                        ;别名 DISF 的距离属性为 FAR
    DISN:MOV   AX,[SI]                       ;标号 DISN 的距离属性为 NEAR
```

　　AREAB 变量类型为字节,而 AREAW 为 AREAB 的别名,类型属性为字,它们使同一个数据区兼有两种属性 BYTE(字节)或 WORD(字)。同样,DISF 为 DISN 的别名,但距离属性改变为 FAR。

4.2.3　段定义伪指令

　　段定义伪指令的用途是在汇编语言源程序中定义逻辑段。常用段定义伪指令有 SEGMENT…ENDS 和 ASSUME。

1. SEGMENT…ENDS 伪指令

　　格式:

```
    段名   SEGMENT   定位类型 组合类型 '分类名'
           …                                  ;逻辑内容
    段名   ENDS
```

　　SEGMENT 伪指令用于定义一个逻辑段,给逻辑段赋予一个段名,并以后面的任选项(定位类型、组合类型、类别)规定该逻辑段的其他特性。段名是逻辑段的标识符,不可省略,它确定了逻辑段在存储器中的地址,SEGMENT 和 ENDS 前的段名必须相同。

　　SEGMENT 伪指令位于一个逻辑段的开始,而 ENDS 伪指令则表示一个逻辑段的结束。这两个伪指令总是成对出现。两个语句之间的部分即该逻辑段的内容。例如,对于代码段,其中主要有 CPU 指令。对于数据段和附加段,主要有定义数据区的伪指令等。一个源程序中,不同逻辑段的段名可以不相同,也允许相同。

　　SEGMENT 伪指令后面可以带有 3 个参数:定位类型、组合类型、分类名。3 个参数的顺序必须按格式中规定的次序排列,分类名必须用单引号括起来。3 个参数用来增加类型及属性说明,为任选项,一般可以省略,如果需要用连接程序把本程序与其他程序连接时,需要用到这些参数。这些任选项是给汇编程序和连接程序(LINK)的命令。

　　SEGMENT 伪指令后面的任选项告诉汇编程序和连接程序,如何确定段的边界,以及如何组合几个不同的段等。

　　(1)定位类型

　　定位类型任选项告诉汇编程序如何确定逻辑段的边界在存储器中的位置。定位类型共有以下 4 种。

　　①BYTE:表示逻辑段从字节的边界开始,即可以从任何地址开始。此时本段的起始地址紧接在前一段后边。

　　②WORD:表示逻辑段从字的边界开始。2 个字节为 1 个字,此时本段的起始地址必须是偶数。

　　③PARA:表示逻辑段从节的边界开始,通常 16 个字节称为 1 个节,故本段的开始地址(十六进制)应为×××0H。如果省略定位类型选项,则默认值为 PARA。

　　④PAGE:表示逻辑段从页的边界开始,通常 256 个字节称为 1 个页,故本段的开始地址(十六进制)应为×××00H。

　　已知其中 STACK 段的长度为 100 个字节(64H),DATA1 段的长度为 19 个字节(12H),DATA2 段的长度为 40 个字,即 80 个字节(50H)。假设 CODE1 段占用 13 个字节(0DH),

CODE2 段占用 52 个字节（34H）。如果进行汇编和连接，然后再来观察各逻辑段的目标代码或数据装入存储器的情况。由表 4-3 可清楚地看出，当 SEGMENT 伪指令的定位类型不同时，对段起始边界规定也不相同。

表 4-3   不同定位类型所对应的起始边界

段 名	定位类型	字节数	起始地址	结束地址
STACK	PARA	100	00000H	00063H
DATA1	BYTE	18	00064H	00075H
DATA2	WORD	80	00078H	000C7H
CODE1	PAGE	13	00100H	0010CH
CODE2	PARA	52	00110H	00143H

但是，对于组合类型任选项缺省的同名逻辑段，如果属于同一个程序模块，则被顺序连接成为一个逻辑段。

（2）组合类型

组合类型共有以下 6 种。

①NONE：规定该段与其他同名段不进行连接，各段独立存在于存储器中，NONE 可作为缺省参数。

②PUBLIC：表示连接时，对于不同程序模块的逻辑段，只要具有相同的类别名，就把这些段顺序连接成为一个逻辑段装入内存。

③STACK：表示组合类型为 STACK 时，其含义与 PUBLIC 基本一样，即不同程序中的逻辑段，如果类别名相同，则顺序连接成为一个逻辑段。不过组合类型 STACK 仅限于堆栈区域的逻辑段使用。

④COMMON：表示连接时，对于不同程序中的逻辑段，如果具有相同的类别名，则都从同一个地址开始装入，因而各个逻辑段将发生重叠。连接以后的段的长度等于原来最长的逻辑段的长度，重叠部分的内容是最后一个逻辑段的内容。

⑤MEMORY：表示当几个逻辑段连接时，本逻辑段定位在地址最高的地方。如果被连接的逻辑段中有多个段的组合类型都是 MEMORY，则汇编程序只将首先遇到的段为 MEMORY 段，而其余的段均当作 COMMON 段处理。

⑥AT 表达式：表示本逻辑段根据表达式求值的结果定位段基址。例如，AT 8A00H 表示本段的段基址为 8A00H，则本段从存储器的物理地址 8A000H 开始装入。

（3）分类名（Class Name）

SEGMENT 伪指令的第三个任选项是分类名，分类名必须放在单引号′′之内，分类名不超过 40 个字符。典型类别如′STACK′，′CODE′。分类名参数的主要作用是在连接时决定每个逻辑段的装入顺序，汇编程序连接时将所有分类名相同的逻辑段组成一个段组。当几个程序模块进行连接时，其中具有相同类别名的逻辑段被装入连续的内存区。分类名相同的逻辑段，按出现的先后顺序排列。没有分类名的逻辑段，与其他没有分类名的逻辑段一起，连续装入内存区。

2. 设定段寄存器伪指令

在 8086/8088 系统中，存储器采用分段结构，各段容量≤64 KB，用户可以设置多个逻辑段，但只允许 4 个逻辑段同时有效，段分配语句用来将逻辑段分别定义成代码段、数据段、堆栈段及附加段。设定段寄存器伪指令是 ASSUME。

具体格式：ASSUME　段寄存器名:段名{,段寄存器名;段名[,…]}

对于 8086/8088 而言,以上格式中的段寄存器名可以是 ES、CS、DS、SS。段名可以是曾用 SEGMENT 伪指令定义过的某一个段名,或在一个标号或变量前面加上分析运算符 SEG 所构成的表达式,还可以是关键字 NOTHING。

ASSUME 伪指令告诉汇编程序,将某一个段寄存器设置为某一个逻辑段的段址,即明确指出源程序中的逻辑段与物理段之间的关系。当汇编程序汇编一个逻辑段时,即可利用相应的段寄存器寻址该逻辑段中的指令或数据。关键字 NOTHING 表示取消的前面用 ASSUME 伪指令对这个段寄存器的设置。在一个源程序中,ASSUME 伪指令应该放在可执行程序开始位置的前面。还需指出一点,ASSUME 伪指令只是通知汇编程序有关段寄存器与逻辑段的关系,并没有给段寄存器赋予实际的初值。

例如：

```
CODE    SEGMENT
        ASSUME CS:CODE,DS:DATA1,SS:STACK
MOV     AX,DATA1
MOV     DS,AX                               ;给 DS 赋值
MOV     AX,STACK
MOV     SS,AX                               ;给 SS 赋值
CODE    ENDS
```

4.2.4　过程定义伪指令

格式：

```
过程名  PROC  [NEAR/FAR]
        …                                   ;过程内容
        RET N
过程名  ENDP
```

其中 PROC 伪指令定义一个过程,赋予过程一个名字并指出该过程的属性为 NEAR 或 FAR。如果没有特别指明类型,则认为过程的属性为 NEAR。伪指令 END 标志过程结束。PROC 和 ENDP 伪指令前的过程名成对出现,不可缺省。二者前面有相同的过程名,整个过程内容包括在 PROC…ENDP 之内。

过程名实质上是过程入口的符号地址,它和标号一样,也有三种属性。

①段属性:为该过程所在段的段基址。

②偏移地址属性:指该过程第一个字节与段首址之间距离字节。

③类型属性:过程名的类型属性是距离属性,可以是 NEAR 或 FAR。定义 NEAR 允许过程在段内调用,定义 FAR 允许过程在段间调用,NEAR 为缺省使用。

当一个程序段被定义为过程后,程序中其他地方就可以用 CALL 指令来调用这个过程。调用的格式为：

```
CALL    过程名
```

RET N 为过程内部的返回指令。被定义为过程的内部程序段中至少应该有一条返回指令 RET,它可以在过程的任何位置上,使过程返回到主程序调用它的 CALL 指令的下一条指

令。RET 不一定是最后一条指令,也可以有不止一条 RET 指令。RET 后面跟的 N 为弹出值,可以缺省,N 表示从过程返回以后,堆栈中应有 N 个字节的值作废(以栈顶开始),N 必须为偶数。过程的定义和调用均可嵌套。例如:

```
NAME1    PROC FAR
CALL    NAME2
RET
NAME2    PROC NEAR
RET
NAME2    ENDP
NAME1    ENDP
```

在汇编语言源程序中,使用 CALL 指令调用过程,调用过程允许嵌套和递归调用。嵌套调用是指在一个被调用的过程中,又调用了另一个过程;递归调用是指在一个被调用的过程中,又调用了本身的过程。嵌套与递归的深度由堆栈段的容量决定,因为过程调用时必须将当前的地址压入堆栈保护起来,使调用返回时能返回到正确的指令地址。此外在子程序入口也有许多参数要保护,以免影响主程序的原运行状态。

4.2.5 宏命令伪指令

在汇编语言书写的源程序中,有的程序段要多次使用,为了简化程序书写,该程序段可以用一条宏命令来代替,而汇编程序汇编到该宏命令时,仍会产生源程序所需的代码。

例如:

```
MOV    CL,4
SAL    AL,CL
```

若该两条指令在程序中要多次使用,就可以用一条宏命令来代替。当然在使用宏命令前首先要对其进行定义。

例如:

```
SHIFT    MACRO
MOV    CL,4
SAL    AL,CL
ENDM
```

这样定义以后,凡是要使 AL 中内容左移 4 位的操作都可用一条宏命令 SHIFT 来代替。

宏命令伪指令的一般格式:

```
宏命令名    MACRO[形式参量表,…]
…                              ;宏体
ENDM
```

MACRO 是宏定义符,是和 ENDM 宏定义结束符成对出现的。这两者之间的命令就是宏体,也就是该宏命令要代替的那一段程序。

例如:

```
GADD    MACRO X,Y,ADD
MOV    AX,X
ADD    AX,Y
MOV    ADD,AX
```

```
ENDM
```

其中 X,Y,ADD 都是形式参量。调用时,下面宏命令书写格式是正确的:

```
GADD   DATA1,DATA2,SUM
```

这里 DATA1,DATA2,SUM 是实参量。实际上与该宏命令对应的源程序为:

```
MOV   AX,DATA1
ADD   AX,DATA2
MOV   SUM,AX
```

显然,宏命令伪指令与过程定义伪指令有类似的地方。但这两种编程方法在使用上是有差别的,具体差别如下:

①宏命令伪指令由宏汇编程序 MASM 在汇编过程中进行处理,在每个宏命令调用处,MASM 都是其对应的宏命令定义替换。而调用指令 CALL 和返回指令 RET 则是 CPU 指令,执行 CALL 指令时,CPU 使程序的控制转移到子程序的入口地址。

②指令简化了源程序,但不能简化目标程序。汇编以后,在宏命令定义处不产生机器代码,但在每个宏命令调用处,通过宏扩展,宏体的机器代码仍然出现多次,因此并不节省内存单元。而对于过程定义伪指令,在目标程序中,定义过程的地方产生相应的机器代码,每次调用时只需用 CALL 指令,不再重复出现过程的机器代码,因此可使目标程序较短,节省内存空间。

③执行时间来看,调用过程和从过程返回需要保护断点、恢复断点等,都将额外占用 CPU 的时间,而宏命令伪指令则不需要,因此相对来说宏命令伪指令执行速度较快。可以这样说,宏命令伪指令是用空间换取了时间,而过程定义伪指令是用时间换取了空间。但无论如何,宏命令伪指令和过程定义伪指令都是简化编程的有效手段。

4.2.6　模块定义与连接伪指令

在编写规模比较大的汇编语言程序时。可以将整个程序划分为几个独立的源程序(或称模块),然后将各个模块分别进行汇编,生成各自的目标程序,最后将它们连接成为一个完整的可执行程序。各个模块之间可以相互进行符号访问。也就是说,一个模块定义的符号可以被另一个模块引用。通常称这类符号为外部符号,而将那些在一个模块中定义的,只在同一个模块中引用的符号称为局部符号。

为了进行连接和在这些将要连接在一起的模块之间实现互相的符号访问,以便进行变量传送,常常使用以下伪指令:NAME、ORG、END、PUBLIC 和 EXTRN。

1. NAME 伪指令

NAME 伪指令用于给源程序汇编以后得到的目标程序指定一个模块名,连接时需要使用这个目标程序的模块名。

格式:

```
NAME   模块名
```

NAME 的前面不允许再加上标号。例如,下面的表示方式是非法的:

```
BEGIN: NAME   MODNAME
```

如果程序中没有 NAME 伪指令,则汇编程序将 TITLE 伪指令(TITLE 属于列表伪指令)后面标题名中的前 6 个字符作为模块名。如果源程序中既没有使用 NAME 伪指令,也没有使用 TITLE 伪指令,则汇编程序将源程序的文件名作为目标程序的模块名。

2. ORG 伪指令

ORG 伪指令由于给程序设置指令位置指针,给出该定位伪指令下一条语句的起始偏移地址。

格式:

ORG 表达式

表达式给出偏移地址的值,表达式的计算结果必须是正整数。一般情况下段定义伪指令 SEGMENT 指出了段的起始点,偏移地址为 0,段内各个语句或数据的地址由段地址开始以此类推可确定。当用户要求指导某条指令或数据为某个指定地址时,可用 ORG 伪指令来改变,ORG 伪指令可以放在程序的任何位置。

例如,用 ORG 伪指令指定数据段和代码段地址:

```
DATA        SEGMENT
X1          DW   20H,60H,50H
            ORG   100H
X2          DB   10H,20H,30H         ;X2 偏移地址为 100H
            ORG   200H
X3          DW   1234H,5678H         ;X3 偏移地址为 200H
DATA        ENDS
CODE        SEGMENT
            ORG   100H
            ASSUME  CS:CODE,DS:DATA
START:     MOV   AX,DATA
            ...
CODE        ENDS
```

上述变量 X1 相对 DATA 数据段段首址的偏移地址为 0,X2 相对 DATA 数据段段首址的偏移地址为 100H,X3 相对 DATA 数据段段首址的偏移地址为 200H。显然 ORG 伪指令改变了变量 X2 和 X3 的偏移地址。在代码段,标号 START 相对 CODE 代码段段首址的偏移地址为 100H。

另外在汇编语言源程序中经常可使用地址计数器 MYM 的值来保存当前正在汇编的指令地址。例如,表示从当前地址跳过 6 个字节的定位伪指令语句为 ORG MYM+6。

3. END 伪指令

END 伪指令表示源程序到此结束,指示汇编程序停止汇编,对于 END 后边的指令可以不予理会。

格式:

END [标号]

END 伪指令后面的标号表示程序执行的启动地址。END 伪指令将标号的段基值和偏移地址分别提供给 CS 和 IP 寄存器。方括号中的标号是任选项。如果有多个模块连接在一起,则只有主模块的 END 语句使用标号。

4. PUBLIC 伪指令

PUBLIC 伪指令说明本模块中的某些符号是公共的,即这些符号可以提供给将被连接在一起的其他模块共享,供其他模块使用。

格式:

PUBLIC　名称[名称,…]

名称可以是本模块中定义的变量、标号或数值的名字,包括用 PROC 伪指令定义的过程名等。PUBLIC 伪指令可以安排在源程序的任何地方。

5. EXTRN 伪指令

EXTRN 伪指令说明本模块中所用的某些符号是外部的,即这些符号将被连接在一起的其他模块定义(在这些模块中符号必须用 PUBLIC 定义)。

格式:

EXTRN　名称:类型[名称,…]

名称必须是其他模块中用 PUBLIC 已经定义过的符号,供本模块使用,不可缺省。名称后面紧跟冒号":"。上述格式中的类型必须与定义这些符号的模块中的类型说明一致。如为变量,类型可以是 BYTE、WORD 或 DWORD 等。如为标号和过程,类型可以是 NEAR 或 FAR。

EXTRN 伪指令的引用,必须与已用 PUBLIC 伪指令定义过的名称相呼应。

4.2.7　处理器方式伪指令

汇编程序有两种操作方式:8086 操作方式和 80386 操作方式。处理器方式伪指令用于确定汇编程序的操作方式。

格式:

.8086

.386

.8086 伪指令通知汇编程序将在 8086 方式下操作,如不指出汇编程序的操作方式,则 8086 是默认的操作方式。.386 伪指令通知汇编程序将在 80386 方式下操作。如果想利用 32 位寄存器,必须加上这条伪指令。

4.3　BIOS 中断调用和 DOS 系统功能调用

微型计算机的系统软件(如操作系统)提供了很多可供用户调用的功能子程序,包括控制台输入/输出、基本硬件操作、文件管理、进程管理等。这些功能子程序为用户的汇编语言程序设计提供了许多方便。用户可在自己的程序中直接调用这些功能,而无须再自行编写。

系统软件中提供的功能调用有两种:DOS(Disk Operating System)功能调用(也称为低级调用)、BIOS(Basic Input and Output System)功能调用(也称为高级调用)。微型计算机的硬件环境必须在操作系统的管理下才能进行工作。系统中设置两层内部子程序供用户使用,即 DOS 功能模块和基本输入/输出子程序 BIOS。它们的入口都安排在中断向量表中,所以,对用户来说可将这些子程序看成是中断处理程序,程序中可以直接调用它们。这就极大地方便了用户对微型计算机系统资源的利用。

在 IBM PC 的存储器系统中,BIOS 存放在地址为 0FE000H 开始的 8 KB ROM(只读存储器)存储区域中,其功能包括测试程序、初始化引导程序、一部分中断向量装入程序及外设的服务程序。

DOS 是 IBM PC 系列微型计算机的操作系统(现在的 Pentium 系列微型计算机仍能运行

DOS,而且最新的 Windows 操作系统也继续提供 DOS 功能调用),负责管理系统的所有资源,协调微型计算机的操作,其中包括大量可供用户调用的服务程序。DOS 功能调用不依赖于具体的硬件系统。

无论是 BIOS 功能调用还是 DOS 功能调用,用户程序在调用这些系统服务程序时,都不是使用 CALL 命令,而是采用软中断指令。

4.3.1 BIOS 中断调用

BIOS 是被固化在微型计算机主板上 Flash ROM 型芯片中的一组程序,独立于 DOS,可与任何操作系统一起工作。它的主要功能是驱动系统所配置的外设,如键盘输入、显示器输出、打印机输出及异步通信控制等。BIOS 的中断调用与 DOS 功能调用类似。表 4-4 列出了 IBM PC 主要的 BIOS 中断类型。下面作为 BIOS 中断调用入门,对键盘中断调用(中断类型16H)和显示中断调用(中断类型10H)加以介绍。

表 4-4 　　　　　　　　　　　　　　**IBM PC 主要的 BIOS 中断类型**

CPU 中断类型			
0	除法错	4	溢出
1	单步	5	打印屏幕
2	非屏蔽中断	6	保留
3	断点	7	保留
8259 中断类型			
8	8254 系统定时器	0CH	保留(通信)
9	键盘	0DH	保留(Alt 打印机)
0AH	保留	0EH	软盘
0BH	保留(通信)	0FH	打印机
BIOS 中断类型			
10H	显示器	16H	键盘
11H	设备检验	17H	打印机
12H	内存大小	18H	驻留 BASIC
13H	磁盘	19H	引导
14H	通信	1AH	时钟
15H	I/O 系统扩充	40H	软盘
用户应用程序			
1BH	键盘 Break	1CH	定时器
4AH	报警		
数据表指示			
1DH	显示器参量	41H	1# 硬盘参量
1EH	软盘参量	46H	2# 硬盘参量
1FH	图形字符扩充		

1. 键盘输入

键盘是计算机中最基本的输入设备,用它来输入信息。当用户按键时,键盘接口会得到一个被按键的键盘扫描码,同时产生一个中断请求。如果键盘中断是允许的(中断屏蔽字中的 BIT1 为 0),并且 CPU 处于中断状态(IF=1),那么 CPU 通常就会响应中断请求,转入键盘中断处理程序。键盘中断处理程序首先从键盘接口取得代表被按键的键盘扫描码,然后根据扫描码判别用户所按的键并作相应的处理。把键盘上的键简单地分成 5 种类型:字符键(字母键、数字键和符号键等)、功能键(如 F1 键和 Page Up 键等)、控制键(Ctrl 键、Alt 键和左右 Shift 键)、双态键(如 Num Lock 键和 Caps Lock 键等)、特殊请求键(如 Print Screen 键等)。键盘中断处理程序将获取的键盘扫描码转换为相应的字符码。键盘中断处理程序对 5 种键的基本处理方法如下。

如果用户按的是双态键,那么就设置有关标志,在 AT 以上档次的系统上还要改变 LED 指示状态;如果用户按的是控制键,那么就设置有关标志;如果用户按的是功能键,那么就根据键盘扫描码和是否按下某些控制键(如 Alt 键)确定系统扫描码,把系统扫描码和一个全 0 字节一起存入键盘缓冲区;如果用户按的是字符键,那么就根据键盘扫描码和是否按下某些控制键(如 Ctrl 键)确定系统扫描码,并且得出对应的 ASCII 码,把系统扫描码和 ASCII 码一起存入键盘缓冲区;如果用户按的是一个特殊请求键,那么就产生一个相对应的动作,例如用户按 Print Screen 键,那么就调用 5H 号中断处理程序打印屏幕。

INT 16H 中断调用提供了基本键盘操作,见表 4-5。

表 4-5　　　　　　　　　　　　　键盘中断调用(INT 16H)

AH	功　　能	出口参数
0	从键盘读一个字符	AL=字符码,AH=键盘扫描码
1	读键盘缓冲区字符	ZF=0 时,AL=字符 ZF=1 时,缓冲区空
2	取特殊功能键状态	AL=特殊功能键状态

BIOS 键盘中断的类型号为 16H,它提供若干功能,每一个功能有一个编号。利用 INT 16H 中断调用时,把功能编号置入 AH 寄存器,然后使用中断指令 INT　16H。送入 AH 寄存器的功能号可以是 0、1、2,调用返回后,从有关寄存器中取得出口参数。

①利用 BIOS 中断服务,从键盘读一个字符。若只想取得按键的字符码和键盘扫描码,可通过以下指令实现:

```
MOV　AH,0
INT　16H
```

执行结果:AL=字符码,AH=键盘扫描码。

②若想判断有无键按下,可使用 1 号功能,通过以下指令实现:

```
MOV　AH,1
INT　16H
```

执行结果:若 ZF=0,则 AL=字符码,AH=键盘扫描码;若 ZF=1,则键盘缓冲区空。

如果键盘缓冲区中有字符,那么键盘中断处理程序就会极快结束,即调用就会极快返回,读到的字符是调用发出之前用户按下的字符。如果键盘缓冲区空,那么要等待用户按键后调用才会返回,读到的字符是调用之后按下的字符。如果程序员出于某种理由,要从键盘取得在调用发出之后用户按下的字符,那么就要先清除键盘缓冲区。下面的程序段先清除键盘缓冲区,然后再从键盘读一个字符。

```
AGAIN: MOV　AH,1
       INT　16H          ;键盘缓冲区空?
       JZ　NEXT          ;空,转
```

```
        MOV   AH,0
        INT   16H              ;从键盘缓冲区取一个字符
        JMP   AGAIN            ;继续
NEXT：  MOV   AH,0
        INT   16H              ;等待键盘输入
        ...
```

2. 显示器输出

显示器通过显示适配器（Display Adaptor）与PC相连。显示适配器也称为显卡，是计算机与显示器的接口。显示适配器分为单色显示适配器（Monochrome Display Adaptor，MDA）和彩色图形适配器（Color Graphics Adaptor，CGA）。目前较为流行的彩色图形适配器有EGA（Enhanced Graphics Adaptor）和VGA（Video Graphics Adaptor），以及在VGA基础上发展起来的SVGA（Super Video Graphics Adaptor）。显示器的屏幕是由行和列组成的二维系统。每个字符都对应一个特定的行和列，0行0列表示屏幕的左上角。

BIOS显示器输出的中断类型号为10H，功能较强，主要包括设置显示方式、设置光标大小和位置、设置调色板号、显示字符和图形等。对所有的显示适配器，文本方式下显示字符的原理都一样。对应屏幕上的每个字符，主存中都有相应的地址。每个字符在主存中占用两个字节单元，一个是字符的ASCII码，另一个是字符的属性（这里的属性是指显示的字符是否闪烁、何种颜色、是否亮度加强等）。

（1）文本显示方式

所谓文本显示方式，是指以字符为单位的显示方式。字符通常是指字母、数字、普通符号（如运算符）和一些特殊符号（如菱形块和矩形块）。文本显示模式下，显示器的屏幕被划分为80列25行，所以每一屏最多可显示2000（80×25）个字符。用行号和列号组成的坐标来定位屏幕上的每个可显示位置，左上角的坐标规定为（0,0），向右增加列号，向下增加行号，这样右下角的坐标便是（79,24）。

（2）显示属性

单色显示器的屏幕上每个字符在存储中用两个字节表示，一个字节保存字符的ASCII码，另一个字节保存字符的属性。字符的属性确定了每个要显示字符的特性。在字节单色显示时，显示属性定义了闪烁、反相和亮度等显示特性，如图4-1所示。

在彩色显示时，显示属性还定义了前景颜色和背景颜色，如图4-2所示。在彩色显示属性字节中，RGB分别表示红、绿、蓝，I表示亮度，BL表示闪烁。IRGB组合表示16种前景颜色。亮度和闪烁只能用于前景。当I位为1时，表示高亮度；当I位为0时，表示正常亮度。当BL位为1时，表示闪烁显示；当BL位为0时，表示正常显示。

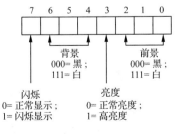

图4-1　单色显示属性

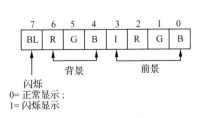

图4-2　彩色显示属性

表 4-6 给出彩色文本模式下的 IRGB 组合成的通常颜色,前景颜色和背景颜色一起确定了字符的显示效果。

表 4-6　　　　　　　　　　　　彩色文本模式下的颜色组合

色　号	IRGB	颜　色	色　号	IRGB	颜　色
0	0000	黑	8	1000	亮灰
1	0001	蓝	9	1001	亮蓝
2	0010	绿	10	1010	亮绿
3	0011	青	11	1011	亮青
4	0100	红	12	1100	亮红
5	0101	品红	13	1101	亮品红
6	0110	棕	14	1110	黄
7	0111	白	15	1111	亮白

显示属性值可以有不同组合,表 4-7 与表 4-8 分别给出单色与彩色典型的显示属性值。

表 4-7　　　　　　　　　　　　单色典型显示属性值

属性值	效　果
00000000	不显示
00000001	黑底白字,下划线
00000111	黑底白字,正常显示
00001111	黑底白字,高亮度
01110000	白底黑字,反相显示
10000111	黑底白字,闪烁显示
11110000	白底黑字,反相闪烁显示

表 4-8　　　　　　　　　　　　彩色典型显示属性值

效　果	BL R G B I R G B	十六进制
黑底蓝字	0 0 0 0 0 0 0 1	01H
黑底红字	0 0 0 0 0 1 0 0	04H
黑底白字	0 0 0 0 0 1 1 1	07H
黑底黄字	0 0 0 0 1 1 1 0	0EH
黑底亮白字	0 0 0 0 1 1 1 1	0FH
白底黑字	0 1 1 1 0 0 0 0	70H
白底红字	0 1 1 1 0 1 0 0	74H
黑底白闪烁字	1 0 0 0 0 1 1 1	87H
白底红闪烁字	1 1 1 1 0 1 0 0	F4H

（3）显示存储区

显示适配器带有显示存储器,用于存放显示屏幕上显示文本的代码及属性或图形信息。显示存储器作为系统存储器的一部分,可用访问普通内存的方法访问。通常为显示存储器安排的存储地址空间的段值是 B800H 或 B000H,对应的内存区域就称为显示存储区。假设段值是 B800H,文本显示模式下,屏幕的每一个显示位置依次对应显示存储区中的 2 个字节,这种对应关系如图 4-3 所示。

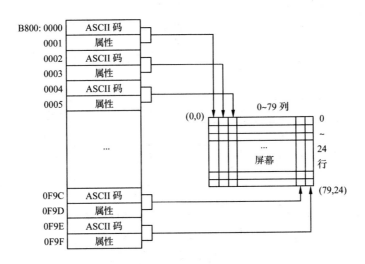

图 4-3　显示存储区与显示位置的对应关系

为了在屏幕上某个位置显示字符,只需把要显示字符的代码及属性填到显示存储区中的对应存储单元即可,这种方法称为直接写屏。下面的程序段为在屏幕的左上角以黑底白字显示字符 A:

```
MOV    AX,B800H
MOV    DS,AX
MOV    BX,0
MOV    AL,'A'
MOV    AH,07H
MOV    [BX],AX
```

为了了解屏幕上某个显示位置的字符是什么,或显示的颜色是什么,那么只要从显示存储器中的对应存储单元中取出字符的代码和属性即可。下面的程序段为取得屏幕右下角所显示字符的代码及属性:

```
MOV    AX,B800H
MOV    DS,AX
MOV    BX,(80 * 24＋79) * 2
MOV    AX,[BX]
```

(4)显示中断处理程序的功能和调用方法

利用直接写屏方法,程序可实现快速显示,但编程较复杂,并且最终的程序也与显示适配器相关,所以,一般不采用直接写屏方法,而是调用 BIOS 提供的显示中断调用程序。BIOS 提供的显示中断调用作为 10H 号中断处理程序存在。

在表 4-9 中,显示中断调用共有 15 种功能可供选择。使用 INT 10H 调用时,AH 中存放功能号,并在指定寄存器中存放入口参数。调用返回后,从有关寄存器中取得出口参数。

表 4-9　　　　　　　　　　　　　　　**显示中断调用(INT 10H)**

AH	功　能	入口参数	出口参数
0	对 CRT 初始化	AL=CRT 工作方式	
1	置光标类型	CX=光标开始,结束行	
2	置光标位置	DX=行、列,BH=页号	
3	读光标位置	BH=页号	CX=光标开始、结束行,DX=行、列
4	读光标位置		
5	选择页显示	AL=页号	
6	屏幕显示向上滚动或清屏	AL=页号	
7	屏幕显示向下滚动或清屏	AL=下滚行数	
8	读光标处字符/属性	BH=页号	DX=行号,CX=列号
9	在光标处写字符/属性	AL=字符,BL=属性,BH=页号	
0AH	在光标处写字符	AL=字符,BH=页号	
0BH	设置屏幕彩色背景	BX=彩色标志和彩色值	
0CH	在指定坐标处写点	DX=行号,CX=列号	
0DH	在指定坐标处读点	DX=行号,CX=列号	AL=像素值
0EH	写字符	AL=字符	
0FH	取当前屏幕状态	AH=字符列数	

　　为了支持屏幕上显示 2000 个字符,需要的显示存储器容量为 4 KB。如果显示存储器的容量为 32 KB,那么显示存储器可存放 8 屏显示内容。为此,把显示存储器再分成若干段,称为显示页。显示中断调用(INT 10H)的 5 号功能,可选择当前显示页。下面的程序段选择第 0 页作为当前显示页:

```
MOV  AL,0
MOV  AH,5
INT  10H
```

　　如果要知道当前显示页号,则可通过显示中断调用的 0FH 号功能,同时可知道当前显示模式和该模式下最大显示列数。下面的程序段调用 0FH 号功能:

```
MOV  AH,0FH
INT  10H
```

　　下面的程序段调用显示中断调用的 9 号功能,在当前光标位置处显示指定属性的字符,但不移动光标:

```
MOV  BH,0       ;第 0 页
MOV  BL,47H     ;红底白字
MOV  CX,1       ;1 个
MOV  AL,'A'     ;字符为 A
MOV  AH,9
INT  10H
```

　　在窗口滚屏时,如果滚屏行数为 0,就表示清除整个窗口。如果把整个屏幕作为窗口,那

么就可清除整个屏幕。下面的程序段设屏幕为80列,它先清除屏幕,然后把光标移到左上角:

```
...
MOV  CH,0        ;置左上角坐标
MOV  CL,0
MOV  DH,24       ;置右下角坐标
MOV  DL,79
MOV  BH,07       ;填充属性
MOV  AL,0        ;清整个窗口
MOV  AH,6
INT  10H         ;实现清屏
MOV  BH,0
MOV  DH,0        ;置光标定位坐标
MOV  DL,0
MOV  AH,2
INT  10H         ;定位光标
```

3.时间设置和读取

INT 1AH 可以实现对时间的设置和读取,调用此功能时,AH 中存放功能号,见表4-10。

表 4-10   时间的设置和读取(INT 1AH)

AH	功 能	入口参数	出口参数
0	读时间		CH:CL=时:分(BCD) DH:DL=秒:1/100秒(BCD)
1	设置时间	CH:CL=时:分 DH:DL=秒:1/100秒	
2	读时钟 (AT机)		CH:CL=时:分(BCD) DH:DL=秒:1/100秒(BCD)
6	设置报警时间 (AT机)	CH:CL=时:分(BCD) DH:DL=秒:1/100秒(BCD)	
7	清除报警		

时间计数器每 55 ms 自动加 1,所以将 CX 和 DX 中数除以 65520 得小时数,余数除以 1092 得分数,余数除以 18.2 得秒数。

例如,计算某段程序的执行时间:

```
STI
MOV  CX,0
MOV  DX,0
MOV  AH,1
INT  1AH
CALL  PROG
MOV  AH,0
INT  1AH
```

4.3.2 DOS 系统功能调用

所谓DOS系统功能调用,就是指对某些子程序的调用。子程序的顺序编号称为功能调用

号。每个子程序对应一个功能调用号。8086/8088 微型计算机的中断系统保留了类型号 20H～3FH 的软中断由 DOS 使用，这些软中断的服务主程序均由 DOS 提供，因此称为系统调用，常用的有 8 条，见表 4-11。

表 4-11 DOS 常用的软中断命令

软中断指令	功　能	入口参数	出口参数
INT　20H	程序正常退出	无	无
INT　21H	系统功能调用	AH＝功能号，相应入口	相应出口
INT　22H	结束退出		
INT　23H	Ctrl-Break 处理		
INT　24H	出错退出		
INT　25H	读磁盘	AL＝驱动号，CX＝读入扇区数 DX＝起始逻辑区号，DS:BX 内存缓冲区地址	CF＝0 成功 CF＝1 出错
INT　26H	写磁盘	AL＝驱动号，CX＝写入扇区数 DX＝起始逻辑区号，DS:BX 内存缓冲区地址	CF＝0 成功 CF＝1 出错
INT　27H	驻留	DS:DX 程序长度	

DOS 系统功能调用的一般过程是：①将调用号放入 AH 寄存器中；②入口参数送到指定寄存器中；③用软中断指令（如 INT　21H）执行中断功能调用；④根据出口参数分析功能调用执行情况。有些系统功能调用比较简单，不需要设置入口参数或者没有出口参数。本书附录 C 给出了 8086/8088 的 DOS 系统功能调用（INT　21H）的功能及入口、出口参数表。

下面给出一些常用的 DOS 系统功能调用的说明。

1. 基本的输入与输出

（1）AH＝01H，输入 1 个字符

功能：系统等待从键盘输入一个字符，输入后将该字符显示在屏幕上，并且将该字符放入 AL 寄存器。按 Ctrl＋Break 组合键，程序自动返回到 DOS 控制下。

程序：

```
    MOV  AH,01H
    INT  21H
```

（2）AH＝02H，输出 1 个字符

功能：将 DL 寄存器中的字符输出到屏幕。

程序：

```
    MOV  DL,'A'
    MOV  AH,02H
    INT  21H
```

执行结果，在屏幕上显示字符 A。

（3）AH＝05H，输出 1 个字符到打印机

功能：将 DL 寄存器中的字符输出到打印机。

（4）AH＝09H，输出字符串

功能：把 DS:DX 所指单元内容作为字符串首字符，将该字符串逐个显示在屏幕上，直到遇到串尾标志'MYM'为止。

（5）AH＝0AH，输入字符串

功能：从键盘接收字符串到 DS:DX 所指内存缓冲区。要求内存缓冲区的格式为：首字节指出计划接收字符个数，第二个字节留作机器自动填写实际接收字符个数，从第二个字节开始存放接收的字符。若实际输入字符数少于指定数，则剩余内存缓冲区填 0；若实际输入字符数

多于指定数,则多出的字符会自动丢失。若输入RETURN,表示输入结束,DOS系统自动在输入字符串的末尾加上的回车字符不被计入实际接收的字符数中。

2. 文件管理

文件是具有名字的一维连续信息的集合。DOS以文件的形式管理数字设备和磁盘数据。在DOS文件系统中,文件名是一个以0结尾的字符串,该字符串可包含驱动器名、路径、文件名和扩展名,如:C:\SAMPLE\MY.ASM。

将文件名和一个16位的数值相关联,对文件的操作不必使用文件名,而直接使用关联数值,这个数值称为文件称号。文件管理从PC-DOS 2.0版本开始引入。DOS文件管理功能包括建立、打开、读写、关闭、删除、查找文件以及有关的其他文件操作。这些操作是相互联系的,如读写文件之前,必须先打开或建立文件,要设置好磁盘传输区或数据缓冲区,然后才能读写,读写之后还要关闭文件等。文件管理中的最基本的几个功能调用如下。

(1)AH=3CH,创建一个文件

功能:建立并打开一个新文件,文件名是DS:DX所指的以00H结尾的字符串,若系统中已有相同的文件名称,则此文件会变成空白。

入口参数:DS:DX指向文件名字符串的起始地址,CX表示文件属性(0读写,1只读)。

出口参数:若创建文件成功,则CF=O,AX=文件称号;若失败,CF=1,AX=错误码(3、4或5,其中3表示找不到路径名称,4表示文件称号已用完,5表示存取不允许)。

(2)AH=3DH,打开一个文件

功能:打开名为DS:DX所指字符串的文件。

入口参数:DS:DX指向文件名字符串的始地址,AL=访问码(0、1或2,其中0表示读,1表示写,2表示读写)。

出口参数:若打开文件成功,则CF=0,AX=文件称号;若失败,则CF=1,AX=错误码(3、4、5或12,其中12表示无效访问码,其他同AH=3CH时)。

(3)AH=3EH,关闭一个文件

功能:关闭由BX寄存器所指文件称号的文件。

入口参数:BX指定欲关闭文件的文件称号。

出口参数:若关闭文件成功,则CF=0;若失败,则CF=1,AX=6(6表示无效的文件称号)。

(4)AH=3FH,读取一个文件

功能:从BX寄存器所指文件称号文件内,读取CX个字节,且将所取的字节存储在DS:DX所指定的缓冲区内。

入口参数:BX表示文件称号,CX表示预计读取的字节数,DS:DX表示接收数据的缓冲区首地址。

出口参数:若读取文件成功,则CF=0,AX=实际读取的字符数;若失败,则CF=1,AX=出错码(5或6)。

(5)AH=40H,写文件

功能:将DS:DX所指缓冲区中的CX个字节数据写到BX指定文件称号的文件中。

入口参数:BX表示文件称号,CX表示预计写入的字节数,DS:DX表示源数据缓冲区地址。

　　出口参数:若写文件成功,则 CF＝0,AX＝实际读取的字符数;若失败,则 CF＝1,AX＝出错码(5 或 6)。

3.其他

　　(1)AH＝00H,程序终止

　　功能:退出用户程序并返回操作系统。其功能与 INT　20H 指令相同。

　　执行该中断调用时,CS 必须指向 PSP 的起始地址。PSP 是 DOS 装入可执行程序时为该程序生成的段前缀数据块,当被装入程序取得控制权时,DS、ES 便指向 PSP 首地址。

　　(2)程序正常返回 DOS 的方法

　　当我们用编辑程序把源程序输入到机器中,用汇编程序把它转换为目标程序,用连接程序对其进行连接和定位时,操作系统为每一个用户程序建立了一个程序段前缀区 PSP,其长度为256 个字节,主要用于存放所要执行程序的有关信息,同时也提供了程序和操作系统的接口。

　　操作系统在 PSP 的开始处(偏移地址 0000H)安排了一条 INT　20H 指令。INT　20H中断服务程序由 PC-DOS 提供,执行该服务程序后,控制就转移到 DOS,即返回到 DOS 管理的状态。因此,用户在组织程序时,必须使程序执行完后,能去执行存放于 PSP 开始处的 INT　20H 指令,这样便返回到 DOS,否则就无法继续输入命令和程序。

　　PC-DOS 在建立了 PSP 之后,就将要执行的程序从磁盘装入内存。在定位程序时,DOS将代码段置于 PSP 下方,代码段之后是数据段,最后放置堆栈段。内存分配好之后,DOS 就设置段寄存器 DS 和 ES 的值,使它们指向 PSP 的开始处,即 INT　20H 的存放地址,同时将 CS设置为 PSP 后面代码段的段基值,IP 设置为指向代码段中第一条要执行的指令位置,把 SS 设置为指向堆栈的段基值,让 SP 指向堆栈段的栈底(取决于堆栈的长度),然后系统开始执行用户程序。

　　为了保证用户程序执行完后,能回到 DOS,可使用如下两种方法:

　　①标准方法:首先将用户程序的主程序定义成一个 FAR 过程,其最后一条指令为 RET。然后在代码段的主程序(FAR 过程)的开始部分用如下 3 条指令将 PSP 中 INT 20H 指令的段地址及偏移地址压入堆栈。

```
    PUSH   DS      ;保护 PSP 段地址
    MOV    AX,0    ;保护偏移地址 0
    PUSH   AX
```

　　这样,当程序执行到主程序的最后一条指令 RET 时,由于该过程具有 FAR 属性,故存在堆栈内的 2 个字就分别弹出到 CS 和 IP,从而执行 INT　20H 指令,使控制返回到 DOS 状态。

　　②非标准方法:也可在用户的程序中不定义过程段,只在代码段结束之前(CODE ENDS之前)增加 2 条语句:

```
    MOV    AH,4CH
    INT    21H
```

　　则程序执行完后也会自动返回 DOS 状态。

　　另外开始执行用户程序时,DS 并不设置在用户的数据段的起始处,ES 同样也不设置在用户的附加段起始处,而是设置在 PSP 的起始位置处。因而在程序开始处(或在保护了 PSP 段地址和偏移地址 0 以后),应该使用以下方法重新装填 DS 和 ES 的值使其指向用户的数据段:

```
    MOV    AX,段名
    MOV    段寄存器名,AX          ;段寄存器名可以是 DS、ES、SS 之一
```

4.3.3 常用 DOS 系统功能调用应用举例

例 4-1 试利用 DOS 系统功能实现人机对话功能,编程实现。

具体程序如下:

```
        DATA   SEGMENT
        PARS   DB   100                        ;定义输入缓冲区
               DB   ?
               DB   100 DUP(?)
        MESG   DB   'WHAT IS YOUR NAME ?'       ;要显示的提示信息
               DB   'MYM'                       ;提示信息结束标志
        DATA   ENDS
        STACK  SEGMENT  PARA  STACK  'STACK'
               DB   100 DUP(?)
        STACK  ENDS
        CODE   SEGMENT
               ASSUME  CS:CODE,DS:DATA,SS:STACK
        START  PROC  FAR
        BEGIN: PUSH  DS
               s   AX,0
               PUSH   AX
               MOV   AX,DATA
               MOV   DS,AX
        DISP:  MOV   DX,OFFSET MESG
               MOV   AH,9                        ;利用9号功能调用显示提示
               INT   21H
        KEYBD: MOV   DX,OFFSET PARS
               MOV   AH,10                       ;利用10号功能调用接收键盘输入
               INT   21H
               RET
        START  ENDP
        CODE   ENDS
               END   BEGIN
```

例 4-2 编写汇编语言源程序,将输入的 4 位十进制数(如 5,则输入 0005)以压缩 BCD 数式存入字变量 SW 中。

分析 该程序首先接收输入的 4 位十进制数,然后合并为压缩 BCD 数,存入字变量 SW。为了接收输入的 4 位十进制数,需要在数据段中定义一变量数据区。该数据区应有 7 个字节,其中第 1 个字节定义为 5,即可接收 5 个字符,第 2 个字节预留给 10 号功能调用装载实际输入的字符数,第 3～7 个字节预留给 10 号功能调用装载实际输入的字符,即 4 个字节十进制数的 ASCII 码和 1 个字节回车的 ASCII 码。

具体程序如下:

```
        DATA   SEGMENT
        BUF   DB   5,0,5 DUP (?)
```

```
        SW   DW   ?
        DATA  ENDS
        CODE   SEGMENT
        BEGIN  PROC  FAR
               ASSUME  CS:CODE,DS:DATA
        START:PUSH   DS
               SUB   AX,AX
               PUSH   AX
               MOV   AX,DATA
               MOV   DS,AX
               MOV   DX,OFFSET BUF
               MOV   AH,10              ;10号功能调用,输入4位十进制数
               INT   21H
               MOV   AX,WORD PTR BUF+4  ;输入数的个位和十位送AX
               AND   AX,0F0FH           ;将两个ASCII码转为非压缩BCD数
               MOV   CL,4
               SHL   AL,CL              ;将十位移至AL的高4位
               OR   AL,AH               ;十位和个位合并在AL中
               MOV   BYTE PTR  SW,AL     ;存BCD数的十位和个位
               MOV   AX,WORD PTR   BUF+2  ;输入数的百位和千位送AX
               AND   AX,0F0FH           ;将两个ASCII码转为非压缩BCD数
               SHL   AL,CL              ;将千位移至AL的高4位
               OR   AL,AH               ;千位和百位合并在AL中
               MOV   BYTE PTR   SW+1,AL  ;存BCD数的千位和百位
               RET
        BEGIN  ENDP
        CODE   ENDS
               END   START
```

4.4　汇编语言程序设计基础

前面已分别介绍了8086/8088的指令系统、汇编语言源程序的格式、伪指令以及中断功能调用等。在此基础上可以设计出具有一定功能的应用程序。但设计出一个好的程序,不仅能正常运行和完成必要的功能,而且应该具有以下几个特点:①程序的执行速度快,效率高,特别是对执行速度有要求的场合(如实时控制),这一点尤为突出。②程序占用内存要小,在硬件资源有限的情况下完成某项具体任务时,节省存储空间也是非常重要的。③程序结构模块化,易读、易调试及维护。

通常编制一个汇编语言源程序应按如下步骤进行。

1.分析问题,明确要求,建立描述问题的数学模型,确定实现模型的算法

分析问题就是深入实际,对所要解决的问题进行全面了解和分析。一个实际问题往往是比较复杂的,在深入分析的基础上,要善于抓住主要矛盾,剔除次要矛盾,抽取问题的本质。明确要求就是明确用户的要求,根据给出的条件和数据,对需要进行哪些处理,输出什么样的结

果,进行可行性分析。在分析问题和明确要求的基础上,要建立数学模型,将一个物理过程或工作状态用数学形式表达出来。数学模型建立后,必须研究和确定算法。所谓算法,是指解决某些问题的计算方法,不同类的问题有不同的计算方法。根据问题的特点,对计算方法进行优化。若没有现成方法可用,必须通过实践摸索,并总结出算法思想和规律性。

2. 画图流程

流程图是程序算法的图形描述,它以图形的方式把解决问题的先后顺序和程序的逻辑结构直观地、形象地描述出来,使解题的思路清晰,有利于理解、阅读和编制程序,还有利于调试、修改程序和减少错误等。如图 4-4 所示是绘制流程图时采用的标准符号,包括起始框、执行框、判断框、连接框和终止框等。绘制流程图时,根据设计任务先画粗框图,再在结构模块设计工程中画出具体的细框图。

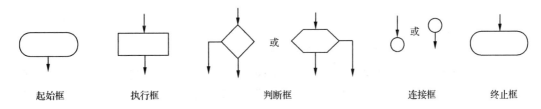

| 起始框 | 执行框 | 判断框 | 连接框 | 终止框 |

图 4-4　绘制流程图时采用的标准符号

3. 编制汇编语言程序

在编制程序时,应当先用伪指令确定数据段、堆栈段、程序段在存储空间的具体位置,确定各个寄存器的主要作用,然后根据流程图和确定的算法逐条语句编写程序。

4. 上机调试

上机调试采用 DEBUG(动态调试程序)所提供的断点、跟踪、单步等功能,根据任务要求逐条逐段地进行验证、修改和完善。程序编好后,必须上机调试,特别是对于复杂的问题,往往要分解成若干个子问题,分别由几个人编写,形成若干个程序模块,再把它们组装在一起,才能形成总体程序。一般来说,总会有这样或那样的问题或错误,这些问题和错误在调试程序时通常都可以发现,然后进行修改、再调试、再修改,直到程序全部正确为止。

程序的基本结构有 4 种:顺序结构、分支结构、循环结构和子程序结构。无论哪种结构的程序设计,都离不开上机编程和调试过程。为此先介绍汇编语言程序的上机过程。

4.4.1　汇编语言程序上机过程

汇编语言程序的上机过程包括汇编语言源程序文件的建立、汇编语言源程序的汇编、汇编语言目标文件的连接和汇编语言可执行文件的调试四个主要过程。

1. 汇编语言源程序文件的建立

在汇编语言程序中,规定汇编语言源程序文件的扩展名为 ASM。使用任何一种文本编辑软件,通过键盘输入源程序并存盘,可以得到扩展名为 ASM 的汇编语言源程序文件,建立方法可以调用全屏幕编辑软件(如 EDIT.COM、EDLIN.COM、PE.EXE 等)。

2. 汇编语言源程序的汇编

使用汇编程序对源程序进行汇编,生成 OBJ、LST 和 CRF(一般不需要)文件。如果程序中有错误,可以根据提示的错误信息重新编辑、修改、汇编源程序,直到没有严重错误为止。IBM PC 提供两种汇编程序 ASM(小汇编)和 MASM(宏汇编),其功能都是对 ASM 文件进行汇编并产生三个文件：一是二进制目标文件 OBJ，此文件中的地址还是浮动的，不能直接运行，需要在连接过程中定位；二是列表文件 LST，此文件是可打印文件，可以列出源程序语句行号、地址和机器码的对照清单，并给出符号表，以利于程序的调试；三是 CRF 文件，用于建立交叉引用表，提供源程序中各种符号的定义与引用情况。

3. 汇编语言目标文件的连接

汇编语言源程序经过汇编程序处理而产生的目标文件是不能直接运行的，因为目标文件中的地址是浮动的，它需要再定位。如果是多模块程序，在分别汇编后还需要把它们连接起来。连接程序的功能是把 OBJ 文件转换为可执行的 EXE 文件。它主要解决汇编语言源程序中的符号地址问题，将浮动的相对地址变为绝对地址，形成能够在 DOS 状态下运行的可执行 EXE 文件，同时生成 MAP 文件。MAP 文件是连接程序的列表文件，提供每个段在存储器中的分配情况。

4. 汇编语言可执行文件的调试

汇编语言源程序在汇编及连接过程中只能够检查出语法错误和结构错误，逻辑错误只有在可执行文件的调试中才能发现。调试工具 DEBUG 是为汇编语言设计的，它具有以下功能：①给出了一些调试命令，可通过单步、设断点、跟踪等方法有效地进行程序调试。②根据需要预置、检查和修改有关寄存器、内存单元及标志的内容。③观察程序运行状态、检查运行结果，发现程序的逻辑错误，及时修正以得到正确的程序。

4.4.2　汇编语言程序设计实例

在进行汇编语言源程序设计时，通常用到四种程序结构：顺序结构、分支结构、循环结构和子程序结构。下面分别加以说明。

1. 顺序程序设计

顺序结构程序一般是简单程序，程序按顺序执行，无分支、无循环、无转移，也无子程序调用。这种程序也称为直线程序。

例 4-3　两个无符号数分别放在 x 和 y 单元中，求平均值并放在 z 单元中。

具体程序如下：

```
DATA   SEGMENT
x  DB  95
y  DB  87
z  DB  ?
DATA   ENDS
CODE   SEGMENT
MAIN   PROC   FAR
           ASSUME  CS:CODE,DS:DATA
START: PUSH  DS
           MOV   AX,0
           PUSH  AX
           MOV   AX,DATA        ;装填数据段寄存器 DS
           MOV   DS,AX
           MOV   AL,x           ;第一个数送入 AL
           ADD   AL,y           ;两数相加,结果送入 AL
```

```
            MOV   AH,0
            ADC   AH,0              ;带进位加法,进位送入 AH
            MOV   BL,2              ;除数2送入 BL
            DIV   BL               ;求平均值送入 AL
            MOV   z,AL             ;结果送入 z 单元
            RET
MAIN        ENDP
CODE        ENDS
            END   START
```

例 4-4 在内存中自 tab 开始的 16 个单元中连续存放 0～15 的平方值,任给定一个数(以 13 为例),存放在 x 单元中,查表求其平方值,结果送入 y 单元中。

分析 由表的存放规律可知,表的起始地址与数 x 的和就是 x 的平方值所在单元的地址。
具体程序如下:

```
DATA    SEGMENT
tab     DB   0,1,4,9,16,25,36,49,64,81
        DB   100,121,144,169,196,225      ;0～15 的平方值
x       DB   13                            ;以 13 为例
y       DB   ?                             ;13 的平方存放的位置
DATA    ENDS
CODE    SEGMENT
        ASSUME  CS:CODE,DS:DATA
START:MOV   AX,DATA
        MOV   DS,AX
        LEA   BX,tab
        MOV   AH,0
        MOV   AL,x
        ADD   BX,AX
        MOV   AL,[BX]
        MOV   y,AL
        MOV   AH,4CH
        INT   21H
CODE    ENDS
        END   START
```

2. 分支结构程序设计

分支结构是根据不同情况做出判断和选择,以便执行不同的程序段。分支的意思是在两个不同的操作中选择其中的一个,如图 4-5 所示为分支结构程序基本结构。

例 4-5 给定以下符号函数:

$$y=\begin{cases}1 & x>0\\0 & x=0\\-1 & x<0\end{cases}$$

任意给定 x 值,假定为 -25,且存放在 x 单元,函数值 y 存放在 y 单元,根据 x 的值确定函数 y 的值。

首先确定编辑这个符号函数的软件流程图,如图 4-6 所示。

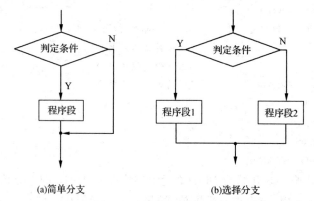

(a)简单分支   (b)选择分支

图 4-5　分支结构程序基本结构

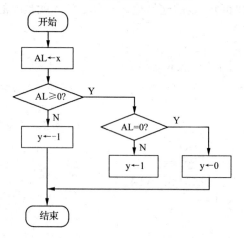

图 4-6　符号函数软件流程图

具体程序如下：

```
DATAX   SEGMENT
x         DB  －25
y         DB  ?
DATAX ENDS
CODEX  SEGMENT
MAIN    PROC  FAR
        ASSUME  CS:CODEX,DS:DATAX
START：PUSH  DS
        MOV  AX,0
        PUSH  AX
        MOV  AX,DATAX
        MOV  DS,AX
        MOV  AL,x          ;AL←x
        CMP  AL,0
        JGE  LOOP1         ;x≥0 时转 LOOP1
        MOV  AL,0FFH       ;否则将－1送入 y 单元
        MOV  y,AL
        RET
```

```
LOOP1：  JE    LOOP2          ;x＝0时转LOOP2
         MOV   AL,1           ;否则将1送入y单元
         MOV   y,AL
         RET
LOOP2：  MOV   AL,0           ;将0送入y单元
         MOV   y,AL
         RET
MAIN     ENDP
CODEX    ENDS
         END   START
```

3. 循环程序设计

循环结构是重复做一系列的操作,直到某个条件出现为止。如图4-7所示为循环结构程序基本结构。

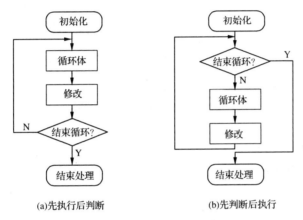

图 4-7　循环结构程序基本结构

循环结构程序包括以下几部分。

①初始化部分:建立循环初始值。

②工作部分:循环体中所要完成的具体操作。

③修改部分:为执行下一个循环而修改某些参数。

④控制部分:判断循环,用计数控制循环(适合已知循环次数的情况),或用条件控制循环(适合未知循环次数的情况)。

⑤结束处理部分:对存储结果进行处理,有的程序没有。

下面通过两种形式讨论循环结构程序的编写方式。

第一种形式为用计数控制循环,适用于循环次数已知的程序设计。

例 4-6　从 XX 单元开始的 30 个连续单元存放有 30 个无符号数,从中找出最大者送入 YY 单元中。

分析　把第一个数先送入 AL,将 AL 中的数与后面的 29 个数逐个比较,如果 AL 中的数较小,则两数交换位置,如果 AL 中的数大于或等于相比较的数,则两数位置不变,在比较过程中,AL 中始终保持较大的数,比较 29 次,则最大者必在 AL 中,最后把 AL 中的数送入 YY 单元。

流程图如图 4-8 所示。

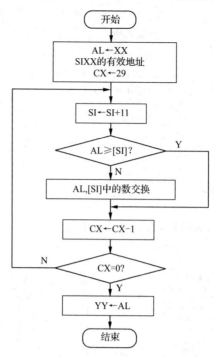

图 4-8　计数控制循环程序流程图

具体程序如下：

```
DATASP   SEGMENT
XX       DB73,59,61,45,81,107,37,25,14,64        ;XX 单元开始存放数据
         DB  3,17,9,23,55,97,115,78,121,67
         DB  215,137,99,241,36,58,87,100,74,62
YY       DB  ?
DATASP ENDS
CODESP   SEGMENT
         ASSUME  CS:CODESP,DS:DATASP
MAIN     PROC    FAR
START：  PUSH    DS
         MOV     AX,0
         PUSH    AX
         MOV     AX,DATASP
         MOV     DS,AX
         MOV     AL,XX
         MOV     SI,OFFSET XX
         MOV     CX,29
LOOP1：  INC  SI
         CMP     AL,[SI]
         JAE     LOOP2                           ;为无符号数,所以用 JAE
         XCHG    AL,[SI ]                        ;若 AL 大,则 AL 与[SI]内容互换
LOOP2：  DEC  CX                                 ;循环次数减一
         JNZ     LOOP1                           ;循环未结束,继续比较
```

```
                MOV   YY,AL
                RET
    MAIN        ENDP
    CODESP      ENDS
                END   START
```

第二种形式为用条件控制循环,适用于无法确定循环次数,但能找到控制循环结束条件的程序设计。

例 4-7 从自然数 1 开始累加,直到累加和大于 1000 为止,统计被累加的自然数的个数,并把统计的个数送入 n 单元,把累加和送入 sum 单元。

流程图如图 4-9 所示。

具体程序如下:

```
    DATAS   SEGMENT
    n       DW   ?
    sum     DW   ?
    DATAS   ENDS
    CODES   SEGMENT
    MAIN    PROC   FAR
            ASSUME   CS:CODES,DS:DATAS
    START:  PUSH   DS
            MOV   AX,0
            PUSH   AX
            MOV   AX,DATAS
            MOV   DS,AX
            MOV   AX,0
            MOV   BX,0
            MOV   CX,0
    LOOPT:  INC   BX
            ADD   AX,BX
            INC   CX
            CMP   AX,1000
            JBE   LOOPT
            MOV   n,CX
            MOV   sum,AX
    RET
    MAIN    ENDP
    CODES   ENDS
            END   START
```

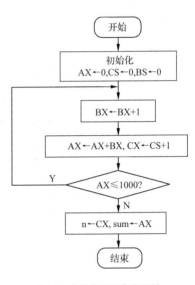

图 4-9 条件循环程序流程图

4.子程序设计

汇编语言中多次使用的程序段可写成一个相对独立的程序段,将它定义成过程或子程序,需要执行这段程序时,就进行过程调用,执行完毕后再返回原来调用它的程序。采用子程序结构编程,使程序结构模块化,程序清晰,修改容易。

每一个子程序包括在过程定义伪指令 PROC…ENDP 中间。过程定义有属性 NEAR 或 FAR。其确定原则为:①调用程序和过程若在同一代码段中,则使用 NEAR 属性;②调用程序和过程若不在同一代码段中,则使用 FAR 属性;③主程序应定义为 FAR 属性(使用标准方式返回 DOS 时),因为我们把程序的主过程看作 DOS 调用的一个子程序,而 DOS 对主过程的调用和返回都是 FAR 属性。

调用程序在调用子程序时,往往需要向子程序传递一些参数;同样,子程序运行后也经常要把一些结果参数传回给调用程序。调用程序与子程序之间的这种信息传递称为参数传递。下面通过一些实例进一步讨论子程序的具体应用。

(1)通过寄存器传递参数

适合于传递参数较少的简单程序。

例 4-8 把一个 2 位十进制数表示成的压缩型 BCD 数转换成与其对应的二进制数。

具体程序如下:

```
DATA_BIN    SEGMENT
BCD_IN      DB    ?              ;存放 BCD 值
VALUE       DB    ?              ;存放二进制值
DATA_BIN    ENDS
CODE        SEGMENT
            ASSUME  CS:CODE,DS:DATA_BIN
MAIN        PROC  FAR
START:      PUSH  DS
            MOV   AX,0
            PUSH  AX
            MOV   AX,DATA_BIN
            MOV   DS,AX
            MOV   AL,BCD_IN       ;欲转换的 BCD 数放在 AL 中
            CALL  BCD_BINARY      ;调用子程序
            MOV   VALUE,AL        ;子程序处理的结果传送回来
            RET
            MAIN  ENDP
BCD_BINARY  PROC  NEAR
            PUSHF                 ;保存标志寄存器 FLAGS
            PUSH  BX              ;保存 BX 和 CX
            PUSH  CX
            MOV   AH,AL           ;把 BCD 数送入 AH
            AND   AH,0FH
            MOV   BL,AH           ;保存 BCD 数的低位数字
            AND   AL,0F0H         ;分出 BCD 数的高位数字
            MOV   CL,04
            ROR   AL,CL           ;把 BCD 数高位数字移到低位,循环右移
            MOV   BH,0AH          ;把转换因子送入 BH
            MUL   BH              ;AL 中 BCD 高位数字乘以 BH 中的 0AH,结果在 AX 中
            ADD   AL,BL           ;把相乘结果与 BCD 码低位数字相加,结果送入 AL
            POP   CX
            POP   BX
            POPF                  ;恢复被保护的寄存器
```

```
                RET
BCD_BINARY      ENDP
CODE            ENDS
                END     START
```

（2）通过地址表传递参数地址

适用于传递参数较多的情况，要求实现建立一个用来传递参数的地址。

例 4-9 把一个 2 位十进制数表示成的压缩型 BCD 数转换成与其对应的二进制数。

具体程序如下：

```
DATA            SEGMENT
BCD_IN          DB   ?
VALUE           DB   ?
DATA            ENDS
CODE            SEGMENT
                ASSUME   CS:CODE,DS:DATA
MAIN            PROC   FAR
START：         PUSH   DS
                MOV   AX,0
                PUSH   AX
                MOV   AX,DATA
                MOV   DS,AX
                MOV   SI,OFFSET BCD_IN
                MOV   DI,OFFSET VALUE
                CALL   BCD_BINARY
                MOV   [DI],AL
                RET
MAIN            ENDP
BCD_BINARY      PROC   NEAR
                PUSHF
                PUSH   BX
                PUSH   CX
                MOV   AL,[SI]          ;把 BCD_IN 单元中的数送入 AL
                MOV   AH,AL
                AND   AH,0FH
                MOV   BL,AH
                AND   AL,0F0H
                MOV   CL,4
                ROR   AL,CL
                MOV   BH,0AH
                MUL   BH
                ADD   AL,BL
                POP   CX
                POP   BX
                POPF
```

```
                    RET
BCD_BINARY  ENDP
CODE   ENDS
                END    START
```

（3）通过堆栈传递参数

在主程序中调用子程序之前，将参数压入堆栈，在子程序中利用弹出指令获得参数；要从子程序传递回调用程序的参数先压入堆栈，在主程序中用弹出指令将参数取回。

例 4-10 试将一个 2 位十进制数的压缩型 BCD 码转换成十六进制数，并在屏幕上显示出来。

具体程序如下：

```
DATAH    SEGMENT
BCDMA    DB  ?
DATAH    ENDS
STACK    SEGMENT  PARA  STACK  'STACK'
         DW  100 DUP(?)
TOS      LABLE  WORD      ;变量 TOS 类型为 WORD
STACK    ENDS
CODEH    SEGMENT
         ASSUME  CS:CODEH,DS:DATAH,SS:STACK
MAIN     PROC  FAR
START：   MOV   AX,STACK
         MOV   SS,AX
         MOV   SP,OFFSET TOS
         PUSH  DS
         MOV   AX,0
         PUSH  AX
         MOV   AX,DATAH
         MOV   DS,AX
         MOV   AH,00H
         MOV   AL,BCDMA
         PUSH  AX          ;把 BCD 码压入堆栈
         CALL  BCD_BIN     ;把 BCD 码转换成二进制数（系统自动保护断点）
         POP   AX          ;把转换后的二进制数弹出送入 AX
         MOV   CH,2
LOOP1：   MOV   CL,4
         ROL   AL,CL
         MOV   BL,AL
         AND   BL,0FH
         ADD   BL,30H      ;转换为 ASCII 码
         CMP   BL,3AH
         JL    LOOP2
         ADD   BL,07H      ;将 1010~1111 范围内的二进制数,转换为 A~F ASCII 码
LOOP2：   MOV   DL,BL      ;显示器显示一个字符,必须为 ASCII 码
```

```
                MOV   AH,02H
                INT   21H
                DEC   CH              ;显示是否结束
                JNZ   LOOP1
                RET
        MAIN    ENDP
        BCD_BIN PROC  NEAR
                PUSH  AX
                PUSHF
                PUSH  BX
                PUSH  CX
                PUSH  BP
                MOV   BP,SP
                MOV   AX,[BP+12]
                MOV   AH,AL
                AND   AH,0FH
                MOV   BL,AH
                AND   AL,0F0H
                MOV   CL,4
                ROR   AL,CL
                MOV   BH,0AH
                MUL   BH
                ADD   AL,BL
                MOV   [BP+12],AX
                POP   BP
                POP   CX
                POP   BX
                POPF
                POP   AX
                RET
        BCD_BIN ENDP
        CODEH   ENDS
                END   START
```

在以上的应用实例中需要注意的事项如下：①使用堆栈时，参数的具体位置必须搞清楚。②在调用子程序和从子程序中返回时，会影响到堆栈指针的指向。

（4）子程序嵌套

子程序本身又可以调用其他子程序，称为子程序嵌套，嵌套的层数不限，只要堆栈空间足够就可以。

但是要注意寄存器的保护和恢复，避免各层子程序之间寄存器使用冲突，造成程序出错。如图 4-10 所示为子程序嵌套示意。下面举例说明子程序的嵌套使用。

例 4-11　设有两个无符号数 125 和 378，其首地址为 x，求它们的和，将结果存放在 sum 单元，并将其和转换为十六进制数且在屏幕上显示出来。

具体程序如下：

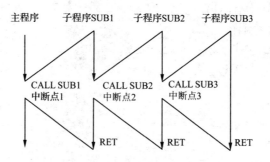

图 4-10 子程序嵌套示意

```
DATAP       SEGMENT
x           DW   125,378
sum         DW   ?
DATAP       ENDS
CODEP       SEGMENT
MAIN        PROC  FAR
            ASSUME  CS:CODEP,DS:DATAP
START:      PUSH   DS
            XOR   AX,AX
            PUSH   AX
            MOV   AX,DATAP
            MOV   DS,AX
            MOV   SI,OFFSET x        ;把 x 的有效地址送入 SI
            CALL   PROCDP
            RET
MAIN        ENDP
                                     ;求和子程序
PROCDP      PROC   NEAR
            PUSH   DX                ;寄存器保护
            PUSH   BX
            PUSH   AX
            PUSH   SI
            PUSH   CX
            MOV   AX,[SI]            ;把第一个数送入 AX
            ADD   AX,[SI+2]          ;两个数相加
            MOV   sum,AX             ;把和送入指定单元
            CALL   PROCDX
            POP   CX                 ;寄存器恢复
            POP   SI
            POP   AX
            POP   BX
            POP   DX
            RET
PROCDP      ENDP
```

```
                                    ;十六进制转换子程序
PROCDX      PROC  NEAR
            MOV   BX,sum
            MOV   CH,4
T1：        MOV   CL,4
            ROL   BX,CL          ;循环左移 4 次
            MOV   AL,BL          ;屏蔽高 4 位
            AND   AL,0FH
            ADD   AL,30H         ;转换为 ASCII 码
            CMP   AL,3AH         ;ASCII 码与 3AH 比较
            JL    T2
            ADD   AL,07H         ;ASCII 码在 A~F
T2：        MOV   DL,AL          ;ASCII 码在 0~9
            MOV   AH,2
            INT   21H           ;DOS 系统功能调用,显示一个字符
            DEC   CH
            JNZ   T1
            RET
PROCDX      ENDP
CODEP       ENDS
            END   START
```

4.4.3　高级语言与汇编语言的混合编程

　　混合语言程序设计是一种功能很强且有效的程序组合过程。所谓混合语言程序设计,是指采用两种或两种以上的编程语言组合编程,彼此相互调用,进行参数传递,共享数据结构及数据信息,从而形成一种程序实体的过程。

　　把各种语言的优势和特点尽可能发挥出来,扬长避短,是混合语言程序设计的重要目的。同时,现在各种语言已经生成和建立了无数功能强大的多种实用程序、库程序、工具程序。可以利用这些现有模块,缩短开发周期,节省人力物力,并达到软件升级的目的,这也是混合语言程序设计的目的。

　　一般常用的高级语言如 BASIC、FORTRAN、C、Pascal 等,都具有较强的科学计算、图形显示、数据处理能力,且易学、易读、易写,而且完成同样功能所编写的程序模块短小,但它们的运行速度较慢,不适用于高速数据采集与实时处理。而汇编语言编写的程序运行速度快,实时响应能力强,占用内存小,可直接驱动各种 I/O 接口和利用系统已有的资源,但汇编语言烦琐、难懂、可读性差。因此,采用高级语言调用汇编语言子程序,可各取优点,提高信息的处理速度,节省内存,可直接驱动硬件设备。高级语言调用汇编语言子程序,常用于程序的关键部分、运行次数多的部分、速度要求高的部分、直接访问硬件的部分等。

　　汇编语言与高级语言之间的接口技术在程序模块调用上分为两种情况:高级语言程序对汇编程序模块的调用与汇编程序对高级语言模块的调用。无论哪种情况,被调用的程序模块必须经过连接才能执行。考虑到 C 语言在工程中应用的广泛性,只介绍 C 语言程序与汇编语言之间的相互调用过程。

1. 汇编程序与 C 程序的基本接口规则

汇编程序与 C 程序进行混合编程时,需遵循以下一系列规则:

①C 程序调用汇编程序中定义的变量或过程时,必须让汇编语言遵守 C 语言的接口规定。即从 C 语言的角度讲,调用汇编程序与调用 C 程序是等价的。为此,在 C 程序中需要将相应的符号说明为外部的,而在汇编程序中将对应的符号说明为共有的。

②为保持 C 程序与汇编程序的段之间的兼容,汇编程序应使用简化的段定义。

③C 程序一般对大小写敏感,而 MASM 生成的 obj 文件均为大写字母,因此在命名时注意名字的大小写,或是关掉 C 程序的大小写敏感功能(或者使汇编程序对大小写敏感)。

④汇编程序与 C 程序的存储模式均应为小模式。

⑤在汇编程序调用 C 程序的标识符时,在标识符之前应加上下划线。

⑥汇编程序可调用所有的 C 程序函数,如使用 C 程序的变量,则此变量应定义为全局变量才可以使用,且在使用该变量之前,汇编程序还要用 EXTERN 关键字说明一下。同样,汇编程序中定义的变量或过程,如要在 C 程序中被调用,在汇编程序中需要用 PUBLIC 说明,同时在 C 程序中也要用 EXTERN 说明。

⑦C 程序中执行函数调用时,入口参数是通过堆栈传递的。C 语言规定的压栈顺序是从右到左入栈,然后再断点出栈。因此,C 程序与汇编程序传递参数时应注意参数入栈出栈的顺序。

⑧C 程序的函数返回值是通过约定的寄存器传递的。如返回数据长度小于 4 个字节,则直接通过寄存器返回;否则,返回值需要存放到静态存储区,并通过放在寄存器中的返回指针来访问。具体情况见表 4-12。

表 4-12　　　　　　　　C 语言约定的存放返回值的寄存器

C 语言约定的存放返回值类型	存放返回值的地方
Char,unsigned char	AL
Short,unsigned short,int unsigned int	AX
Long,unsigned long	DX:AX
Struct,float,double	静态存储区,指针在 AX 中
Near 指针	AX
Far 指针	DX,AX

2. C 程序对汇编程序的调用

C 程序对汇编程序的调用设计步骤如下:

①按照约定编写汇编程序模块,注意下划线、PUBLIC 和 BP 的正确使用。

②按照约定编写 C 程序,注意 EXTERN 和参数类型的使用。

③编译汇编程序模块得到的可重定位的目标文件,编译 C 程序模块得到目标文件。

④链接两种语言的目标文件,得到一个可执行的目标文件。

例 4-12　利用 C 程序调用一个汇编程序模块,传递两个参数 X 和 Y。用汇编语言计算 X+Y,并将结果返回再用 C 语言输出。

具体程序如下:

```
/*C语言部分*/

extern int add xy(int x,int y)
```

```
main()
{printf("the result is%d\n",add(123,4));}
;汇编语言部分
.MODEL   SMALL
.CODE
         PUBLIC_ADDXY
_ADDXY   PROC
         PUSH   BP
         MOV    BP,SP
         MOV    AX,[BP+4]
         MOV    CX,[BP+6]
         ADD    AX,CX
         POP    BP
         RET
_ADDXY   ENDP
         END
```

本例是 C 程序调用汇编程序,因此 C 程序有 main()起始模块能自行运行,而汇编程序模块则无法自行运行。若两个程序均有起始模块,连接时会出错。

3. 汇编程序对 C 程序的调用

大多数情况下,都是 C 程序调用汇编程序,但在个别情况下,汇编程序也会调用 C 程序,此时要求汇编语言向 C 语言的约定靠拢,即汇编程序必须按照有关约定进行说明与编写。首先被调用的 C 程序函数名、变量名前要加下划线,同时还要考虑字符数的限制;其次,在汇编程序中还要用 EXTERN 关键字对被调用的 C 程序过程或函数进行声明,位置在被调用之前,最好在程序开始的位置。最后在调用完 C 程序之后,最好立即用指令清除存放在堆栈中的参数,以恢复堆栈在调用之前的情况。

例 4-13　用汇编程序调用一个 C 语言程序模块。汇编程序完成 X+Y 运算,结果由 C 程序输出。

具体程序如下:

```
;汇编语言部分
DATA      SEGMENT
X         DW    6
Y         DW    7
DATA      ENDS
STACK     SEGMENT
          DB    50 DUP(?)
STACK     ENDS
          EXTERN   _PPRINT:NEAR
CODE      SEGMENT
          ASSUME   CS:CODE,DS:DATA,SS:STACK
START     PROC  FAR
BEGIN:    PUSH  DS
          MOV   AX,0
          PUSH  AX
```

```
              MOV    AX,DATA
              MOV    DS,AX
              MOV    SP,SIZE STACK
              MOV    AX,X
              MOV    CX,Y
              ADD    AX,CX
              PUSH   AX
              ADD    SP,4
              RET
START         ENDP
CODE          ENDS
              END    BEGIN
```

/＊C语言部分＊/

print(int result){printf("x＋＝%d\n",result);}

Turbo C 的嵌入汇编语言的 C 程序只能采用命令行的编译连接方法。

命令格式为：

TCC_B_L:\LIB 文件名 库文件名

其中,_B 是必需的,告诉 TCC 编译器需要进行嵌入式汇编。若不用_B 选项,则可以在 C 程序中加上 ♯program inline 语句,否则编译器会出错。_L 指定连接所需要的库文件名,即路径,Turbo C 标准库可以省略。汇编时,TCC 要用到 TASM. exe,把 MASM 3. 0 以上版本的 MASM. exe 直接改名为 TASM. exe,否则编译会出错。

习题 4

一、选择题

1.下列 4 条语句中,(　　)是一条伪指令语句。

A. MOV   AX,0034H   B. SYM   EQU SYM AND 0FEH

C. AND   AX,00FEH   D. XLAT   TABLE

2.下列伪指令中用来定义字节变量的是(　　)。

A. DB   B. DW   C. DD   D. DT

3.下列指令中正确的是(　　)。

A. MOV   AX,[SI][DI]   B. MOV   BYTE   PTR[BX],1000

C. PB8   EQU   DS:[BP＋8]   D. MOV   BX,OFFSET[SI]

4.宏指令与子程序的相同之处为(　　)。

A. 宏指令的目标代码与子程序的目标代码都是唯一的

B. 都需要先定义,后调用

C. 执行宏指令的目标代码时与子程序时一样,都需要增加如保护、恢复现场类的额外操作

D. 宏指令的目标代码与子程序的目标代码都不是唯一的

5.定义过程结束的伪指令符是(　　)。

A. END   B. ENDS   C. ENDP   D. ENDM

6.8086 宏汇编源程序中,若 BUFF 是字变量名,则执行指令 MOV BX,BUFF 后,BX 中的值为 BUFF 单元的(　　)。

    A. 字数据值　　　　　　　　B. 变量类型值　　　　C. 段基值　　　　　　　　D. 段内偏移量

7. 以下不是 8086 宏汇编语言中规定的保留字的是(　　)。

    A. MOV　　　　　　　　　B. INC　　　　　　　C. SET　　　　　　　　D. PUBLIC

8. 在一段汇编程序中多次调用另一段程序代码,用宏指令比用子程序实现,其目标代码(　　)。

    A. 占内存空间小,但速度慢　　　　　　　　B. 占内存空间大,但速度快

    C. 占内存空间相同,速度快　　　　　　　　D. 占内存空间相同,速度慢

9. 已知某数据段定义如下:

```
DATA        SEGMENT
DAT         DB   20 DUP(?)
DATA        ENDS
```

则以下指令中源操作数不是立即数的是(　　)。

    A. MOV   AX,LENGTH DAT　　　　　　B. MOV   AX,DATA

    C. MOV   AX,SEG DAT　　　　　　　　D. MOV   AX,DAT

二、判断题(判断对错,并改正)

1. 所有 8086/8088 汇编语言源程序都必须有自己的代码段和数据段。　　　　　　(　　)

2. 过程调用和宏调用都发生在程序运行时。　　　　　　　　　　　　　　　(　　)

3.8086 的一个宏汇编语言源程序可以只定义一个段。　　　　　　　　　　(　　)

4.8086 宏汇编语言中,宏和过程区别是:宏可以简化源程序书写,但不能精简目标代码。

　　　　　　　　　　　　　　　　　　　　　　　　　　　　　　　　(　　)

5. 设 ABC 为一标号,则其用在宏汇编伪指令前时需在后面加上冒号,而用在 8086 指令前时不要冒号。　　　　　　　　　　　　　　　　　　　　　　　　　　(　　)

6. 无论复杂还是简单的程序都可由顺序、分支和循环三种基本程序结构实现。　　(　　)

三、填空题

1. 按照以下程序段定义,变量 S1 的偏移地址是＿＿＿＿H,变量 NB 的偏移地址是＿＿＿＿H,符号 COUNT 的值是＿＿＿＿H。

```
DATA        SEGMENT
ORG         0100H
S1          DB   0,1,2,3,4,5
S2          DB   '12345'
COUNT       EQU  MYM－S1
P           DW   －1
NB          DB   3 DUP(2)
DATA        ENDS
```

2. 当 INT21H 中断的功能号为 02H 时,它的入口参数送寄存器＿＿＿＿。

3.8086 宏汇编上机过程中,用户按编辑、汇编、链接顺序将依次产生＿＿＿＿、＿＿＿＿和 EXE 文件。

4.8086 宏汇编语言源程序中,调用功能号 AH＝09H 时 21H 号中断完成的功能是＿＿＿＿。

5.汇编指令通常包括_____和_____两部分。

四、简答题

1.已知某数据段的定义如下。请在右图中标明各有关内存单元的段内偏移量及内容。

```
DSEG    SEGMENT
A1      DW    '95'
CT      EQU   MYM-A1
        ORG   0006H
A2      DB    CT DUP(1)
DSEG    ENDS
```

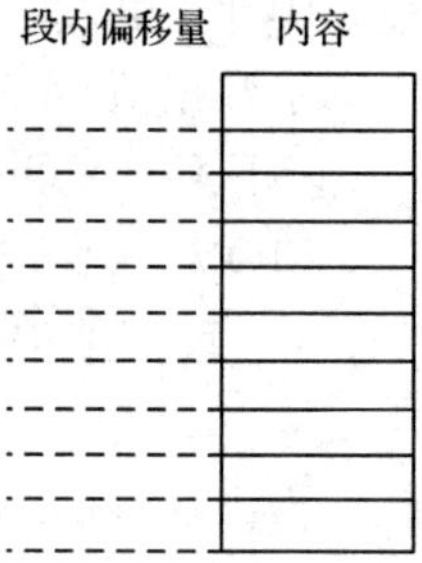

段内偏移量　　内容

图 4-11　简答题 1 图

2.已知附加段中部分数据定义如下：

```
DATA1    DW    123,-4,-1024,0FFFFH,0
         DW    666,888,'A',-1,0ABCDH
```

执行下列程序段之后,AX、BX 的值分别是多少？整个程序段实现了什么功能？

```
TESTI：      MOV   CX,10
             DEC   CX
             LEA   DI,DATA1
             MOV   BX,ES:[DI]
             MOV   AX,BX
CHKMIN：     ADD   DI,2
             CMP   ES:[DI],BX
             JAE   CHKMAX
             MOV   BX,ES:[DI]
             JMP   SHORT NEXT
CHKMAX：     CMP   ES:[DI],AX
             JBE   NEXT
             MOV   AX,ES:[DI]
NEXT：       LOOP  CHKMIN
```

3.宏和子程序都可简化源程序的书写,试比较两者对程序性能的不同影响。

4.指出下列程序段完成的功能。

```
DATX1    DB    30  DUP(8)
DATX2    DB    10  DUP(?)
         ……
         MOV   CX,10
         MOV   BX,20
         MOV   SI,0
         MOV   DI,0
NEXT：   MOV   AL,DATX1[BX][SI]
         MOV   DATX2[DI],AL
         INC   SI
         INC   DI
         LOOP  NEXT
```

程序段完成的功能是：_____。

5. 下列数据段定义和分配了一些存储单元,请画出其在内存中的实际分配图。

```
DATA        SEGNENT
DBYTE       DB  10,10H
DDWORD      DD  12345678H
ARRAY       DW  5  DUP(2)
DATA        ENDS
```

6. 在汇编语言程序中,变量和标号有何异同?

7. 已知:(AX)=4567H,(BX)=9ABCH,执行了下面的程序段后,(AX)=_____,
(BX)=_____。

```
CMP   AX,BX
JG  NEXT
XCHG  AX,BX
NEXT：NOT AX
```

8. 已知有某字串 BUF1 的首址为 1000H,BUF2 的首址为 1020H,数据段与附加段重合。

欲从 BUF1 处开始将 20 个字数据顺序传送至 BUF2 处,试在下面程序段的空白处填上适
当的指令或操作数以实现上述功能。

```
LEA    SI,BUF1
ADD    SI,_____
LEA    DI,BUF2

_____
STD
MOV   CX,_____
REP    MOV  SW
```

9. 欲将数据段中首址为 BUFFER,共 50 个字节段的存储区初始化为 0,试在下面程序段
的空白处填上适当的指令或操作数,以实现上述功能。

```
LEA   DI,DEST
MOV   CX,_____
CLD
MOV   AL,_____
REP   _____
```

10. 已知(AL)=56H,下列程序执行之后,(AL)=_____,该程序段实现的功能
是_____。

```
MOV   DL,AL
AND   DL,0FH
AND   AL,0F0H
MOV   CL,4
SHR   AL,CL
MOV   BL,10
MUL   BL
ADD   AL,DL
```

11. 已知以 X 为首址的字单元中的数据依次为 1234H,5678H;以 Y 为首址的字单元中的
数据依次为 8765H、4321H。下面的程序执行后,(DX)=_____,(AX)=_____。

```
          LEA    SI,X
```

```
        LEA    DI,Y
        MOV    DX,[SI+2]
        ADD    DX,[DI]
        CMP    DX,[DI+2]
        JL     L1
        MOV    AX,Y
        JMP    EXIT
L1：    MOV    AX,1
EXIT：  ……
```

12.什么是无条件传送方式? 什么是有条件传送方式?

五、编程题

1.编写一个内存自检程序,其要求是将数据 55H 写入要检测的内存区 98000H 到 9FFFFH 的每一个单元。然后,再逐个单元读出与 55H 比较。若全对,则屏幕显示"Memory OK";只要任何一个单元出错,则显示"Memory ERROR"。试编写程序实现上述内存自检功能。

2.在 BUFFER 开始的单元中有 100 个带符号的字节数据,编写一个程序,将其中的正数、负数、零的个数分别统计出来,并分别存放在 PLUS,MINUS,ZERO 的单元中。

3.AX 寄存器中有 4 个压缩 BCD 码,试编写程序将这 4 个数字分开,并分别存入 BH、BL、CH 和 CL 寄存器中。

4.编写程序,统计寄存器 BX 中二进制位"1"的个数,结果存在 AL 中。

5.编写程序实现接收一个字符的输入,并在屏幕上用二进制形式(0/1)显示出它的 ASCII 码值。

第5章

半导体存储器

8086的存储器组织

　　存储器是计算机中用来存储程序和数据的部件,是微型计算机系统中必不可少的组成部分。微型计算机中使用的存储器有内存和外存之分,内存储器也称为主存储器,通常由半导体器件组成,CPU通过总线可以直接对其访问。外存储器又称为辅助存储器,它存储的数据和程序要通过接口电路输入到内存储器后才能供CPU处理。计算机系统和存储器的关系就是整体与部分关系,但是计算机系统并不是组成部分的简单叠加,所以每个部件都非常重要,这样才能体现整体之所以为整体的核心和灵魂,才是真正的升华和创造。

　　本章将围绕着半导体存储器的分类和使用展开介绍。要求了解半导体存储器主要技术指标和分类、读/写存储器RAM、只读存储器ROM;掌握半导体存储器系统结构、存储器芯片的扩展。

5.1　存储器概述

5.1.1　存储器的分类

　　半导体存储器通常按照功能来分类,分为读/写存储器RAM(Random Access Memory)和只读存储器ROM(Read Only Memory)两大类。

1. RAM 存储器

　　RAM存储器又称为读/写存储器。CPU可以对RAM的内容随机地读写访问,RAM中的信息断电后即丢失。存储器正常工作时信息既可以读出又可以写入,数据读出后原数据不变,新数据写入后,原数据被新数据替代。因此,RAM存储器可以用来存储实时数据、中间结果、最终结果(作为程序的堆栈区使用)。RAM存储器常因制造工艺不同而分为双极型和MOS型两种。双极型存储器具有存取速度快、集成度较低、功耗较大、成本较高等特点;MOS

型存储器具有集成度高、功耗低、价格便宜等特点,适用于内存储器。

(1)双极型 RAM

双极型 RAM 采用晶体管-晶体管逻辑制成,常可分为 ECL、SBD、TTL 和 I²L 等。双极型 RAM 存取速度快(ECL 可达 10 ns),但集成度较低、功耗大、成本高,适用于对速度要求较高的高速缓冲存储器(Cache)。

(2)MOS 型 RAM

MOS 型 RAM 的基本存储电路采用 MOS 管做成。按照制造工艺可分为 NMOS、PMOS、CMOS、HMOS、SOS 等;按照信息存取方式可分为 SRAM 和 DRAM 两种。

①静态 RAM(SRAM):SRAM(Static RAM)以双稳态触发器为基础,依靠触发器存储每位二进制信息,用触发器的两个稳定状态来表示所存二进制信息 0 和 1。因此,SRAM 所存的信息可以长久保存,无须刷新电路为它刷新。但由于每个触发器所用晶体管数量较多,因此在芯片面积和集成度相同时,SRAM 的存储容量比 DRAM 的要小。

②动态 RAM(DRAM):DRAM(Dynamic RAM)依靠存储电容寄存二进制信息,通常存储一位二进制信息只需一只晶体管,但存储电容上的电荷容易泄漏,故需要刷新。刷新可以补充存储电容上的电荷,由刷新电路自动完成,通常是每 2 ms 刷新一次。DRAM 的存储容量大,集成度也高,适用于大存储容量的计算机系统。

2. ROM

ROM 的内容只能随机读出而不能写入,断电后信息不会丢失,故它又称为非易失性存储器或非挥发性存储器。ROM 主要用来存储固定程序、常数和表格等,信息一旦写入就固定不变了。ROM 按照制造工艺可分为 MROM、PROM、EPROM 三种。

(1)掩膜 ROM

掩膜 ROM 内部的信息是在制造时的掩膜工艺中固化进去的,信息一旦固化便不能再修改。因此,MROM 适合于大批量的定型产品,它具有工作可靠和成本低等优点。

(2)PROM

PROM(Programmable ROM)是一种可编程的只读存储器,可以在用户的试验室里把程序和常数用特殊方法和手段写入的只读存储器。这种写入是在编程脉冲作用下由计算机通过执行程序来完成的,故又称为编程。采用 PROM 比采用 MROM 方便,但它只能编程一次,且写进去的内容不能修改。

(3)EPROM

EPROM(Erasable PROM)是一种可以被擦写的 PROM 存储器,用户可以根据需要对它多次编程。通常 EPROM 的擦除可以在专门的擦除器内完成,读者仅需学会操作方法就可以了。按照信息擦除的不同方法,EPROM 又可分为紫外线擦除和电可擦除两种。

半导体存储器的分类如图 5-1 所示。

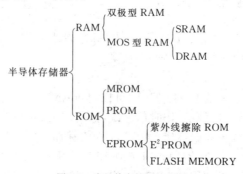

图 5-1 半导体存储器的分类

5.1.2　半导体存储器的技术指标

1. 存储容量

存储器可以存储的二进制信息总量称为存储容量。存储容量有以下两种表示方法。

（1）用字数×位数来表示容量，以位为单位

这种表示方法常用来表示存储器芯片的容量。例如1 K×4 位，表示该芯片有1 K 个存储单元，每个存储单元的长度是4 位。

（2）用字节数来表示容量，以字节为单位

例如256 B，表示该芯片有256 个存储单元，每个存储单元的长度是8 位。

现代计算机存储容量越来越大。存储器的容量越大，所能存储的信息就越多，计算机系统的功能就越强。存储容量通常以KB、MB、GB、TB 为单位表示存储容量的大小，它们之间的单位换算关系如下。

1 KB=2^{10} B=1024 B；

1 MB=2^{10} KB=2^{20} B；

1 GB=2^{10} MB=2^{20} KB=2^{30} B；

1 TB=2^{10} GB=2^{20} MB=2^{30} KB=2^{40} B。

2. 存取时间

存取时间是指从启动一次存储器操作到完成该操作所经历的时间，就是指存数的写操作和取数的读操作所进行的时间，单位通常为ns。例如，读操作时间指从CPU 向存储器发出有效地址和读命令开始，直到将被选单元的内容读出为止所用的时间。由于半导体存储器读出后不改变信息状态，故读操作时间就是读周期，写操作时间就是写周期。在读周期与写周期有差别的情况下，这两项指标应分别给出。手册中一般是给出典型存取时间或最大存取时间。很显然，存取时间越小，存取速度越快。

3. 存储周期

连续启动两次独立的存储器操作（如连续两次写操作）所需要的最短时间称为存储周期。它是衡量主存储器工作速度的重要指标。一般情况下，存储周期稍大于存储时间。

4. 功耗

功耗一般指每个存储单元的功耗，单位为μW/单元；也有给出每块芯片总功耗的，单位为mW/块。功耗是半导体存储器的一个重要指标，它不仅反映了存储器耗电的多少，同时也反映了存储器的发热程度，关系到芯片的集成度以及在机器中的安装和散热问题。手册中常给出工作功耗和维持功耗。

5. 集成度

集成度是指在一块存储器芯片内能集成多少个基本存储电路，每个基本存储电路存放一位二进制信息，所以集成度常用位/块来表示。

6. 可靠性

可靠性一般指存储器对外界电磁场、温度、湿度等变化的抗干扰能力。存储器的可靠性用平均故障间隔时间MTBF（Mean Time Between Failures）来衡量。由于半导体存储器常采用VLSI 工艺制程，所以它的可靠性通常较高。MTBF 可以理解为两次故障之间的平均时间间隔。MTBF 越长，可靠性越高，存储器工作越稳定。

5.1.3　存储器的系统结构

半导体存储器一般由存储体、地址译码电路和读/写控制电路组成。

1. 存储体

存储体是存储器的主体，是存储器中存储信息的部分，由大量的基本存储电路组成，每个基本存储电路可以存储一位二进制信息。基本存储电路组成存储单元，其个数由存储容量中的字长决定，存储单元组成存储阵列，其总数由存储容量中的字数决定，由地址译码器输出字线选取。

2. 地址译码电路

存储器芯片中的地址译码电路对 CPU 从地址总线发来的 N 位地址信号进行译码，经译码，电路可以选择存储器芯片内某一存储单元，在读/写控制电路的控制下可以对该存储单元进行读/写操作。地址译码方式主要分为单译码方式和双译码方式两种。

（1）单译码方式

单译码方式只用一个译码电路对所有地址信息进行译码，译码后产生的字线用来选择存储阵列中的相应存储单元。

以 16×4 位的存储器芯片为例，如图 5-2 所示，将所有基本存储电路排成 16 行 ×4 列，每一行对应一个字，每一列对应其中的一位。每一行的选择线和每一列的数据线是公共的。图 5-2 中，$A_0 \sim A_3$ 4 根地址线经译码输出 16 根选择线，用于选择 16 个存储单元。例如，当 $A_3A_2A_1A_0 = 1111$，而片选信号为 $\overline{CS} = 0$，$\overline{WR} = 0$ 时，将 15 号存储单元中的信息写入/读出。

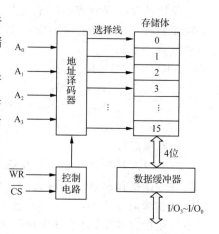

图 5-2　单译码方式

在单译码方式中，字线和存储单元的总数是相等的。字线和地址线根数 N 通常有如下关系：

$$字线总数 = 2^N$$

因此，存储容量越大，存储单元越多，字线总数越多，所需地址线根数也越多。例如，1 个 4 KB 存储器的字线条数应为 $4 \times 1024 = 4056$ 根，这么大的字线根数在存储器芯片的制造工艺中是很难实现的，因此单译码编址方式常适合用于小容量的存储器中。

（2）双译码方式

双译码方式和单译码方式的基本结构类似，主要区别在于地址译码器的结构不同。双译码方式把 N 根地址线分成 X 和 Y 两组，分别进行译码，产生一组行选择线（X）和一组列选择线（Y），每一根行选择线选中存储矩阵中位于同一行的所有存储单元，每一根列选择线选中存储矩阵中位于同一列的所有存储单元，行和列的交叉处单元就是被选中的存储单元。如图 5-3 所示为一个容量是 $1 K \times 1$ 位的存储器芯片的双译码电路。1 K（1024）个基本存储电路被排成 32×32 的矩阵，10 根地址线分成 $A_4 \sim A_0$ 和 $A_9 \sim A_5$ 两组。$A_4 \sim A_0$ 经 X 译码输出 32 根行选择线，$A_9 \sim A_5$ 经 Y 译码输出 32 根列选择线。行、列选择线组合可以方便地找到 1024 个存储单元中的任何一个。例如，当 $A_4A_3A_2A_1A_0 = 00000$，$A_9A_8A_7A_6A_5 = 00000$ 时，第 0 号存储单元被选中，通过数据线 I/O 实现数据的输入/输出。图 5-3 中，X 和 Y 译码器的输出线各有 32 根，总输出线数仅为 64 根。若采用单译码方式，将有 1024 根输出线。

3. 读/写控制电路

存储器的数据线应该经过三态门连接到数据总线上，三态门的控制端只有在读/写存储器时才有效。读/写控制电路接收 CPU 发来的相关控制信号，以控制数据的输入/输出。CPU 发给存储器的控制信号主要有读/写信号（R/$\overline{W}$）和片选信号（$\overline{CS}$）等。由于 ROM 中数据是只读的，所以 ROM 芯片没有 $\overline{WR}$ 引脚。

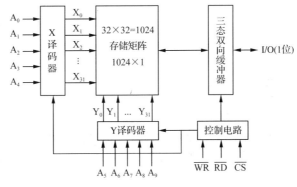

图 5-3　双译码方式

5.2 读/写存储器 RAM

RAM 存储器通常分为静态 RAM 和动态 RAM 两大类,其差别主要是基本存储电路存储信息的方式不同。前者依靠触发器存储二进制信息,后者依靠电容存储二进制信息。SRAM 的特点是高速度(CPU 的高速缓存存储器 Cache 使用 SRAM),功耗大,存储容量小,集成度低,不需要刷新电路;DRAM 的特点是集成度高,存储容量大,但存取速度慢,需要刷新电路。SRAM 的存储容量较小,DRAM 的存储容量较大。

5.2.1 静态 RAM

静态 RAM 的基本存储电路是触发器,通常由 6 个 MOS 管组成,如图 5-4 所示。电路中 V_1、V_2 为工作管,V_3、V_4 为负载管(相当于两只电阻),V_5、V_6 为控制管。其中,由 V_1、V_2、V_3 及 V_4 组成了双稳态触发器电路,V_1 和 V_2 的工作状态始终为一个导通,另一个截止。V_1 截止、V_2 导通时,A 点为高电平,B 点为低电平;V_1 导通、V_2 截止时,A 点为低电平,B 点为高电平。所以,可用 A 点电平的高低来表示 0 和 1 两种信息。V_7、V_8 为列选通管,配合 V_5、V_6 两个行选通管,可使该基本存储电路用于双译码电路。当行选择线 X 和列选择线 Y 都为高电平时,该基本存储电路被选中,V_5、V_6、V_7、V_8 都导通,于是

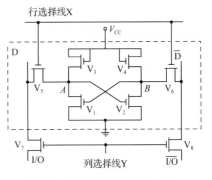

图 5-4　6 管 SRAM 基本存储电路

A、B 两点与 I/O、$\overline{I/O}$ 分别连通,从而可以进行读/写操作。工作原理分述如下:

1. 写入过程

若写 1,则数据总线上的 1 信号经倒相电路后使 D 变为高电平,使 $\overline{D}$ 变为低电平,经 V_5、V_6、V_7、V_8 使 A 点为高电平,使 B 点为低电平(V_1 截止和 V_2 导通),表示 1 信号被写入;若写入 0,则使 D 变为低电平,使 $\overline{D}$ 变为高电平,经 V_5、V_6、V_7、V_8 使 A 点为低电平,使 B 点为高电平(V_1 导通和 V_2 截止),表示 0 信号被写入。

2. 读出过程

若存储电路中原来存储 1 信号(A 点为高电平,B 点为低电平),则 A 点和 B 点电平经过 V_5、V_6、V_7、V_8 传送到 D 和 $\overline{D}$,其中 $\overline{D}$ 的低电平经读出放大器(图 5-4 中未画出)输出高电平

逻辑 1,表示存储电路中 1 信息被读出,送到 I/O 线上;若存储电路中原来存储 0 信号(A 点为低电平,B 点为高电平),同理可使得 $\overline{D}$ 为高电平,经读出放大器(图5-4 中未画出)输出高电平逻辑 0,表示存储电路中 0 信息被读出,送到 I/O 线上。

5.2.2 动态 RAM

动态 RAM 基本存储电路是利用电容存储电荷形式来存储二进制信息的,由于电容上的电荷会逐渐泄漏,因而对动态 RAM 必须定时进行刷新,使泄漏的电荷得到补充。动态 RAM 基本存储电路主要有 6 管、4 管、3 管和单管等几种形式,在这里我们介绍 4 管和单管动态 RAM 基本存储电路。

1. 4 管动态 RAM 基本存储电路

如图 5-4 所示的 6 管静态 RAM 基本存储电路依靠 V_1 和 V_2 来存储信息,电源 V_{CC} 通过 V_3、V_4 向 V_1、V_2 补充电荷,所以 V_1 和 V_2 上存储的信息可以保持不变。实际上,由于 MOS 管的栅极电阻很高,泄漏电流很小,即使去掉 V_3、V_4 和电源 V_{CC},V_1 和 V_2 栅极上的电荷也能维持一定的时间,于是可以由 V_1、V_2、V_5、V_6 构成 4 管动态 RAM 基本存储电路,如图 5-5 所示。电路中,V_5、V_6、V_7、V_8 仍为控制管,当行选择线 X 和列选择线 Y 都为高电平时,该基本存储电路被选中,V_5、V_6、V_7、V_8 都导通,则 A、B 点与位线 D、$\overline{D}$ 分别相连,再通过 V_7、V_8 与 I/O、

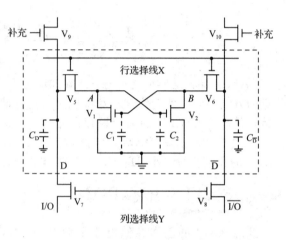

图 5-5　4 管 DRAM 基本存储电路

$\overline{I/O}$ 相通,可以进行读/写操作。同时,在列选择线上还接有两个公共的预充管 V_9 和 V_{10}。

(1)写入过程

写操作时,如果要写入 1,则在 I/O 线上加上高电平,在 $\overline{I/O}$ 线上加上低电平,并通过导通的 V_5、V_6、V_7、V_8 4 个晶体管,把高、低电平分别加在 A、B 点,将信息存储在 V_1 和 V_2 栅极电容上。行、列选通信号消失以后,V_5、V_6 截止,靠 V_1、V_2 栅极电容的存储作用,在一定时间内可保留所写入的信息。

(2)读出过程

读操作时,先给出预充信号使 V_9、V_{10} 导通,由电源对电容 C_D 和 $C_{\overline{D}}$ 进行预充电,使它们达到电源电压。选中某个存储单元,则其行、列选择线上为高电平,使 V_5、V_6、V_7、V_8 导通,存储在 V_1 和 V_2 上的信息经 A、B 点向 I/O、$\overline{I/O}$ 输出。若原来的信息为 1,即电容 C_2 上存有电荷,V_2 导通,V_1 截止,则电容 $C_{\overline{D}}$ 上的预充电荷通过 V_6 经 V_2 泄漏,于是,I/O 输出 0,$\overline{I/O}$ 输出 1。同时,电容 C_D 上的电荷通过 V_5 向 C_2 补充电荷,所以,读出过程也是刷新的过程。

2. 单管 DRAM 基本存储电路

单管 DRAM 基本存储电路如图 5-6 所示。其中,C_g 为存储电容。若 C_g 上存有电荷,则表示存储电路存 1 信号;若 C_g 上无电荷,则表示它存 0 信号。T 为 MOS 管,起到开关作用。

(1)写入过程

当存储电路被选中工作时,字线 W 为高电平,MOS 管 T 导通,位线 B 上的写入信息电平便可经过 T 直接送入存储电容 C_g。若位线 B 上的写入为高电平 1,则存储电容 C_g 被充电到

这个高电平;若位线 B 上的写入为低电平 0,则 C_g 被放电到低电平。

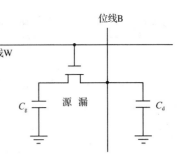

因此,DRAM 存储信息的原理是以存储电容上是否有电荷来标志的,C_g 上有电荷表示存 1,C_g 上无电荷表示存 0。

(2)读出过程

对存储电路读出时,字线 W 也是高电平,T 导通,故 C_g 上电压可直接送到位线 B。若读出 1,则 C_g 上电荷使位线 B 输出高电平 1;若读出 0,则 C_g 上无电荷,故位线 B 输出低电平 0。

图 5-6　单管 DRAM 基本存储电路

5.3 只读存储器 ROM

在只读存储器 ROM 中,它所存信息是固定的、非易失性和非挥发性的,不会因为断电而丢失,因此,只读存储器 ROM 又称为固定存储器(Fixed Memory)或永久性存储器(Permanent Memory)。

5.3.1 掩膜 ROM——MROM

MROM 的内容是由生产厂家按用户要求在芯片的生产过程中写入的,写入后不能修改。MROM 采用二次光刻掩膜工艺制成,首先要制作一个掩膜板,然后通过掩膜板曝光,在硅片上刻出图形。制作掩膜板工艺较复杂,生产周期长,因此生产第一片 MROM 的费用很大,而再复制同样的 MROM 就很便宜了,所以 MROM 适合大批量生产,不适用于科学研究。MROM 有单译码编址和双译码编址两种结构形式,现以单译码编址 MROM 为例介绍。

如图 5-7 所示为 4×4 MOS 型 MROM 的结构,采用单译码结构。图 5-7 中,两位地址码 A_1A_0 经地址译码器译码后产生 $2^2 = 4$ 根字选择线,每一根字线选择一个存储单元,每个存储单元共有 4 位,有 $D_3 \sim D_0$ (D_3 为高位)位线输出。在此矩阵

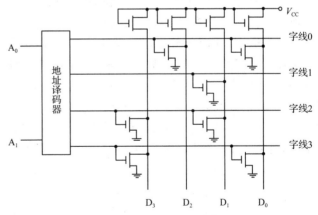

图 5-7　4×4 MOS 型 MROM 的结构

中,字线和位线的交点处有 MOS 管表示存储 0,没有 MOS 管表示存储 1。若地址线 $A_1A_0 = 00$,则选中 0 号存储单元,即字线 0 为高电平,若有管子与其相连(如 D_2 和 D_0),其相应的 MOS 管导通,位线输出为 0,而位线 1 和 3 没有管子与字线相连,则输出为 1。因此,存储单元 0 输出为 1010B。上述分析表明:MROM 存储 0 或 1 是由存储单元各位是否有 MOS 管决定的,归根结底是由制造芯片时掩膜板的设计决定的。

5.3.2 可编程 ROM——PROM

PROM(Programmable ROM)是可编程 ROM 的简称。它克服了 MROM 中程序和常数需要在制造时写入的缺点。PROM 存储器在出厂时各单元内容全为 0,用户可用专门的 PROM 写入器将信息写入,这种写入是破坏性的,即某个存储位一旦写入 1,就不能再变为 0,因此对这种存储器只能进行一次编程。例如,若想使如图 5-8 所示的存储单元写成 0,只需先选中该存储单元,V_{CC} 端加上电脉冲,使熔丝通过足够大的电流,把熔丝烧断即可。熔丝一旦

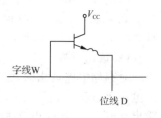

图 5-8　PROM 存储电路

烧断是无法接上的,即一旦写成 0 后就无法再重写成 1 了。若用户需要再次修改编程时,只能启用新 PROM 重新编写,很不方便。

5.3.3 可擦除可编程 ROM——EPROM

EPROM 是可擦除可编程 ROM。这种 ROM 可以多次使用,每次编程前只要先进行一次擦洗即可。因此,EPROM 在应用中非常广泛,特别是可以满足试验和研究工作的需要。

初期的 EPROM 元件用的是浮栅雪崩注入 MOS 管,即 FAMOS 管。它的集成度低,用户使用不方便,速度慢,因此很快被性能和结构更好的叠栅注入 MOS 管即 SIMOS 管取代。

SIMOS 管的结构如图 5-9 所示。它属于 NMOS 管,与普通 NMOS 管不同的是有两个栅极,一个是控制栅 CG,另一个是浮栅 FG。FG 在 CG 的下面,被 SiO_2 所包围,与四周绝缘。单个 SIMOS 管构成一个 EPROM 存储元件,其电路如图 5-10 所示。与 CG 连接的线 W 为字线,读出和编程时作选址用。漏极与位线 D 相连接,读出或编程时输出、输入信息。源极接 V_{SS}(地)。当 FG 上没有电子驻留时,CG 开启电压为正常值 V_{CC},若 W 线上加高电平,源板、漏板间也加高电平,SIMOS 管形成沟道并导通,称此状态为 1。当 FG 上有电子驻留,CG 开启电压升高超过 V_{CC},这时若字线 W 加高电平,源板、漏板间仍加高电平,SIMOS 管不导通,称此状态为 0。人们就是利用 SIMOS 管 FG 上有无电子驻留来存储信息的。因 FG 上电子被绝缘材料包围,不获得足够能量很难跑掉,所以可以长期保存信息,即使断电也不丢失。SIMOS EPROM 芯片出厂时 FG 上是没有电子的,即都是 1 信息。对它编程,就是在 CG 和漏极都加高电压,向某些元件的 FG 注入一定数量的电子,把它们写为 0。

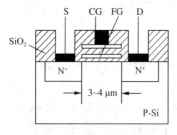

图 5-9　SIMOS 管的结构

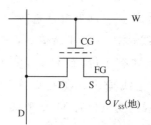

图 5-10　SIMOS EPROM 存储元件电路

EPROM 封装方法与一般集成电路不同,需要有一个能通过紫外线的石英窗口。擦除时,将芯片放入擦除器的小盒中,用紫外线灯照射约 20 min,若读出各存储单元内容均为 FFH,说明原信息已被全部擦除,恢复到出厂状态。写好信息的 EPROM 为了防止因光线长期照射而

引起信息破坏,常用遮光胶纸贴于石英窗口上。EPROM 的擦除是对整块芯片进行的,不能只擦除个别单元或个别位,擦除时间较长,且擦/写均需离线操作。

5.3.4 电可擦除可编程 ROM——E^2PROM

E^2PROM 是电可擦除可编程 ROM,是一种利用电脉冲擦除所存信息的 EPROM。

E^2PROM 是一种采用金属-氮-氧化硅(MNOS)工艺生产的可擦除可编程的只读存储器。擦除时只需加高压对指定存储单元产生电流,形成"电子隧道",即可将该存储单元信息擦除,其他未通电流的存储单元内容保持不变。E^2PROM 具有对单个存储单元在线擦除与编程的能力,而且芯片封装简单,对硬件线路没有特殊要求,操作简便,信息存储时间长,因此,E^2PROM 给需要经常修改程序和参数的应用领域带来了极大的方便。

与 EPROM 相比,E^2PROM 具有集成度低、存取速度较慢、完成程序在线改写需要较复杂的设备等缺点,但其擦除方式相对灵活。EPROM 在擦除信息时需要从系统上拆卸下来,放在专用的擦除器中擦除干净,然后再编程写入。E^2PROM 在擦除信息时无须从系统上拆卸下来,可以通过长途通信线路对它进行远距离擦除和再编程。

5.3.5 快擦型 ROM——FLASH MEMORY

FLASH MEMORY 是新一代的电可擦除可编程存储器,即快擦型 ROM。它采用的是叠栅 MOS 管,其结构如图 5-11 所示。叠栅 MOS 管结构与 E^2PROM 中的 SIMOS 管有所不同:其一是它的浮栅与源区重叠,并且重叠部分之间的绝缘层更薄;其二是浮栅与源区的重叠部分是采用源区横向扩散工艺形成的,面积很小。由于这样的特殊结构和工艺,使它在对浮栅注入或消除电子时所需的电压更低,速度更快,几乎可以达到随机读/写的速度,所以人们也称之为闪存。

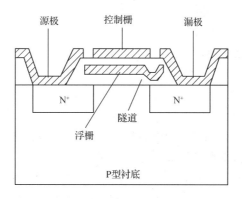

图 5-11 叠栅 MOS 管的结构

在编程写入时,要向浮栅注入电子,只要在控制栅加高电平,同时在漏极加 +12 V 的高电压脉冲,即可产生雪崩效应向浮栅注入电子。它类似于 EPROM 向浮栅注入电子,只是脉冲电压要低得多。擦除时,让控制栅处于低电平,同时在源极加 +12 V、100 ms 的高电压脉冲,使栅源重叠区产生隧道效应,就可以将浮栅中的电子释放,完成擦除。FLASH MEMORY 中的所有叠栅 MOS 管的源极都是连接在一起的,所以擦除时是整块芯片的所有存储单元同时擦除,擦除后可以重新写入信息。写入的信息可以保持 100 年左右,重复擦写的次数高达 10 万次以上。

由此可见，FLASH MEMORY 是一种不挥发性（Non-Volatile）存储器，在没有电流供应的条件下也能够长久地保持数据，其存储特性相当于硬盘，这项特性正是 FLASH MEMORY 得以成为各类便携型数字设备的存储介质的基础，例如 U 盘、数码产品（数码相机、手机、DV 等）的存储卡。

5.4　存储器芯片的扩展及其与系统总线的连接

5.4.1　存储器芯片与 CPU 的连接的主要问题

存储器和 CPU 之间连接时，主要考虑如下几个问题：

1. CPU 总线的带负载能力

由 RAM 和 ROM 构成的主存储器如果直接挂在系统总线上，则会造成 CPU 负担过重。为此，可以考虑加入总线驱动器来增加系统总线的驱动和负载能力。

2. 高速 CPU 与低速存储器之间的配合

CPU 在进行存储器读或写操作时，是有固定时序的，用户要根据这些来确定对存储器存取速度的要求，或者通过 CPU 插入等待状态 T_W 来解决。

3. 片选信号和行地址、列地址的产生方式

存储器的地址译码分为片选译码和片内译码两部分。在读/写操作时，对存储单元的寻址用两步实现，首先通过片选信号选择芯片或芯片组，然后对芯片内部或组内某个存储单元地址做选择。片选信号一般是通过片选电路对高位地址进行译码产生的。

5.4.2　存储器的工作时序

CPU 的读/写速度给定时，如何选择合适的存储器芯片；或者在已有的存储器芯片的情况下，调整 CPU 的读/写速度。下面以 Intel 2114 SRAM 与 5 MHz 的 8086 配合为例，说明存储器的工作时序问题。

1. Intel 2114 SRAM

Intel 2114 SRAM（以下简称 2114）的容量为 1 K×4 位，18 脚封装，+5 V 电源。其内部结构如图 5-12 所示，引脚和逻辑符号如图 5-13 所示。

由于 1 K×4＝4 096，所以 2114 有 4 096 个基本存储电路，将 4 096 个基本存储电路排成 64 行×64 列的存储矩阵，每根列选择线同时连接 4 位，对应于并行的 4 位（位于同一行的 4 位应作为同一存储单元的内容被同时选中），从而构成了 64 行×16 列＝1 K 个存储单元，每个存储单元有 4 位。1 K 个存储单元应有 $A_9 \sim A_0$ 10 个地址输入端，2114 片内地址译码采用双译码方式，$A_8 \sim A_3$ 6 根用于 X 译码输入，经 X 译码产生 64 根行选择线，$A_9 \sim A_2$、A_1 和 A_0 4 根用于 Y 译码输入，经过 Y 译码产生 16 根列选择线。

地址输入线 $A_9 \sim A_0$ 送来的地址信号分别送到 X、Y 地址译码器，经译码后选中一个存储单元。当片选信号 $\overline{\text{CS}}=0$ 且 $\overline{\text{WE}}=0$ 时，数据输入三态门打开，I/O 电路对被选中存储单元的 4 位进行写入；当 $\overline{\text{CS}}=0$ 且 $\overline{\text{WE}}=1$ 时，数据输入三态门关闭，而数据输出三态门打开，I/O 电

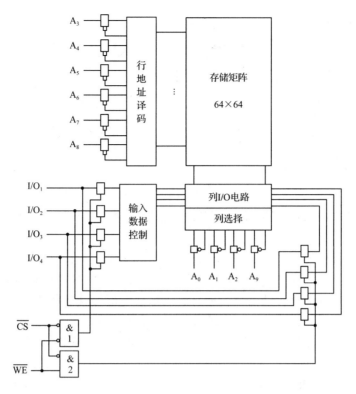

图 5-12 2114 内部结构

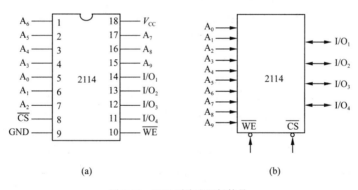

(a)   (b)

图 5-13 2114 引脚和逻辑符号

路将被选中存储单元的 4 位信息读出送数据线；当 $\overline{CS}=1$，即 $\overline{CS}$ 无效时，不论 $\overline{WE}$ 为何种状态，各三态门均为高阻状态，存储器芯片不工作。

2. 2114 与 8086 的时序分析

现以 2114 与 5 MHz 的 8086 配合为例，说明 CPU 时序与存储器的配合问题。2114 的读/写周期时序如图 5-14 所示。

在 2114 的读周期中，地址信息有效后，经 t_A 时间，数据可以从存储单元电路读出。如果此时输出三态门打开，则该数据可输出至数据总线上。但输出三态门要在 $\overline{CS}$ 有效后 t_{CO} 时间内才能有效。为了能在地址有效后 t_A 时间内输出数据到数据总线，必须保证 $\overline{CS}$ 有效时刻加 t_{CO} 时间早于地址有效时刻加 t_A 时间，这就要求 $\overline{CS}$ 应在地址有效后的 $t_A - t_{CO}$ 时间内有效。2114 的写周期要求在地址变化时，写允许信号 $\overline{WE}$ 不能有效，否则向内存写入数据的过程会

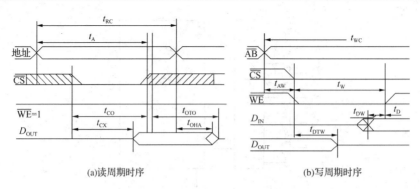

(a)读周期时序　　　　　　　　　　　(b)写周期时序

图 5-14　2114 的读/写周期时序

由于地址变化而产生混乱,即 $\overline{WE}$ 的有效时刻必须晚于地址有效时刻,失效时刻必须早于地址失效时刻。

　　如图 5-15 所示为 8086 读周期时序。对比图 5-14 中的 2114 的读周期时序,在 2114 的时序中,t_{RC} 称为存储器的读周期,表示对存储器芯片进行连续两次读所必须遵守的最小间隔,该数值是由存储器芯片的硬件性能决定的。由于每次读都是以给存储器芯片加地址信号开始,所以连续两次读的间隔实际上是连续两次地址之间的间隔。地址信号由微处理器提供,所以连续两次读的实际间隔是由 CPU 的速度决定的。CPU 速度慢时,该间隔就长,CPU 速度快时,该间隔就短。但该间隔的大小要受存储器芯片性能的限制。也就是说,CPU 的速度不能快到使该间隔小于 t_{RC} 的程度,否则,存储器芯片将无法正确可靠地工作。时序中的 t_A 是读取时间,也是由存储器芯片的性能决定的参数,它反映了地址加到存储器芯片上后,存储器芯片中选中存储单元的数据出现在数据线上所花的时间,CPU 应该从地址信号有效并经过该时间之后,再发出读信号,才能获得稳定可靠的数据。

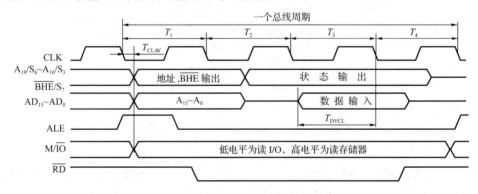

图 5-15　8086 读周期时序

　　在 8086 存储器读周期的时序中,T_{CLAV} 是从 T_1 开始到地址稳定的时间,再经过 t_A 后,数据可以输出。将 T_1 开始到数据可以读出的时间定义为 t_0,则有 $t_0 = T_{CLAV} + t_A$。典型的 2114 的 $t_A = 200$ ns,5 MHz 的 8086 的 $T_{CLAV} = 110$ ns,所以 $t_0 = 200 + 110 = 310$ ns。也就是说,从 T_1 开始,经 310 ns 之后,2114 可以将数据准备好,CPU 才可以读数据。

　　实际上,CPU 在 T_4 开始时读数据,即在 T_1 开始后的 3 个时钟周期 $3 \times T$ 时开始读数据,但要求在 T_4 之前的 T_{DVCL} 时间,数据应准备好,即在 T_1 开始后的 $3 \times T - T_{DVCL}$ 时刻准备好数据。将 CPU 要求在 T_1 开始后到数据应该准备好的时间定义为 t_0',则 $t_0' = 3 \times T - T_{DVCL}$。5 MHz 的 8086 的 $T_{DVCL} = 30$ ns,所以 $t_0' = 3 \times 200 - 30 = 570$ ns。

应该强调的是，t_0 是 T_1 开始后，存储器芯片能够准备好数据的时间，t_0' 是 CPU 要求在 T_1 开始后存储器芯片应该准备好数据的时间，很明显，t_0 应该小于 t_0'，CPU 才能读到稳定正确的数据。就 $t_A = 200$ ns 的 2114 和 5 MHz 的 8086 来说，$t_0 = 310$ ns，$t_0' = 570$ ns，这一条件显然满足。如果 CPU 的速度更慢（t_0' 更大）或存储器芯片的速度更快（t_0 更小），当然更满足条件。但是，如果 CPU 的速度加快，导致 CPU 要求 T_1 开始后应该准备好数据的时间 t_0' 更短，或者存储器芯片的速度更慢（t_A 更大），导致存储器芯片在 T_1 开始后实际准备好数据所花的时间 t_0 更长，CPU 和存储器芯片能否协调工作，就要看 $t_0 < t_0'$ 的条件能否满足。只要能保证 $t_0 < t_0'$，CPU 和存储器芯片就可以协调工作。否则，当 $t_0 < t_0'$ 的条件不能满足时，就需要 CPU 在 T_3 之后插入 T_W 等待状态，以加长 t_0'。当插入一个 T_W 时，$t_0' = 4 \times T - T_{DVCL}$；插入更多的 T_W，会使 t_0' 更长。

5.4.3 存储器片选控制方法

由于存储器芯片的容量有限，而存储器的总容量需求却很大，因此，往往要多个存储器芯片组合才能满足存储容量的需求，于是，需要通过片选信号控制各个存储器的读/写。片选信号通常由高位地址构成，片选信号的产生方法有如下几种：线选法、全译码法、部分译码法和混合译码法。

1. 线选法

线选法就是直接用地址线作为片选信号，每根地址线对应一块存储器芯片。这种方法通常用于存储容量小、存储器芯片也少的小型系统中。

例如，欲设计存储容量为 4 KB 的存储系统，已有每块容量为 1 KB 的存储器芯片，那么，需要 4 块存储器芯片，此时，对应 1 KB 的容量，只要 10 位就可完成对存储单元的寻址。所以，在有 20 根地址线的微型计算机系统中，可利用高 10 位地址线中的任意 4 根产生片选信号。比如，选择 $A_{13} \sim A_{10}$ 每根线连接一块存储器芯片的片选端即可。

线选法的优点是连线简单，不必加片选译码器。

线选法的缺点是：整个存储器的地址常常不连续；同一个存储单元可对应于不同的地址，从而形成地址重叠。例如，在上述例子中，$A_{19} \sim A_{14}$ 这 6 根地址线没有用，所以，当 $A_{19} \sim A_{14}$ 为任何组合时，如果 $A_{13} \sim A_0$ 的值不变，那么，同一个存储单元就会对应不同的地址。地址不连续和地址重叠往往会给编程人员带来很大的不便。

2. 全译码法

全译码法是留下用作片内译码的低位地址后，把全部高位地址进行译码来产生片选信号。全译码法提供了对全部存储器空间的寻址能力，所以，用在较大的系统中，当存储器的实际容量比寻址空间小的时候，可只用某几个片选信号。

全译码法得到的地址是唯一的，不会有地址重叠问题。即使没有使用全部片选信号，但只要合理设置，也仍然可保证地址的连续性。

3. 部分译码法

部分译码法在流出作为片内译码的低位地址后，只将高位地址的一部分进行译码来产生片选信号。这种方法用在存储空间较大又不是足够大的情况，此时如果用线选法则地址线不够，但又不需要采用将全部地址译码的全译码法。

显然，使用部分译码法时，会有地址重叠问题，因为没有选用的高位地址为 1 或为 0 时，可能选择了同一个存储单元;另外,选择不同的高位地址产生片选信号,会产生不同的地址空间。但如果组织得好,部分译码法可使地址的连续性得到实现。

4. 混合译码法

混合译码法是将部分译码法和线选法结合起来产生片选信号。实施时,将高位地址线分为两组,一部分片选信号用较高的一组地址通过线选法产生,另一部分片选信号用另外一组地址通过部分译码法产生。

由于混合译码法包含了线选法,所以也有地址不连续和地址重叠问题。

5.4.4　存储器芯片的扩展及实例

存储器芯片的扩展包括位扩展、字扩展和字位同时扩展的情况。

1. 位扩展

位扩展是指存储器芯片的字(单元)数满足要求而位数不够,需对每个存储单元的位数进行扩展。如图 5-16 所示为用 8 块 8 K×1 位存储器芯片通过位扩展构成 8 K×8 位存储器系统的连线图。

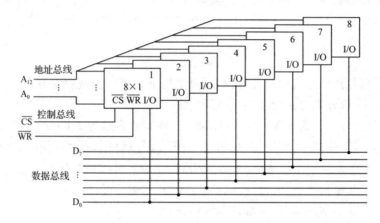

图 5-16　用 8K×1 位芯片组成 8K×8 位的存储器

由于存储器的字数与存储器芯片的字数一致,$8 K = 2^{13}$,故只需 13 根地址线($A_{12} \sim A_0$)对各存储器芯片内的存储单元寻址,每一块存储器芯片只有 1 根数据线,所以需要 8 块这样的存储器芯片,将它们的数据线分别接到数据总线($D_7 \sim D_0$)的相应位。在此连接方法中,每一根地址线有 8 个负载,每一根数据线有 1 个负载。位扩展法中,所有存储器芯片都应同时被选中,各存储器芯片 $\overline{CS}$ 端可直接接地,也可并联在一起,根据地址范围的要求,与高位地址线译码产生的片选信号相连。对于此例,若地址线 $A_{12} \sim A_0$ 上的信号为全 0,即选中了存储器 0 号存储单元,则该存储单元的 8 位信息是由各存储器芯片 0 号存储单元的 1 位信息共同构成的。

可以看出,位扩展连接方式是将各存储器芯片的地址线、$\overline{CS}$ 端、读/写控制线相应并联,而数据线要分别引出。

2. 字扩展

字扩展用于存储器芯片的位数满足要求而字数不够的情况,是对存储单元数量的扩展。如图 5-17 所示为用 4 块 16 K×8 位存储器芯片通过字扩展构成 64 K×8 位存储器系统的连接方式。

图 5-17 中,4 块存储器芯片的数据端与数据总线 $D_7 \sim D_0$ 相连。地址总线低位地址 $A_{13} \sim$

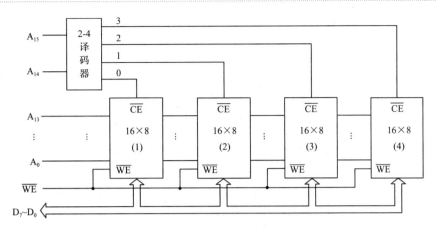

图 5-17 字扩展连接方式

A_0 与各存储器芯片的 14 位地址线连接,用于进行片内寻址。为了区分 4 块存储器芯片的地址范围,还需要 2 根高位地址线 A_{15}、A_{14} 经 2-4 译码器译出 4 根片选信号线,分别和 4 块存储器芯片的片选端相连。各存储器芯片的地址范围见表 5-1。

表 5-1　　　　　　　　　　　　图 5-17 中各存储器芯片的地址范围

芯片号	地　　　址		说　　明
	$A_{15}A_{14}$	$A_{13}A_{12}A_{11}\cdots A_1A_0$	
1	00	000…00	最低地址(0000H)
	00	111…11	最高地址(3FFFH)
2	01	000…00	最低地址(4000H)
	01	111…11	最高地址(7FFFH)
3	10	000…00	最低地址(8000H)
	10	111…11	最高地址(BFFFH)
4	11	000…00	最低地址(C000H)
	11	111…11	最高地址(FFFFH)

可以看出,字扩展连接方式是将各存储器芯片的地址线、数据线、读/写控制线并联,而由片选信号来区分各片地址。也就是将低位地址线直接与各存储器芯片地址线相连,以选择片内的某个存储单元;用高位地址线经译码器产生若干不同片选信号,连接到各存储器芯片的片选端,以确定各存储器芯片在整个存储空间中所属的地址范围。

3. 字位同时扩展

在实际应用中,往往会遇到字数和位数都需要扩展的情况。

若使用 $l \times k$ 位存储芯片构成一个容量为 $M \times N$ 位$(M > l, N > k)$的存储器,那么这个存储器共需要 $(M/l) \times (N/k)$ 块存储器芯片。连接时可将这些存储器芯片分成 (M/l) 组,每组有 (N/k) 块存储器芯片,组内采用位扩展法,组间采用字扩展法。

如图 5-18 所示为用 2114(1 K×4 位)芯片构成 4 K×8 位存储器的连接方式。

图 5-18 中将 8 块 2114 芯片分成了 4 组(RAM_1、RAM_2、RAM_3 和 RAM_4),每组 2 块。组内用位扩展法构成 1 K×8 位的存储模块,4 个这样的存储模块用字扩展法连接便构成了 4 K×8 位的存储器。用 $A_9 \sim A_0$ 10 根地址线对每组存储器芯片进行片内寻址,同组存储器芯片应被同时选中,故同组存储器芯片的片选端应并联在一起。本例用 2-4 译码器对两根高位地址线 $A_{11} \sim A_{10}$ 译码,产生 4 根片选信号线,分别与各组芯片的片选端相连。

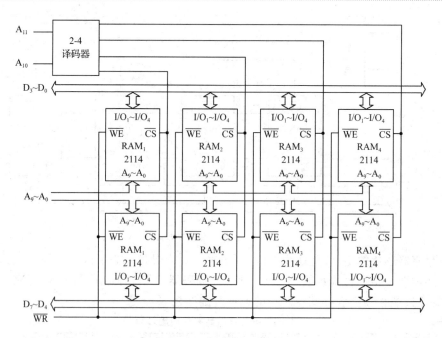

图 5-18　字位同时扩展连接方式

习题 5

一、选择题

1. 容量为 4 K×1 位的 SRAM 芯片若采用双译码结构,内部应有(　　)根地址译码输出线。

　　A. 3 2　　　　　　　B. 64　　　　　　　C. 128　　　　　　　D. 256

2. 动态 RAM 的特点是(　　)。

　　A. 速度高于 SRAM　　　　　　　　B. 不需要刷新电路

　　C. 集成度高于 SRAM　　　　　　　D. 一般用作高速缓冲存储器(Cache)

3. 静态 RAM 的特点之一是(　　)

　　A. 需要刷新电路　　　　　　　　　B. 存取速度高于 DRAM

　　C. 能永久保存存入的信息　　　　　D. 集成度高于 DRAM

4. 若用 6264 SRMA 芯片(8 K×8 位)组成 128 KB 的存储器,需要(　　)块这种芯片。

　　A. 8　　　　　　　　B. 16　　　　　　　C. 12　　　　　　　D. 24

5. 用 512×4 位规格的存储器芯片构成 4 KB 的存储器,需要使用这种存储器芯片的数量是(　　)。

　　A. 4 块　　　　　　　B. 8 块　　　　　　C. 16 块　　　　　　D. 20 块

6. CPU 的总线与若干块 2114(1 K×4 位)芯片连接,若 CPU 的地址线中 $A_{15} \sim A_0$ 中只有 $A_{15} \sim A_{13}$ 接至一个 3-8 译码器产生 2114 的片选信号,则每块 2114 芯片占用的重叠地址为(　　)个。

　　A. 0　　　　　　　　B. 8　　　　　　　C. 1 K　　　　　　　D. 8 K

7. CPU 与存储器芯片的连接方式将影响存储器芯片的(　　)。

A. 功耗　　　　　　　　B. 存取速度　　　　　C. 地址分配　　　　D. 存储容量

8. CPU 对存储器访问时,地址线和数据线的有效时间关系为(　　　)。

A. 同时有效　　　　　B. 地址线先有效　　C. 数据线先有效　　D. 同时无效

9. 高速缓存 Cache 存取速度(　　　)。

A. 比主存慢、比外存快　　　　　　　　B. 比主存慢、比内部寄存器快

C. 比主存快、比内部寄存器慢　　　　　D. 比主存慢、比内部寄存器慢

二、判断题(判断对错,并改正)

1. DRAM 的集成度高于 SRAM,但速度低于 SRAM。　　　　　　　　　　　　(　　)

2. 存储器和 I/O 接口的地址译码,目的是保证 CPU 能对所有存储单元和所有 I/O 端口正确寻址。　　　　　　　　　　　　　　　　　　　　　　　　　　　　　(　　)

3. 高速缓冲存储器(CACHE)是介于 CPU 和内存之间的缓冲器,一般由 PROM 组成。

(　　)

三、填空题

1. 芯片的片选信号产生方法有＿＿＿＿法、＿＿＿＿法、＿＿＿＿法和＿＿＿＿法。如果要使对应的地址没有重叠,必须采用＿＿＿＿法。

2. 已知某种 SRAM 芯片的容量为 2 K×1 位,若要用它形成 16 KB 的存储器,共需要＿＿＿＿块这样的芯片,连接成＿＿＿＿个芯片组。

3. 设某系统的地址总线宽 16 位,数据总线为 8 位。若采用容量为 8 K×4 位的 SRAM 芯片构成最大容量的存储系统,共需＿＿＿＿块这样的芯片,这些芯片应分为＿＿＿＿组,每组＿＿＿＿块。

4. 若有一片 SRAM 芯片为 64 K×4 位,其片内地址信号线有＿＿＿＿根,对外数据线有＿＿＿＿根,若用其组成 256 K 个字节的内存,需要＿＿＿＿块此种芯片。

5. 若 CPU 的地址总线宽度为 N,则可寻址＿＿＿＿个存储单元。

四、简答题

1. 什么是存储器的部分译码、全译码方式?

2. 存储器的片选控制方式有哪几种? 各有什么缺点?

3. 简述半导体存储器的主要技术指标。

4. 半导体存储器从功能上分为哪几类? 每类各有何特点?

6. 指出 ROM、PROM、EPROM 和 E^2PROM 各自的特点及适用场合。

7. 用下列芯片构成存储器,各需要多少块芯片? 需要多少位地址作为片外地址译码? 设系统为 20 根地址线,采用全译码方式。

(1)512×4 位芯片构成 16 KB 的存储器;

(2)1024×1 位芯片构成 128 KB 的存储器;

(3)2 K×4 位器构成 64 KB 的存储器;

(4)64 K×1 位芯片构成 256 KB 的存储器。

8. 如何连接存储器的地址线会产生地址重叠的问题? 应该如何避免?

9. 某一 RAM 芯片,其容量为 1024×8 位,地址线和数据分别为多少根?

10. 已知某 RAM 芯片的引脚中有 11 根地址线,8 根数据线,该存储器芯片的容量为多大? 若该芯片所在存储空间的起始地址为 3000H,则其结束地址为多少?

五、应用题

1. 设某系统的数据线宽度为 8 位,地址线宽度为 16 位,现有容量为 2 K×4 位的 SRAM 芯片若干。如果需要扩充共 8 KB 的 RAM 子系统,并且要求该 RAM 子系统占用的地址范围从 C800H 起连续且唯一。

(1)画出 SRAM 芯片与系统总线的连线(所需要的译码器及各类门电路可任选)。

(2)标明各芯片(组)的地址范围。

2. 如图 5-19 所示 SRAM 芯片,利用该芯片构成 8086 的从 E8000H～EFFFFH 的内存。

(1)该芯片的存储容量是什么? 共需要几块存储器芯片才能满足上述要求?

(2)试画出片选信号 $\overline{CS}$ 的产生电路。

(3)从地址 E8000H 开始,顺序将 00H、01H、02H……直到 FFH 重复写入上面构成的内存,编写一个程序实现该功能。

3. 已知 RAM 芯片和地址译码器的引脚如图 5-20 所示,试回答如下问题:

(1)若要求构成一个 8 K×8 位的 RAM 阵列,需几块这样的芯片? 设 RAM 阵列占用起始地址为 EI000H 的连续地址空间,试写出每块 RAM 芯片的地址空间。

(2)若采用全地址译码方式译码,试画出存储器系统电路连接图。

(3)试编程:将 55H 写满每块芯片,而后再逐个存储单元读出做比较,若有错则 CL=FFH,正确则 CL=77H。

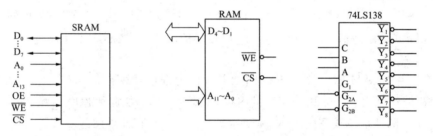

图 5-19　应用题 2 图　　　　　　图 5-20　应用题 3 图

4. CPU 与存储器的连接如图 5-21 所示,已知 8 KB RAM 的地址范围是 8000H～9FFFFH;8 KB ROM 的地址范围是 2000H～3FFFH。试完成译码器 74LS138 输出 $\overline{Y_0}$～$\overline{Y_7}$ 与存储器片选端 $\overline{CE}$ 的连线。(注:74LS138 的 G_1 为高电平,$\overline{G_{2B}}$ 为低电平,存储器的读/写控制线未画出)

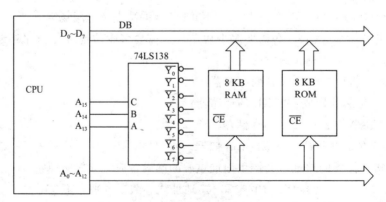

图 5-21　应用题 4 图

5.某一存储器系统如图 5-22 所示,它们的存储容量各是多少? RAM 和 EPROM 存储器地址分配范围各是多少?

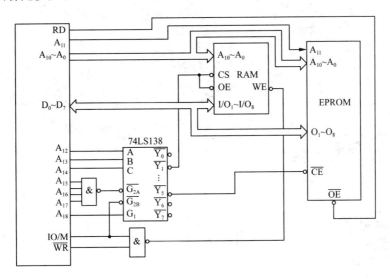

图 5-22　应用题 5 图

6.微型计算机系统的存储器由 5 块 RAM 芯片组成,如图 5-23 所示,其中 U_1 有 12 根地址线、8 根数据线,$U_2 \sim U_5$ 各有 10 根地址线、4 根数据线。试计算芯片 U_1、U_2、U_3 的地址范围,以及该存储器的总容量。

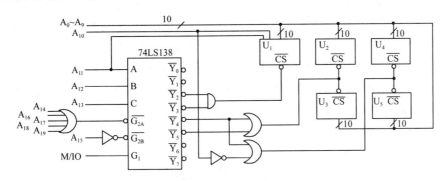

图 5-23　应用题 6 图

7.已知某一微型计算机系统有 16 根地址线,根据下面三种情况分别设计出存储器片选的译码电路及其与存储器芯片的连接电路。

(1)用 1 K×1 位存储器芯片,组成 4 K×8 位的存储器。

(2)用 8 K×4 位存储器芯片,组成 32 K×8 位的存储器。

(3)用 8 K×8 位存储器芯片,组成 64 K×8 位的存储器。

8.已知某 RAM 芯片的引脚中有 11 根地址线、8 根数据线,该存储器芯片的容量为多大? 若该芯片所在存储空间的起始地址为 3000H,则其结束地址为多少?

第6章

输入／输出接口技术

输入/输出的
基本方式

输入/输出是微型计算机与外界进行信息交换不可缺少的功能,在整个微型计算机系统中占有极其重要的地位。计算机所处理的各种信息包括程序、数据和各种外部信息都要通过输入设备输入到计算机内,计算机内的各种控制信息和处理的结果都要通过输出设备输出。各种外设通过输入/输出接口与系统相连,并在输入/输出接口电路的支持下实现数据传送和操作控制。本章首先介绍输入/输出接口的功能和基本结构,输入输出的基本方式,之后介绍了可编程 DMA 控制器接口芯片 8237A 及其应用;最后重点介绍了微机系统的中断功能及实现,可编程中断控制器 8259 的工作要求及编程。

6.1　输入/输出的基本方式

为了便于实现主机与各种外设交换信息,避免主机陷入与各种外设打交道的沉重负担之中,需要一个信息交换的中间环节,这个主机与外设之间的交接界面就称作输入/输出(I/O)接口。

所谓输入/输出接口,就是主机与外部设备之间的一种缓冲电路。接口电路对主机提供了外部设备的工作状态及数据;对外部设备接口电路保存了主机下达给外部设备的一切命令和数据,从而使主机与外部设备之间协调一致地工作。

6.1.1　输入输出接口概述

1. 输入/输出信息

CPU 与 I/O 设备之间传送的信息可分为数据信息、状态信息和控制信息三类。

（1）数据信息

CPU 和外设交换的基本信息是数据。数据信息大致可分为如下三种类型：

①数字量

数字量是用二进制形式表述的数据、图形、文字等信息，通常以并行的 8 位或 16 位数据进行传送。如从键盘输入的数据信息或输出到显示器的数据信息。

②模拟量

模拟量是连续变化的物理量，如温度、湿度、压力、流量等。这些物理量一般通过传感器先变成电压或电流，经过放大，由模／数转换器进行由模拟信号到数字信号的转换，最后送给计算机。因为计算机对连续变化的模拟量无法直接接收和处理。

③开关量

开关量通常以 1 位二进制数 0 或 1 来表示相反的两种状态，如开关的接通和断开、电机的运转和停止、阀门的打开和关闭、三极管的导通和截止等，这样的量只要用一位二进制数表示就可以了。数据 1 表示打开、接通等操作；数据 0 表示关闭、断开等操作。

④脉冲量

脉冲量是一种具有上升沿和下降沿特征的脉冲量，如计数脉冲、定时脉冲和控制脉冲等，这在计算机控制系统中是经常遇到的。

（2）状态信息

状态信息反映了外设当前所处的工作状态，是外设发送给 CPU 的，用来协调 CPU 和外设之间的操作。对于输入设备来说，通常用准备就绪（READY）信号来表示输入数据是否准备就绪；对于输出设备来说，通常用忙（BUSY）信号表示输出设备是否处于空闲状态，若为空闲，则可接收 CPU 送来的信息，否则 CPU 等待。

（3）控制信息

控制信息是 CPU 发送给外设的，用以控制外设工作的信息，如对外设的初始化、外设的启动和停止等控制信息。

2. I/O 接口的主要功能

接口电路是专门为解决 CPU 与外设之间的不匹配、不能协调工作而设置的，它处在总线与外设之间，一般应具有以下基本功能。

（1）设置数据缓冲器以解决两者速度差异带来的不协调问题

CPU 的速度很高，而外设的速度要低得多，而且不同的外设速度差异很大，如硬盘每秒能传送兆位数量级的字节，串行打印机每秒只能打印几百字符，而键盘就更慢了。在微型计算机中 CPU 通过设置数据缓冲器接口来解决 CPU 和外设之间速度不匹配的问题，实现与外设交换信息。因为输入接口连接在数据总线上，只有当 CPU 从该接口输入数据时才允许选定的输入接口将数据送到总线上由 CPU 读取，其他时间不得占用总线。因此一般使用三态缓冲器（三态门）作输入接口，当 CPU 不选中该接口时三态缓冲器的输出为高阻。输出数据时，CPU 通过总线将数据传送到输出接口内的数据寄存器中，然后由外设读取。在 CPU 向输出接口内的数据寄存器写入新数据之前，数据寄存器的内容将保持不变。输出接口内的数据寄存器一般由锁存器实现，如 74LS373。

（2）实现信号电平的转换

CPU 所使用的信号都是 TTL 电平，而外设大多数是一些复杂的机电设备，往往不能用TTL 电平直接驱动，必须有自己的电源部分和信号电平，这就是信号电平不匹配的问题。在

I/O 接口电路中设置电平转换电路来解决外设和 CPU 之间信号电平的不一致问题。例如,计算机与外设间的串行通信就是采用 MC1488、MC1489 等芯片来实现电平的转换。

（3）实现信号格式的变换

由于外设传送的信息可以是模拟量,也可以是数字量或开关量,计算机直接处理的信号为一定范围内的数字量。因此模拟量必须经过模/数(A/D)转换变换成数字量后,才能送到计算机中去处理。而计算机送出的数字信号也必须经数/模(D/A)转换变成模拟量信号后,才能驱动某些外设工作。于是,就要用包含 A/D 转换器和 D/A 转换器的模拟量接口电路来完成这些功能。至于开关量,可以有两种状态,如开关的闭合和断开,阀门的打开和关闭等,也要被转换成用 0 或 1 表示的一位位数字量后,才能被计算机识别或接受它的控制。

虽然大多数外设使用的都是数字量,但是当它们与计算机通信时,仍然存在信号的转换问题。因为计算机的数据总线传送的通常是 8 位或 16 位的并行数据,而有些外设采用串行方式传送数据,所以必须将 CPU 送出的并行数据,经并行－串行转换接口电路转换成串行信息后,才能送给串行外设。反之,串行设备的数据,也必须经串行－并行的转换后才能送给CPU。即使是使用并行数据的外设,其数据长度和数据格式也可能与主机的不同,因而也需要进行数据格式的转换。这些工作均可由专门的接口电路来完成。

（4）实现 CPU 对 I/O 端口的寻址

在一个微型计算机系统中,通常会有多个外设。而在一个外设的接口电路中,又可能有多个端口(PORT),每个端口用来保存和交换不同的信息。在同一时刻,CPU 只能与某一个端口交换信息。这就要求 I/O 接口电路中应包含地址译码电路,使 CPU 在同一时刻只能选中某一个 I/O 端口。只有被 CPU 选中的设备才能接收数据总线上的数据,或将外部信息送到数据总线上。

（5）提供联络信号,实现 CPU 与外设之间同步工作

I/O 接口接收 CPU 送来的命令或控制信号、定时信号,实现对外设的控制与管理,外设的工作状态和应答信号也通过接口及时返回给 CPU,以握手联络(handshaking)信号来保证主机和外部 I/O 操作实现同步。

I/O 接口处在 CPU 和外设之间,既要面向 CPU 进行联络,又要面向外设进行联络。联络的目的是使 CPU 与外设之间数据传送的速度匹配。联络的具体内容有:状态信息、控制信息和请求信息。

此外,在 I/O 接口中还有输入/输出控制、读/写控制及中断控制等逻辑。当然,并不是所有接口都具备上述全部功能,所控制的外设不同,I/O 接口的功能可能完全不一样。

由此可见,I/O 接口是外设和计算机之间传送信息的交换部件,它使两者之间能很好地协调工作,每一个外设都要通过 I/O 接口才能和主机相连。随着大规模集成电路技术的发展,出现了许多通用的可编程接口芯片,可用它们来方便地构成接口电路。

3. I/O 接口的结构

I/O 接口的典型结构如图 6-1 所示。无论是数据、状态、控制中的哪一类信息,均需要通过 I/O 接口进行处理和传送,因此 I/O 接口中应包括数据寄存器、状态寄存器和控制寄存器以暂存各类信息。CPU 与外设进行数据传送时,各类信息在 I/O 接口中进入不同的寄存器,一般称这些寄存器为 I/O 端口,包括数据端口、状态端口和控制端口,每一个端口有一个端口地址。对于 CPU 来说,数据寄存器可读可写,状态寄存器只读,控制寄存器只写。

数据端口是用于数据信息输入/输出的端口,保存 CPU 和外设之间传送的数据、对输入/

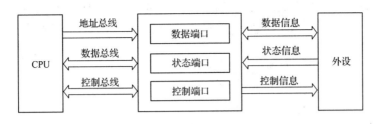

图 6-1　I/O 接口的典型结构

输出数据起缓冲作用。CPU 通过数据端口接收输入数据，有的能保存外设发往 CPU 的数据；CPU 通过数据输出端口输出数据，一般能将 CPU 发往外设的数据锁存。状态端口用来存放外设或接口部件本身的状态。CPU 通过状态端口了解外设或接口部件本身的状态。控制端口用来存放 CPU 发往外设的控制命令。CPU 通过控制端口发出控制命令，以控制接口部件或外设的动作。

4. I/O 端口的编址方式

在不同的微型计算机系统中，I/O 端口的地址编排有两种形式：一是 I/O 端口与内存统一编址；二是 I/O 端口独立编址。

（1）I/O 端口与内存统一编址

I/O 端口与内存统一编址，即 I/O 端口的地址和内存的地址在同一个地址空间内。对 I/O 端口和存储单元按照存储单元的编址方法统一编排地址号，由 I/O 端口地址和存储单元地址共同构成一个统一的地址空间。

CPU 对外设操作可使用访问存储器的全部指令，不需要专用的 I/O 指令，使编程灵活、方便；由于在存储器地址空间划出一部分作为 I/O 地址空间，所以外设的数目可以很多，控制逻辑比较简单，所有访问内存的指令都可访问 I/O 端口。其缺点是占去内存部分空间，且用同样的指令访问存储器和外设，不易区分某条指令访问的是内存还是 I/O 端口。

（2）I/O 端口独立编址

I/O 端口有独立的地址空间，即 I/O 端口的地址和内存的地址不在同一个地址空间内。系统需有专门的 I/O 指令，需要相应的控制电路和控制信号。好处是 I/O 端口不占用内存部分地址空间，缺点是需增加硬件电路的复杂性，并且 I/O 指令一般较少，不如访问内存的指令丰富。x86 系列微处理器采用 I/O 端口独立编址方法，提供 I/O 读/写控制信号，有专门的 I/O 指令用于访问 I/O 端口。

6.1.2　简单的 I/O 接口芯片

在外设接口电路中，经常需要对传送过程中的信息进行缓冲、锁存以及增大驱动能力，能实现上述功能的 I/O 接口芯片中最简单的就是锁存器、缓冲器等。下面介绍几种典型的 I/O 接口芯片。

1. 锁存器 74LS373

锁存器具有暂存数据的能力，能在数据传送过程中将数据锁住，然后在此后的任何时刻，在输出控制信号的作用下将数据传送出去。

74LS373 是一种常用的 8D 透明式锁存器，它可以直接挂到总线上。74LS373 是由 8 个 D 触发器组成的具有三态输出和驱动的锁存器，其逻辑电路及引脚如图 6-2 所示。使能端 G 有效时,将输入端(D端)数据打入锁存器。当输出允许端 $\overline{OE}=0$ 时,将锁存器中锁存的数据送到输出端 Q;当输出允许端 $\overline{OE}=1$ 时,输出呈高阻状态。74LS373 真值表见表 6-1。常用的锁存器还有 74LS273、Intel 8282 等。

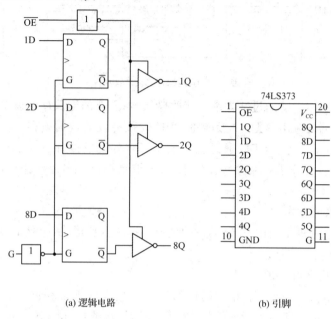

(a) 逻辑电路　　　　　　　　　　　　(b) 引脚

图 6-2　74LS373 逻辑电路及引脚

表 6-1　　　　　　　　　　　　　　**74LS373 真值表**

$\overline{OE}$	G	D	Q
低	高	高	高
低	高	低	低
低	低	×	锁存
高	×	×	高阻状态

2. 缓冲器 74LS244 和 74LS245

连接在总线上的缓冲器都具有三态输出能力,在 CPU 或 I/O 接口需要输入/输出数据时,在它的使能端 $\overline{G}$ 作用一个低电平脉冲,使它内部的各缓冲单元接通,即处在输出 0 或 1 的透明状态,数据被送上总线。当脉冲撤除后,它处在高阻状态。这时各缓冲单元像一个断开的开关,等于将它所连接的电路从总线上脱开。74LS244 和 74LS245 就是常用的三态缓冲器。

(1)单向三态缓冲器 74LS244

74LS244 逻辑电路及引脚如图 6-3 所示。内部线驱动器分为 2 组,分别有 4 个输入端 $(1A_1 \sim 1A_4, 2A_1 \sim 2A_4)$ 和 4 个输出端 $(1Y_1 \sim 1Y_4, 2Y_1 \sim 2Y_4)$,分别由使能端 $\overline{1G}$、$\overline{2G}$ 控制。当 $\overline{1G}$ 为低电平时,$1Y_1 \sim 1Y_4$ 的电平与 $1A_1 \sim 1A_4$ 的电平相同;当 $\overline{2G}$ 为低电平时,$2Y_1 \sim 2Y_4$ 的电平与 $2A_1 \sim 2A_4$ 的电平相同;当 $\overline{1G}$(或 $\overline{2G}$)为高电平时,输出 $1Y_1 \sim 1Y_4$(或 $2Y_1 \sim 2Y_4$)为高阻状态。常用的缓冲器还有 74LS240、74LS241 等。

(2)数据收发器 74LS245

74LS245 是一种双向三态缓冲器,也称为数据收发器。74LS245 逻辑电路及引脚如图 6-4 所示。74LS245 中 16 个三态门每两个三态门组成一路双向驱动,由 $\overline{G}$、DIR 两个使能端控制,

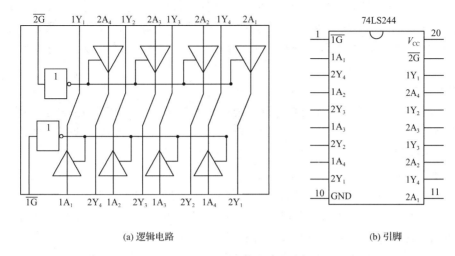

(a) 逻辑电路   (b) 引脚

图 6-3 74LS244 逻辑电路及引脚

$\overline{G}$ 控制驱动器有效或高阻状态。当 $\overline{G}$ 有效时，DIR 控制驱动器的驱动方向：DIR＝0 时，驱动方向为 B→A；DIR＝1 时，驱动方向为 A→B。74LS245 真值表见表 6-2。常用的数据收发器还有 74LS243、Intel 8286、Intel 8287 等。

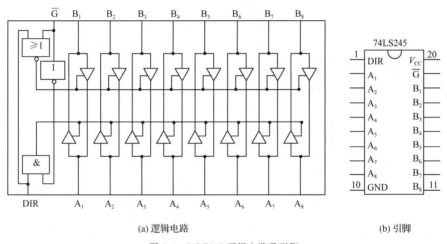

(a) 逻辑电路   (b) 引脚

图 6-4 74LS245 逻辑电路及引脚

表 6-2   **74LS245 真值表**

$\overline{G}$	DIR	传送方向
L	L	B→A
L	H	A→B
H	×	隔开(悬浮)

6.1.3 CPU 与外设之间的数据传送方式

CPU 与端口之间的数据传送就是 CPU 与外部设备之间的数据传送，而这种数据传输要比 CPU 与内存储器之间的数据传输复杂得多。CPU 与内存之间的数据传送只要使用一个总线周期就可以完成一次数据传送，而且这种传送过程是可以连续进行的。在微型计算机控制外设工作期间,最基本的操作也是数据传送。但各种外设的工作速度相差很大,如何解决 CPU 与各种外设之间的速度匹配,以确保数据传送过程的正确和高效是很重要的问题。通常在微机系统中,主机与外设之间数据传输采用程序方式、中断方式和 DMA 方式来解决上述问题。

1.程序方式

程序方式是指微型计算机系统与外设之间的数据传送过程在程序的控制下进行。其特点是以 CPU 为中心,通过执行预先编制的输入/输出程序实现数据传送。程序方式可分为无条件传送和条件传送两种方式。

(1)无条件传送方式

无条件传送方式是指传送数据过程中,发送/接收数据一方不查询判断对方的状态,直接用输入/输出指令进行无条件的数据传送。无条件传送方式的 I/O 接口电路和程序设计最为简单,一般用于能够确信外设已经准备就绪的场合,如读取开关的状态、LED 的显示等。

例 6-1 硬件电路如图 6-5 所示,先不断扫描开关 S_i,当有开关闭合时,点亮相应的 LED_i,端口地址为 200H,$\overline{Y}$ 输出为低电平。试编程实现上述功能。

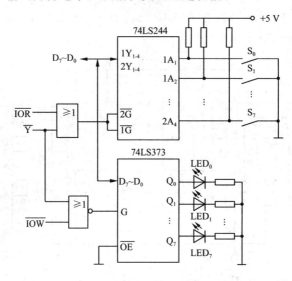

图 6-5 例 6-1 图

分析 开关 S_i 闭合时,输入为低电平 0,而点亮相应的 LED_i,则输出为高电平 1,输入与输出的关系相反。编写程序时,若采取先读入开关状态,再分析每一位的状态,然后决定 LED 亮灭,则该程序显得非常烦琐。于是采用存储开关状态,然后直接取反,输出控制 LED 亮灭的方式。

具体程序如下:

```
CODE        SEGMENT
            ASSUME   CS:CODE
MAIN        PROC   FAR
START:      PUSH   DS
            MOV   AX,0
            PUSH   AX
AGAIN:      MOV   AH,1           ;读键盘缓冲区字符
```

```
              INT   16H
              CMP   AL,1BH          ;若为 ESC 键,则退出
              JZ  EXIT
              MOV   DX,200H
              IN  AL,DX             ;读取开关状态
              NOT   AL              ;取反
              OUT   DX,AL           ;输出控制 LED
              JMP   AGAIN
   EXIT:      RET                   ;返回 DOS
              MAIN  ENDP
              CODE  ENDS
                    END   START
```

(2)条件传送方式

条件传送方式也称为查询方式。使用这种方式,CPU 不断读取并测试外设的状态,如果外设处于准备就绪状态(输入设备)或空闲状态(输出设备),则 CPU 执行输入指令或输出指令与外设交换信息。为此,I/O 接口电路中除数据端口外,还必须有状态端口。对于条件传送来说,一个条件传送数据的过程一般由三个步骤组成:

①CPU 从接口中读取状态字。

②CPU 检测状态字的相应位是否满足准备就绪条件,如果不满足,则转到步骤①。

③如状态位表明外设已处于就绪状态,则传送数据。

例 6-2 从终端往缓冲区输入 1 行字符,当遇到回车符(0DH)或超过 81 个字符时,输入结束,并自动加上一个换行符(0AH)。如果在输入的 81 个字符中没有回车符,则在终端上输出信息"BUFFER OVERFLOW"。设终端接口的数据输入端口地址为 32H,数据输出端口地址为 34H,状态端口地址为 36H。状态寄存器的 $D_1 = 1$,表示输入缓冲器已准备好数据,CPU 可读取数据;状态寄存器的 $D_0 = 1$,表示输出缓冲器已空,CPU 可往终端输出数据。终端接口电路具有根据相应操作对状态寄存器自动置 1 和清 0 功能。

具体程序如下:

```
   DATA      SEGMENT
             MESS  DB  'BUFFER OVERFLOW',0DH,0AH
             BUFFER  DB  82  DUP(?)
   DATA      ENDS
   CODE      SEGMENT
             ASSUME  CS:CODE,DS:DATA
   START:    MOV   AX,DATA
             MOV   DS,AX
             LEA   SI,BUFFER
             MOV   CX,81
   INPUT:    IN  AL,36H            ;读状态端口
             TEST  AL,02H          ;测输入状态 D₁ 位
             JZ  INPUT             ;未准备就绪,转 INPUT
             IN  AL,32H            ;读取输入字符
             MOV   [SI],AL         ;输入字符存缓冲区
```

```
                INC   SI
                CMP   AL,0DH          ;输入字符为回车符否?
                LOOPNE  INPUT         ;不是回车符且接收字符个数未超过81,转 INPUT
                JNZ   OVERFLOW        ;不是回车符且接收字符个数超过81,转 OVERFLOW
                MOV   AL,0AH          ;是回车且接收字符个数未超过81,存换行符
                MOV   [SI],AL
                JMP   EXIT            ;转程序结束处理
OVERFLOW:       MOV   CX,17           ;初始化输出字符个数
                LEA   SI,MESS         ;初始化显示字符串首地址
OUTPUT:         IN    AL,36H          ;读状态端口
                TEST  AL,01H          ;测输出状态 D0 位
                JZ    OUTPUT          ;输出缓冲器未空,转 OUTPUT
                MOV   AL,[SI]         ;取出输出字符
                INC   SI
                OUT   34H,AL          ;输出字符
                LOOP  OUTPUT
EXIT:           MOV   AH,4CH          ;返回 DOS
                INT   21H
CODE   ENDS
                END   START
```

2. 中断方式

CPU 与外设之间通过查询方式实现数据传送,很好地解决了 CPU 与外设之间工作速度的协调问题。但是,查询方式的数据传送还存在一些不足之处,主要有以下两点。

(1)CPU 的效率低

CPU 需要不断地查询 I/O 接口的状态,占用 CPU 大量的工作时间,大大降低了 CPU 的使用效率,对一些慢速外设来说,这个问题尤为突出。

(2)实时性差

在查询方式中,CPU 处于主动地位,外设处于消极等待查询的被动地位。在一个实际控制系统中,常常可能有外设,且它们的工作速度各不相同,要求 CPU 服务的时间也带随机性,有些要求是很急迫的。查询方式的数据传送很难满足外设的实时性需要。

为了使 CPU 和外设以及外设和外设之间能并行工作,以提高系统的工作效率,充分发挥 CPU 高速运算的能力,在计算机系统中引入了中断系统,利用中断来实现 CPU 与外设之间的数据传送方式即中断传送方式。

在中断传送方式下,当输入设备将数据准备好或输出设备可以接收数据时,便可向 CPU 发出中断请求,使 CPU 暂时停止执行当前程序,而去执行一个数据输入/输出的中断服务程序,与外设进行数据传送操作,中断服务程序执行完后,CPU 又返回继续执行原来的程序。这样在一定程度上实现了主机与外设的并行工作。同时,若某一时刻有几个外设发出中断请求,CPU 可根据预先安排的优先顺序,按轻重缓急处理几个外设的请求,这样在一定程度上也可实现几个外设的并行工作。

利用中断方式进行数据传送,CPU 不必花费大量时间在两次输入或输出过程间对接口进行状态测试和等待,从而大大提高了 CPU 的效率。

3. 直接存储存取(DMA)方式

在程序控制的传送方式中,所有传送均通过 CPU 执行指令来完成,而 CPU 指令系统只支持 CPU 和内存或外设间的数据传送。如果外设要和内存进行数据交换,即使使用效率较高的中断传送,也免不了要走外设→ CPU→内存这条路线或相反的路线,这样限制了传送的速度。若外设的数据传输速率较高(如硬盘驱动器),那么 CPU 和这样的外设进行数据传送时,即使尽量压缩查询方式或中断方式中的非数据传送时间,也仍然不能满足要求。为此,提出了在外设和内存之间直接进行数据传送的方式,即 DMA 方式。

DMA 方式是指不经过 CPU 的干预,直接在外设和内存之间进行数据传送的方式。一次 DMA 传送需要执行一个 DMA 周期(相当于一个总线读或写周期)。数据的传送速度基本上取决于外设和内存的速度,因此能够满足高速外设数据传送的需要。实现 DMA 方式,需要一个专门的接口器件来协调和控制 I/O 接口和内存之间的数据传送,这个专门的接口器件称为 DMA 控制器(DMAC)。

在采用 DMA 方式进行数据传送时,当然也要利用系统的数据总线、地址总线和控制总线。系统总线原来是由 CPU 控制管理的。在用 DMA 方式进行数据传送时,DMAC 向 CPU 发出申请使用系统总线的请求,当 CPU 同意并让出系统总线控制权后,DMAC 接管系统总线,实现外设与内存之间的数据传送,传送完毕,将系统总线控制权交还给 CPU。DMAC 是一个专用接口电路,与系统的连接如图 6-6 所示。

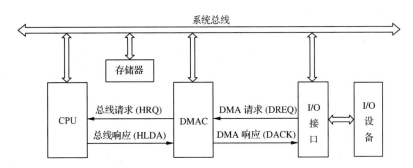

图 6-6　DMAC 与系统的连接

DMA 操作的基本方法有三种:

(1)CPU 停机方式

指在 DMA 传送时,CPU 停止工作,不再使用系统总线。该方式比较容易实现,但由于 CPU 停机,可能影响到某些实时性很强的操作,如中断响应等。

(2)周期挪用方式

利用窃取 CPU 不进行系统总线操作的周期,来进行 DMA 传送。这一方式不影响 CPU 的操作,但需要复杂的时序电路,而且数据传送过程是不连续的和不规则的。

(3)周期扩展方式

该方式需要专门时钟电路的支持,当传送发生时,该时钟电路向 CPU 发送加宽的时钟信号,CPU 在加宽时钟周期内操作不往下进行;另一方面,仍向 DMAC 发送正常的时钟信号,DMAC 利用这段时间进行 DMA 传送。

6.2　DMA 控制器 8237A

直接存储器存取(DMA)是一种外设与存储器之间直接传送数据的方法,适用于需要数据高速大量传送的场合。DMA 数据传送利用 DMAC 进行控制,不需要 CPU 直接参与。

Intel 8237A 是一种高性能的可编程 DMAC 芯片。在 5 MHz 时钟频率下,其传送速率可达 1.6 MB/s。每块 8237A 有 4 个独立的 DMA 通道,即有 4 个 DMAC。每个 DMA 通道具有不同的优先级,都可以允许和禁止。每个通道有 4 种工作方式,一次传送的最大长度可达 64 KB。多块 8237A 可以级联,任意扩展通道数。

6.2.1　8237A 的内部结构和引脚

8237A 要在 DMA 传送期间作为系统的控制器件,所以,它的内部结构和引脚都相对比较复杂。

1. 内部结构

8237A 的内部结构如图 6-7(a)所示,它主要由 5 个部分组成。下面分别进行介绍。

(1)时序与控制逻辑

8237A 处于从态时,该部分电路接收系统送来的时钟、复位、片选和读/写控制等信号,完成相应的控制操作;主态时则向系统发出相应的控制信号。

(2)优先级编码电路

该部分电路根据 CPU 对 8237A 初始化时送来的命令,对同时提出 DMA 请求的多个通道进行排队判优,以决定哪一个通道的优先级最高。对优先级的管理有两种方式:固定优先级方式和循环优先级方式。无论采用哪种优先级管理方式,一旦某个优先级高的设备在服务时,其他通道的请求均被禁止,直到该通道的服务结束时为止。

(3)数据和地址缓冲器组

8237A 的 $A_7 \sim A_4$、$A_3 \sim A_0$ 为地址线;$DB_7 \sim DB_0$ 在从态时传送数据信息,在主态时传送地址信息。这些数据线、地址线都与三态缓冲器相连,因而可以接管或释放系统总线。

(4)命令控制逻辑

该部分电路在从态时,接收 CPU 送来的寄存器选择信号($A_3 \sim A_0$),选择 8237A 内部相应的寄存器;在主态时,对方式控制字的最低两位($D_1 D_0$)进行译码,以确定 DMA 的操作类型。$A_3 \sim A_0$ 与 $\overline{IOR}$、$\overline{IOW}$ 配合可组成各种操作命令。

(5)内部寄存器组

8237A 内部的其余部分主要为寄存器。每个通道都有 1 个 16 位的基地址寄存器、基字节数寄存器、现行地址寄存器和现行字节数寄存器,都有 1 个 6 位的方式寄存器。8237A 有 4 个 DMA 通道,因此,上述这几种寄存器在芯片内各有 4 个。片内还各有 1 个命令寄存器、屏蔽寄存器、请求寄存器、状态寄存器和暂存器。上述这些寄存器均是可编程寄存器。另外还有字数暂存器和地址暂存器等不可编程的寄存器。

2. 引脚

8237A 是一种 40 引脚的双列直插式器件,其引脚如图 6-7(b)所示。下面分别介绍各引脚的功能。

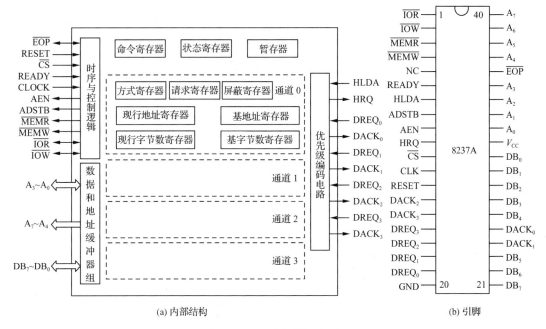

图 6-7　8237A 内部结构及引脚

6.2.2　8237A 的工作周期和时序

8237A 有两种工作周期,即空闲周期和有效周期,每一个周期由多个时钟周期组成。

1. 空闲周期

当 8237A 的任一通道无 DMA 请求时就进入空闲周期,在空闲周期 8237A 始终处于 S_1 状态,每个 S_1 状态都采样 DMA 请求信号 DREQ。此外,8237A 在 S_1 状态还采样片选信号 $\overline{\text{CS}}$,当 $\overline{\text{CS}}$ 为低电平,且 4 个通道均无 DMA 请求,则 8237A 进入编程状态,即 CPU 对 8237A 进行读/写操作。8237A 在复位后处于空闲周期。

2. 有效周期

当 8237A 在 S_1 状态采样到外设有 DMA 请求时,就脱离空闲周期进入有效周期,8237A 作为系统的主控芯片,控制 DMA 传送操作。由于 DMA 传送是借用系统总线完成的,所以, 它的控制信号以及工作时序类似 CPU 总线周期。如图 6-8 所示为 8237A 的 DMA 传送时序, 每个时钟周期用 S 状态表示,而不是 CPU 总线周期的 T 状态。

① 当在 S_1 脉冲的下降沿检测到某一通道或几个通道同时有 DMA 请求时,则在下一个周期就进入 S_0 状态,而且在 S_1 脉冲的上升沿,使总线请求信号 HRQ 有效。在 S_0 状态,8237A 等待 CPU 对总线请求的响应,只要未收到有效的总线响应信号 HLDA,8237A 始终处于 S_0 状态。当在 S_0 的上升沿采样到有效的 HLDA 信号,则进入 DMA 传送的 S_1 状态。

② 典型的 DMA 传送由 S_1、S_2、S_3、S_4 4 个状态组成。在 S_1 状态使地址允许信号 AEN 有效。自 S_1 状态起,一方面把要访问的存储单元的高 8 位地址通过数据线 $DB_7 \sim DB_0$ 输出,另一方面发出一个有效的地址选通信号 ADSTB,利用其下降沿把在数据线上的高 8 位地址锁存至外部的地址锁存器中。同时,数据线上的低 8 位地址由地址线 $A_7 \sim A_0$ 输出,且在整个 DMA 传送期间保持不变。

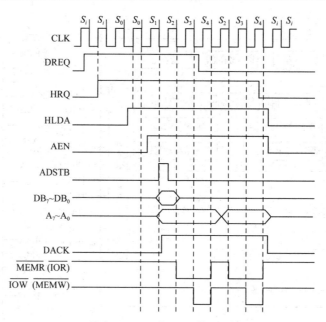

图 6-8 8237A 的 DMA 传送时序

③在 S_2 状态,8237A 向外设输出 DMA 响应信号 DACK。在通常情况下,DMA 请求信号 DREQ 必须保持到 DACK 信号有效。即自 S_2 状态开始使读/写控制($\overline{RD}/\overline{WR}$)信号有效。如果将数据从存储器传送到外设,则 8237A 输出 $\overline{MEMR}$ 有效信号,从指定的存储单元读出一个数据并送到数据总线上,同时 8237A 还输出 $\overline{IOW}$ 有效信号将数据总线的这个数据写入请求 DMA 传送的外设中。如果将数据从外设传送到存储器,则 8237A 输出 $\overline{IOR}$ 有效信号,从请求 DMA 传送的外设读取一个数据并送到数据总线上,同时 8237A 还输出 $\overline{MEMW}$ 有效信号将数据总线的这个数据写入指定的存储单元。由此可见,DMA 传送实现了外设与存储器之间的直接数据传送,传送的数据不进入 8237A 内部,也不进入 CPU。另外,DMA 传送不提供 I/O 端口地址(地址线上总是存储器地址),请求 DMA 传送的外设需要利用 DMA 响应信号进行译码以确定外设数据缓冲器。

④在 8237A 输出信号的控制下,利用 S_3 和 S_4 状态完成数据传送。若存储器和外设不能在 S_4 状态前完成数据的传送,则只要设法使 READY 信号变为低电平,就可以在 S_3 和 S_4 状态间插入 S_W 等待状态。在此状态,所有控制信号维持不变,从而加宽 DMA 传送的周期。

⑤在数据块传送方式下,S_4 后面应接着传送下一个字节。因为 DMA 传送的存储器区域是连续的,通常情况下地址的高 8 位不变,只是低 8 位增量或减量。所以,输出和锁存高 8 位地址的 S_1 状态不需要了,直接进入 S_2 状态,由输出地址的低 8 位开始,在读写信号的控制下完成数据传送。这种过程一直继续到把规定的数据个数传送完。此时,一个 DMA 传送过程结束,8237A 又进入空闲周期,等待新的请求。

6.2.3 8237A 的寄存器

8237A 共有 10 种内部寄存器,对它们的操作有时需要配合 3 个软件命令,它们由地址 $A_3 \sim A_0$ 区分,见表 6-3。

表 6-3　　　　　　　　　　　　　　　　8237A 寄存器和软件命令的寻址

$A_3A_2A_1A_0$	读操作	写操作
0000	通道 0 现行地址寄存器	通道 0 现行地址寄存器
0001	通道 0 现行字节数寄存器	通道 0 现行字节数寄存器
0010	通道 1 现行地址寄存器	通道 1 现行地址寄存器
0011	通道 1 现行字节数寄存器	通道 1 现行字节数寄存器
0100	通道 2 现行地址寄存器	通道 2 现行地址寄存器
0101	通道 2 现行字节数寄存器	通道 2 现行字节数寄存器
0110	通道 3 现行地址寄存器	通道 3 现行地址寄存器
0111	通道 3 现行字节数寄存器	通道 3 现行字节数寄存器
1000	状态寄存器	命令寄存器
1001	—	请求寄存器
1010	—	单通道屏蔽字
1011	—	方式寄存器
1100	—	清先/后触发器命令
1101	暂存器	复位命令
1110	—	清屏蔽寄存器命令
1111	—	综合屏蔽字

1. 基地址寄存器

基地址寄存器用于保存 DMA 传送的起始地址,不能被 CPU 读出。

2. 现行地址寄存器

现行地址寄存器保存 DMA 传送的当前地址,每次传送后这个寄存器的值自动加 1 或减 1。这个寄存器的值可由 CPU 写入和读出。其初值就是基地址寄存器内容。

3. 基字节数寄存器

基字节数寄存器用于保存每次 DMA 操作需要传送数据的字节总数,不能被 CPU 读出。

4. 现行字节数寄存器

现行字节数寄存器保存 DMA 还需传送的字节数,每次传送后减 1。这个寄存器的值可由 CPU 写入和读出。当这个寄存器的值从 0 减到 FFFFH 时,产生终止计数信号,使 $\overline{EOP}$ 变为低电平。

5. 方式寄存器

存放相应通道的方式控制字。方式控制字的格式如图 6-9 所示,用于设置某个 DMA 通道的工作方式,其中 D_0、D_1 位选择 DMA 通道。D_2、D_3 位决定所选通道的 DMA 操作的传送类型。8237A 共有 3 种 DMA 传送类型:读传送、写传送和检验传送。读传送将数据从存储器传送到 I/O 设备中去,8237A 发出 $\overline{MEMR}$ 和 $\overline{IOR}$ 信号;写传送是把外部设备的数据写到存储器中,8237A 发出 $\overline{IOR}$ 和 $\overline{MEMW}$ 信号;检验传送是一种伪传送,8237A 也会产生地址信息和 EOP 信号,但不会发出对存储器和 I/O 设备的读写控制信号,这种功能一般是在对器件进行测试时才使用。D_4 位是自动预置功能选择位。若 8237A 被设置为允许自动预置功能,则当 DMA 传送结束 $\overline{EOP}$ 有效时,现行地址寄存器和现行字节数寄存器会从基地址寄存器和基字节数寄存器中重新取得初值,从而又可以进入下一个数据传输过程。D_5 位是方向控制位。若 $D_5=0$,表示数据传送的顺序由低地址向高地址方向进行,每传送一个字节,地址增 1。若 $D_5=1$ 时,操作由高地址向低地址方向进行,每传送一个字节,地址减 1。D_6、D_7 位用来定义所选通道的操作方式,8237A 进行 DMA 传送时,有 4 种传送方式,分别是单字节传送方式、数据块传送方式、请求传送方式和级联传送方式。

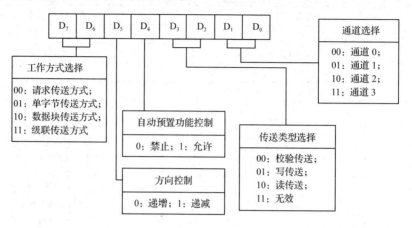

图 6-9 方式控制字的格式

6.命令寄存器

命令寄存器用于存放 8237A 的命令字。命令字的格式如图 6-10 所示,用于设置 8237A 的操作方式。

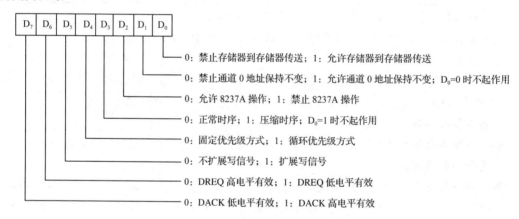

图 6-10 命令字的格式

当 $D_0 = 1$ 时,选择存储器到存储器的传送类型。此时,通道 0 的地址寄存器存放源地址,通道 1 的地址寄存器和现行字节数器存放目的地址和计数值。若 D_1 也为 1,则整个存储器到存储器的传送过程始终保持同一个源地址,以便实现将一个目的存储区域设置为同一个值。D_2 位用来表示允许还是禁止 8237A 工作。当它为 0 时,允许 8237A 工作;否则禁止工作。D_3 位决定是压缩时序还是普通时序。8237A 工作于压缩时序时,进行一次 DMA 传送需 2 个时钟周期,而工作于普通时序时,进行一次 DMA 传送需 3 个时钟周期。D_4 位决定 4 个通道的优先级管理方式。一种是固定优先级方式,即通道 0 的优先级最高,通道 3 的优先级最低;另一种是循环优先级方式,即某通道进行一次传送以后,其优先级降为最低。D_5 位决定是否扩展写信号。关于扩展写信号说明如下:如果外设的速度较慢,必须用普通时序工作,若普通时序仍不能满足要求,就要在硬件上通过 READY 信号使 8237A 插入 S_W 状态。有些设备是用 8237A 送出的 $\overline{IOW}$ 或 $\overline{MEMW}$ 信号的下降沿产生 READY 信号响应的,而这两个信号是在 S_4 状态才送出的。为使 READY 信号早点到来,将这两个信号扩展到 S_3 状态开始有效。D_6

位决定 DREQ 的电平是高电平有效还是低电平有效,0 为高电平有效,1 为低电平有效。D_7 位决定 DACK 的电平是高电平有效还是低电平有效,1 为高电平有效,0 为低电平有效。

7. 请求寄存器

除可以利用硬件提出 DMA 请求外,还可通过软件发出 DMA 请求。请求字的格式如图 6-11 所示。

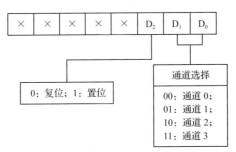

图 6-11 请求字的格式

由图 6-11 可见,请求字中的 $D_1 D_0$ 位用来选择通道号,D_2 位用来设置相应通道的请求位,即指定该通道是否设置 DMA 请求。软件请求位是不能被屏蔽的,其优先级同样受优先级逻辑的控制,TC 或外部的 $\overline{EOP}$ 信号能将相应的请求位清 0,RESET 信号则使整个请求寄存器清 0。

8. 屏蔽寄存器

用于控制每个通道的 DMA 请求是否有效。对屏蔽寄存器的写入有两种方法:
①单通道屏蔽字,实现对某一通道 DMA 屏蔽标志的设置,其格式如图 6-12(a)所示。
②综合屏蔽字,实现对 4 个通道 DMA 屏蔽标志的设置,其格式如图 6-12(b)所示。

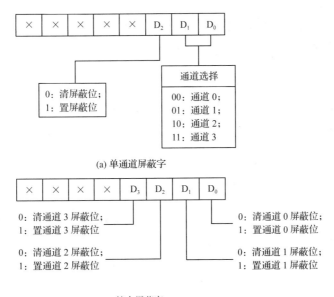

(a) 单通道屏蔽字

(b) 综合屏蔽字

图 6-12 屏蔽字的格式

9. 状态寄存器

状态寄存器的各位分别表示各通道是否有 DMA 请求及是否终止计数。状态字的格式如图 6-13 所示。

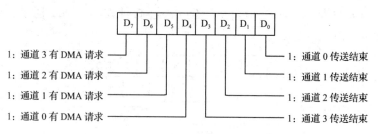

图 6-13　状态字的格式

10. 暂存器

在存储器到存储器的传送类型下,暂存器用于保存从源存储单元读出的数据。

6.2.4　8237A 的应用

1. 8237A 在 IBM PC/XT 上的应用

IBM PC/XT 使用 1 块 8237A。通道 0 用来对动态存储器刷新;通道 1 用作同步数据链路通信卡(SDLC)与存储器之间的数据传送,若系统不使用该通信卡,则可供用户使用;通道 2 和通道 3 分别用于软盘和硬盘驱动器与内存之间的数据传送。根据系统板 I/O 译码电路所产生的 DMA 片选信号,DMAC 的端口地址范围是 00H~1FH,DMAC 的 $A_3 \sim A_0$ 引脚同系统地址线 $A_3 \sim A_0$ 相连,A_4 未参加译码,取 $A_4 = 0$ 时的地址 00~0FH 为 DMAC 的端口地址。8237A 只提供 16 位地址,系统的高 4 位地址由附加逻辑电路(页面寄存器)提供,以形成整个微型计算机系统需要的所有存储器地址。系统分配给页面寄存器的端口地址为 80H~83H。

例 6-3　在 IBM PC/XT 中,利用 8237A 通道 0 输出存储器地址进行 DRAM 的刷新操作,其 DMA 传送程序如下:

```
MOV   AL,0
OUT   0DH,AL      ;MAC 复位命令
MOV   AL,0        ;命令字:固定优先级、DREQ 高电平有效、DACK 低电平有效、滞后写、正常时序
OUT   08H,AL
MOV   AL,0
OUT   00H,AL      ;写入通道 0 的地址寄存器低字节
OUT   00H,AL      ;写入通道 0 的地址寄存器高字节
MOV   AL,0FFH
OUT   01H,AL      ;写入通道 0 的现行字节数寄存器低字节
OUT   01H,AL      ;写入通道 0 的现行字节数寄存器高字节
MOV   AL,58H      ;通道 0 方式控制字:单字节传送、DMA 读、地址增量、自动初始化
OUT   0BH,AL
MOV   AL,0        ;通道 0 屏蔽字:允许 DREQ₀ 提出申请
OUT   0AH,AL
```

2. DMA 写传输

例 6-4　假设采用 IBM PC/XT 中 DMA 通道 1,传送 2 KB 外设数据,内存起始地址为

45000H。其程序如下：

```
        MOV   AL,45H      ;通道1方式控制字:单字节DMA写传送,地址增量,非自动初始化
        OUT   0BH,AL
        OUT   0CH,AL      ;清先/后触发器
        MOV   AL,0
        OUT   02H,AL      ;写入低8位地址到地址寄存器
        MOV   AL,50H
        OUT   02H,AL      ;写入中8位地址到地址寄存器
        MOV   AL,04H
        OUT   81H,AL      ;写入高4位地址到页面寄存器
        MOV   AX,2047     ;AX←传送字节数减1
        OUT   03H,AL      ;送字节数低8位到现行字节数寄存器
        MOV   AL,AH
        OUT   03H,AL      ;送字节数高8位到现行字节数寄存器
        MOV   AL,01H
        OUT   0AH,AL      ;单通道屏蔽字:允许通道1的DMA请求及其他工作
DMALP:IN  AL,08H          ;读状态寄存器
        AND   AL,02H      ;判断通道1是否传送结束
        JZ   DMALP        ;没有结束,则循环等待
        …                ;传送结束,处理转换数据
```

6.3　中断系统

在计算机系统应用中,经常会有突发事件打断正在运行的程序,由此产生中断。中断装置和中断处理程序统称为中断系统。中断系统是计算机的重要组成部分。实时控制、故障自动处理、计算机与外设间的数据传送往往采用中断系统。中断系统的应用大大提高了计算机效率。

6.3.1　中断系统概述

1. 中断的概念

所谓中断,是指在CPU执行程序的过程中,出现了某种紧急或异常的事件(中断请求),需CPU暂停正在执行的程序,转去处理该事件(执行中断服务程序),并在处理完毕后返回断点处继续执行被暂停的程序的过程。中断是某事件的发生引起CPU暂停当前程序的运行,转入对所发生事件的处理,处理结束后又回到原程序被打断处接着执行的这样一个过程。

显然,中断的产生需要特定事件的引发,中断过程的完成需要专门的控制机构。图6-14示意了微型计算机系统中实现中断的基本模型,其中的中断控制逻辑和中断优先级控制逻辑构成了中断控制器,用来控制CPU是否响应中断事件提出的中断请求、多个中断事件发生时CPU优先响应哪一个、如何对中断事件进行处理以及如何退出中断,即它控制了中断方式的整个实现过程。

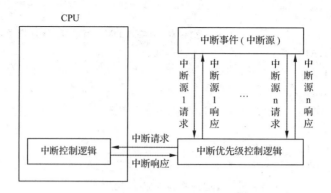

图 6-14　微型计算机系统中实现中断的基本模型

如图 6-15 所示为有中断产生的情况下 CPU 运行程序的轨迹。从程序执行的角度看,中断使 CPU 暂停了正在执行的程序,转到中断处理程序上执行,在中断处理程序被执行完毕后,又回到被暂停程序的中断断点处接着原状态继续运行原程序。中断断点是指返回主程序时执行的第一条指令的地址。

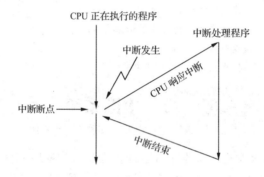

图 6-15　有中断产生的情况下 CPU 运行程序的轨迹

2. 中断系统的作用

(1)可以实现 CPU 与外设并行工作

有了中断系统,可以实现 CPU 和多个外设同时工作,只有当它们彼此需要信息时才产生中断。因此,CPU 可以控制多个外设并行工作,大大提高了 CPU 的利用率。

(2)能实现实时信息监测处理

计算机在应用于实时控制时,各种外设提出请求的时间都是随机的,要求 CPU 迅速响应和及时处理。有了中断系统就可以方便地实现这种实时处理功能。

(3)能实现故障处理

CPU 运行过程中,常常会出现一些突发故障,如电源掉电、存储器错误、运算出错等,可以利用中断系统自行处理。

3. 中断源

能够引起中断的事件称为中断源。由微处理器内部产生的中断事件称为内部中断源。常见的内部中断源有计算溢出、指令的单步运行、程序运行至断点处、执行特定的中断指令等。由处理机外部设备产生的中断事件称为外部中断源。常见的外部中断源有外设的输入/输出请求、定时时间到、电源掉电、设备故障等。由内部中断源引发的中断称为内中断,由外部中断源引发的中断称为外中断。

6.3.2 中断系统

一个完整的中断系统必须实现以下功能:中断源识别、中断优先级判断、中断嵌套管理及CPU的中断响应、中断服务和中断返回。

1. 中断处理过程

中断的实现一般需要经历下述过程:

中断请求→中断响应→断点保护→中断源识别→中断服务→断点恢复→中断返回。

(1)中断请求

当外部中断源希望CPU对它服务时,就以产生一个中断请求信号并加载至CPU中断请求输入引脚的方式通知CPU,形成对CPU的中断请求。

为了使CPU能够有效地判定接收到的信号是否为中断请求信号,外部中断源产生的中断请求信号应满足如下要求:

①中断请求信号的形式应满足CPU的要求。例如8086/8088 CPU要求非屏蔽中断请求(NMI)信号为上升沿有效,可屏蔽中断请求(INTR)信号为高电平有效,INTR信号的高电平必须维持到CPU响应中断才结束。

②中断请求信号应被有效地记录,以便CPU能够检测到它。

③一旦CPU对某中断源的请求提供了服务,则该中断源的中断请求信号应及时撤销。

后两点是为了保证中断请求信号的一次有效性,有许多通用接口芯片或可编程中断控制器都提供了这一保证。

内部中断源以CPU内部特定事件的发生或特定指令(如INT n指令)的执行作为对CPU的中断请求。

如图 6-16 所示为一个采用可屏蔽中断方式进行数据输入的接口电路。当外设准备好一个数据时,便发出选通信号,该信号一方面把数据存入接口的锁存器中,另一方面使中断请求触发器置1。此时,如果中断屏蔽触发器Q端的状态为1,则产生了一个发往CPU的中断请求信号INT。中断屏蔽触发器的状态决定了系统是否允许该接口发出中断请求。可见,要想产生一个中断请求信号,需满足两个条件:一是要由外设将接口中的中断请求触发器置1;二是要由CPU将接口中的中断屏蔽触发器Q端置1。

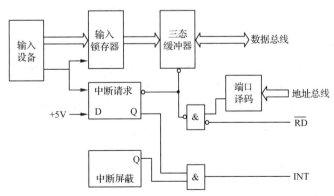

图 6-16　采用可屏蔽中断方式进行数据输入的接口电路

(2)中断响应

CPU对内部中断源提出的中断请求必须响应,而对外部中断源提出的中断请求是否响应取决于外部中断源的类型及响应条件。如 CPU 对非屏蔽中断请求会立即做出反应,而对可屏蔽中断请求则要根据当时的响应条件做出反应。CPU 接受中断请求称为响应中断,不接受中断请求称为不响应中断。

CPU 对中断请求的检测时刻为每条指令执行的最后一个时钟周期。只有当可屏蔽中断请求满足一定的响应条件时,CPU 才可响应其中断请求。不同的微型计算机对可屏蔽中断请求有不同的响应条件。8086/8088 系统的响应条件为:

①指令执行结束。

②CPU 处于开中断状态(IF=1)。

③没有发生复位(RESET)、保持(HOLD)和非屏蔽中断请求(NMI)。

④开中断(STI)指令、中断返回(IRET)指令执行完,需要再执行一条指令,才能响应可屏蔽中断请求。

(3)断点保护

一旦 CPU 响应了某中断请求,它将对此中断进行服务,也即将从当前程序跳转到该中断的服务程序上。为了在中断处理结束时能使 CPU 回到被中断程序断点处接着执行原程序,需要对被中断程序的断点信息进行保护。

不同的 CPU 所做的断点保护操作不同。8086/8088 CPU 的硬件自动保护的断点信息为断点地址(包括断点处的段地址 CS 与段内偏移地址 IP)和标志寄存器内容,它通过硬件自动压栈的方法将断点信息保存在堆栈中,其他信息的保护需要通过软件在中断处理程序中完成。

(4)中断源识别

当系统中有多个中断源时,一旦中断发生,CPU 必须确定是哪一个中断源提出了中断请求,以便对其作相应的服务,这就需要识别中断源。常用的中断源识别方法有:

①软件查询法:对于外中断,该方法在硬件上需要输入接口的支持,如图 6-17(a)所示。一旦中断请求被 CPU 响应,则 CPU 在中断处理程序中读中断请求状态端口,并通过如图 6-17(b)所示的流程依次查询外部中断源的中断请求状态,以此确定提出请求的中断源并为其服务。

②中断矢量法:该方法是将多个中断源进行编号(该编号称为中断类型号,也即中断服务程序的入口地址),以此编码作为中断源识别的标志。中断源在提出请求的同时,向 CPU 提供此编码供识别之用。在 8086/8088 中断系统中,识别中断源采用的就是中断矢量法。

(5)中断服务

中断服务完成对所识别中断源的功能性处理,是整个中断处理的核心。由于中断源不同,要求 CPU 对其进行的处理不同,因此中断服务的内容、复杂度也不同。如有的中断服务只做简单的 I/O 操作,有的中断服务可能要监测现场的数据,还有的中断服务将完成与其他系统的协调工作。总之,中断服务可以完成的任务是多种多样的。

(6)断点恢复

中断服务结束后,应恢复在中断处理程序中由软件保护的信息。若在中断处理程序开始处,按一定顺序将需要保护的信息压入堆栈,则在断点恢复时,应按相反的顺序将堆栈中的内容弹回到信息的原存储处。

(7)中断返回

中断返回实际上是 CPU 硬件断点保护的相反操作,它从堆栈中取出断点信息,使 CPU

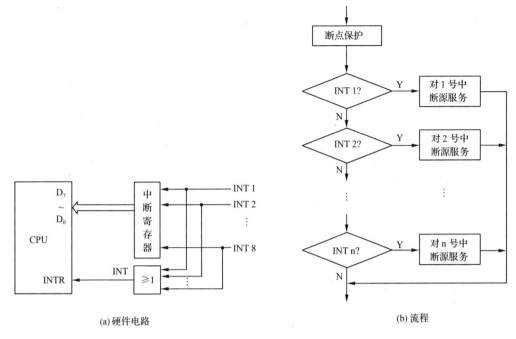

图 6-17　软件查询法

能够从中断处理程序返回到原程序继续执行。一般中断返回操作都是通过执行一条中断返回指令实现的。

2. 中断优先级和中断嵌套

（1）中断优先级

由于中断源种类繁多、功能各异，因此它们在系统中的地位、重要性不同，它们要求 CPU 为其服务的响应速度也不同。按重要性、速度等指标对中断源进行排队，并给出顺序编号，这样就确定了每个中断源在接受 CPU 服务时的优先等级，即中断优先级。对中断优先级的控制要解决以下两个方面的问题：

① CPU 应首先响应高中断优先级的中断请求。

② 中断嵌套，即高中断优先级的中断请求可以中断低中断优先级的中断服务。

（2）中断优先级确定

目前采用的中断优先级控制方法有软件查询法、硬件排队电路法、可编程中断控制器控制法。这里主要介绍前两种方法，第三种方法在 7.3 节详细介绍。

① 软件查询法：采用软件识别中断源的方法，如图 6-17 所示，以软件查询的顺序确定中断优先级的高低，即先查询的中断优先级高，后查询的中断优先级低。

以图 6-17(a) 为例分析，此电路图对应系统有 8 个中断源，将 8 个外设的中断请求组合起来作为一个端口（中断寄存器），并将各个外设的中断请求信号相或，产生一个总的 INT 信号。任一个外设有中断请求，经或门后可向 CPU 发中断请求信号，CPU 响应后进入中断处理程序，在中断处理程序的开始先把中断寄存器的内容读入 CPU，再对其内容进行逐位查询，查询到某位状态为 1，表示与该位相连的外设有中断请求，于是转到与其相应的中断服务程序，同时该外设撤销其中断请求信号。软件查询法的流程如图 6-17(b) 所示。

对于如图 6-17(a) 所示电路，设中断寄存器端口号为 n，则软件查询法程序段如下：

```
IN    AL,n
TEST  AL,80H          ;1 号外设有中断请求？
JNZ   II1             ;有,转 1 号中断服务程序
TEST  AL,40H          ;1 号外设无中断请求,2 号外设有中断请求？
JNZ   II2             ;有,转 2 号中断服务程序
...
```

可以看出,采用软件查询法,各中断源的中断优先级是由查询顺序决定的,最先查询的设备,其中断优先级最高,最后查询的设备,其中断优先级最低。软件查询法的优点是节省硬件。但是,由于 CPU 每次响应中断时都要对各中断源进行逐一查询,因此其响应速度较慢。对于中断优先级较低的中断源来说,该缺点更为明显。

②硬件排队电路法:硬件排队电路法分为硬件链式(菊花链硬件)优先级排队电路法和中断优先级编码电路法两种。

Ⅰ.硬件链式(菊花链硬件)优先级排队电路法:这种方法是利用外设在系统中的物理位置来决定其中断优先级的。如图 6-18 所示,2# 中断源发出中断请求(高电平信号)且 CPU 响应时,将封锁后面的中断源的请求。在响应 2# 中断源并为其服务期间,若 1# 中断源发出中断请求,则 CPU 会挂起 2# 中断源的服务,接收中断优先级高的 1# 中断源的中断请求并为其服务。

Ⅱ.中断优先级编码电路法:这种方法是用优先级编码器和比较器组成优先级排队电路。

（3）中断嵌套

中断嵌套是指 CPU 在执行低级别中断服务程序时,又收到高级别的中断请求,CPU 暂停执行低级别中断服务程序,转去处理这个高级别的中断,处理完后再返回低级别中断服务程序。

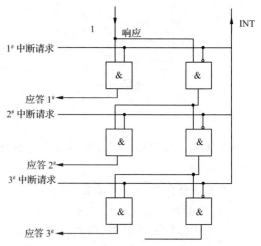

图 6-18   硬件链式(菊花链硬件)优先级排队电路

中断嵌套可以在多级上进行。要保证多级嵌套的顺利进行,需要做以下几个方面的工作:

①在中断处理程序中要有开中断指令。大多数微型计算机在响应中断时硬件会自动关中断,因此,中断处理程序是在关中断的情况下运行的。若要实现中断嵌套,对于可屏蔽中断而言,一定要使中断处理程序处于允许中断的状态。

②要设置足够大的堆栈。当断点信息保存在堆栈中时,随着中断嵌套级数的增加,对堆栈空间的需求也在增加,只有堆栈足够大时,才不会发生堆栈溢出。

③要正确地操作堆栈。在中断处理程序中,涉及堆栈的操作要成对进行,即有几次压栈操作,就应有几次相应的弹出操作,否则会造成返回地址与状态错误。

3.程序中断与子程序调用的区别

①子程序的执行是程序员事先安排好的(由调用子程序的指令转入),中断服务子程序的执行一般由随机的中断事件引发。

②子程序的执行受到主程序或上层子程序的控制,中断服务子程序一般与被中断的现行程序无关。

③不存在同时调用多个子程序的情况,因此子程序不需要进行中断优先级排队,而不同中断源则可能同时向 CPU 提出服务请求,因此需要中断仲裁及中断优先级排队。

6.3.3　8086微处理器的中断方式

1.8086 的中断类型

8086/8088 CPU 可以处理 256 种不同类型的中断,每一种中断都给定一个编号(0～255),称为中断类型号,CPU 根据中断类型号来识别不同的中断源。8086/8088 的中断如图6-19 所示。从图 6-19 中可以看出 8086/8088 的中断可分为两大类:一类来自 CPU 的外部,由外设的请求引起,称为外部中断;另一类来自 CPU 的内部,由执行指令时引起,称为内部中断。

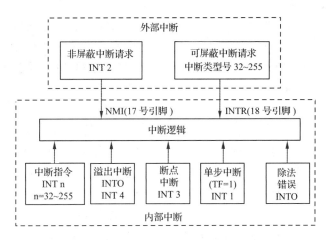

图 6-19　8086/8088 的中断

(1)内部中断

内部中断由 CPU 内部事件及执行软中断指令产生。已定义的内部中断有:

①除法错中断(中断类型号为 0)

执行除法指令时,如果商超过 8 位或 16 位所能表达的最大值(如除以 0 时),则无条件产生该中断。

②单步中断(中断类型号为 1)

这是在调试程序过程中为单步运行程序而提供的中断形式。当设定单步操作(状态寄存器中陷阱标志 TF=1)后,CPU 执行完一条指令就产生该中断。

③断点中断(中断类型号为 3)

这是在调试程序过程中为设置程序断点而提供的中断形式。调试程序时可以在一些关键性的地方设置断点,它相当于把一条 INT 3 指令插入程序中,CPU 每执行到断点处,INT 3 指令便产生一个中断,使 CPU 转向相应的中断服务程序。INT 3 指令功能与软件中断相同,但是为了便于与其他指令置换,它被设置为 1 个字节指令。

④溢出中断(中断类型号为 4)

在算术运算程序中,若在算术运算指令后加入一条 INTO 指令,则将测试溢出标志位 OF。当 OF=1(表示算术运算有溢出)时,该中断发生。例如:

```
    ADD   AX,BX
    INTO                    ;测试加法的溢出
```

⑤软件中断(中断类型号为n)

执行软件中断指令 INT n 即产生该中断。指令中的 n 为该中断的中断类型号。用户可以通过设置不同的中断类型号 n 来形成自己定义的软件中断事件。需要注意的是,8086/8088 中断系统对各类中断源以统一的中断类型号标识,所以用户使用的中断类型号不得与微型计算机系统中已使用的中断类型号冲突。

(2)外部中断

外部中断是由外部中断源产生对 CPU 的请求引发的。8086/8088 中断系统将外部中断源又分为以下两种。

①非屏蔽中断(中断类型号为 2)

当某外部中断源产生一个有效的上升沿信号作为中断请求信号,并被加载至 CPU 的 NMI 引脚上时,产生非屏蔽中断。非屏蔽中断不受中断标志位 IF 限制,这种中断一旦产生,CPU 必须响应它,因此,它的中断优先级必然高于可屏蔽中断。为了及时响应该中断,CPU 内部自动提供了该中断类型号(n=2)。在对重要事件(如电源掉电、关键设备出现故障等)进行处理时,经常使用该中断。

②可屏蔽中断 INTR

当某外部中断源产生一个有效的高电平信号作为中断请求信号,并被加载至 CPU 的 INTR 引脚上时,可能产生的中断即可屏蔽中断。这是普通的外部中断,只有这种中断才能用 IF 屏蔽。在 IF=1 时,CPU 可对可屏蔽中断请求做出响应。由于大多数外部中断源都被归结在可屏蔽中断类中,而 8086/8088 CPU 只有一个可屏蔽中断请求输入引脚,因此,在 8086/8088 中断系统中,在 CPU 之外又设计了一个中断控制器(如 8259)。这个中断控制器不仅能够对多个可屏蔽中断源进行中断优先级控制,而且可以为这些中断源提供中断类型号。

(3)8086/8088 中断优先级

8086/8088 中断源的中断优先级由高到低依次为:除法错中断、软件中断、溢出中断、非屏蔽中断、可屏蔽中断、单步中断。

2. 中断向量表

寻找中断源可以用软件查询法和中断向量法两种方法。

软件查询法是在中断响应后启动中断查询程序,依次查询哪个设备的中断请求触发器为 1,检测到后,转向此设备预先设置的中断服务程序入口地址。此方法较简单,但花费时间多,并且后面的设备服务机会少,在 8086 系统中一般采用中断向量法。

中断向量法是将每个设备的中断服务程序的入口地址(向量地址)集中,依次放在中断向量表中。当 CPU 响应中断后,控制逻辑根据外设提供的中断类型号查找中断向量表,然后将中断服务程序的入口地址送到段寄存器和指令指针寄存器,CPU 转入中断服务子程序。这样大大加快了中断处理的速度。

(1)中断向量表

中断向量表是存放中断向量的一个特定的内存区域。所谓中断向量,就是中断服务程序的入口地址。对于 8086/8088 系统,所有中断服务程序的入口地址都存放在中断向量表中。每个中断服务程序的入口地址占 4 个存储单元,其中低地址的两个单元存放中断服务程序入口地址的偏移量(IP);高地址的两个单元存放中断服务程序入口地址的段地址(CS)。256 个

中断向量要占 $256 \times 4 = 1024$ 个单元，即中断向量表长度为 1 K 个单元。

8086/8088 微型计算机系统在内存的最低端开辟 1 KB 的存储区作为中断向量表，地址范围为 00000H～003FFH，按中断类型号的序号排列，如图 6-20 所示。

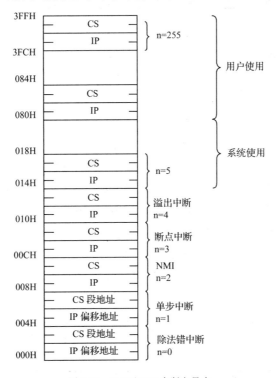

图 6-20 8086/8088 中断向量表

如图 6-20 所示的中断向量表中有 5 个专用中断（类型 0～类型 4），它们已经有固定用途；27 个系统保留的中断（类型 5～类型 31）供系统使用，不允许用户自行定义；224 个用户自定义中断（类型 32～类型 255），可供软件中断 INT n 或可屏蔽中断 INTR 使用，使用时，要由用户自行填入相应的中断服务程序入口地址（其中有些中断类型已经有了固定用途，例如，类型 21H 的中断已用作 DOS 的系统功能调用）。

由于中断服务程序入口地址在中断向量表中是按中断类型号顺序存放的，因此每个中断服务程序入口地址在中断向量表中的位置可由"中断类型号×4"计算出来。CPU 响应中断时，把中断类型号 n 乘以 4，得到对应地址 4n（该中断服务程序入口地址所占 4 个单元的第一个单元的地址），然后把由此地址开始的两个低字节单元（4n，4n+1）的内容装入 IP 寄存器，再把两个高字节单元（4n+2，4n+3）的内容装入 CS 寄存器，于是 CPU 转入中断类型号为 n 的中断服务程序。

中断向量表建立了不同的中断源与其相应的中断处理程序首地址之间的联系，它使 CPU 在中断响应时可以依据中断类型号自动地转向中断处理程序，它是 8086/8088 中断系统中特有的、不可缺少的组成部分。这种采用向量中断的方法，CPU 可直接通过向量表转向相应的处理程序，而不需要去逐个检测和确定中断源，因而可以大大加快中断响应的速度。

在 8086/8088 微型计算机系统中，只有这个中断向量表和复位后开始执行的地址 FFFF0H～FFFFFH 是接受特殊处理的存储区域。

IBM PC/XT 中中断类型号的功能分配见表 6-4。

表 6-4　　　　　　　　　　　IBM PC/XT 中中断类型号的功能分配

中断类型号	中断源	中断类型号	中断源	中断类型号	中断源
00H	除法错中断	0FH	并口1(打印机)中断	1EH	磁盘参数
01H	单步中断	10H	显示器驱动程序	1FH	图形字符集
02H	NMI	11H	设备检测	20H	程序结束
03H	断点中断	12H	存储器检测	21H	DOS 系统调用
04H	溢出中断	13H	软盘驱动程序	22H	结束地址
05H	屏幕打印中断	14H	通信驱动程序	23H	Ctrl-Break 键处理
06H	(保留)	15H	盒式磁带机驱动程序	24H	关键性错误处理
07H	(保留)	16H	硬盘驱动程序	25H	磁盘顺序读
08H	定时电路中断	17H	打印机驱动程序	26H	磁盘顺序写
09H	键盘中断	18H	BASIC 程序	27H	程序结束且驻留内存
0AH	保留的硬件(级联)中断	19H	引导(BOOT)程序	28H	DOS 内部使用
0BH	异步串口2中断	1AH	年月日定时中断	29H~2EH	DOS 保留使用
0CH	异步串口1中断	1BH	用户键盘	2FH	DOS 内部使用
0DH	并口2(硬盘)中断	1CH	用户定时器时标	30H~3FH	DOS 保留使用
0EH	软盘中断	1DH	CRT 初始化参数		

(2)中断向量(中断入口地址)的设置

中断向量表中供用户使用的中断类型号可以由用户定义为软中断,由 INT　n 指令引用,也可以通过 INTR 端直接接入,或者通过中断控制器 8259A 引入可屏蔽中断。使用时用户要自己将中断服务程序入口地址置入中断类型号 n 所对应的中断向量表中(称此过程为设置中断类型号 n 的中断向量)。

如何将中断服务程序的入口地址置入中断类型号 n 所对应的中断向量表中?有两种方法:一种方法是利用指令来设置,另一种方法是利用 DOS 功能调用来设置。

①利用指令来设置

例 6-5　利用指令来实现设置中断服务程序的入口地址到中断类型号 n 所对应的中断向量表中。

程序段如下:

```
        XOR   AX,AX              ;在主程序中设置
        MOV   DS,AX
        MOV   AX,OFFSET INTT60
        MOV   DS:[0180H],AX      ;中断类型号为 60H,则向量表为从 00180H
        MOV   AX,SEG INTT60      ;开始的 4 个连续存储单元置服务程序偏移地址
        MOV   DS:[0180H+2],AX    ;置服务程序所在代码段的段地址
        STI
        …
```

```
INTT60：
    ⋯
    IRET
```

②利用 DOS 功能调用来设置

该方法是利用 DOS 功能调用 INT　21H 设置中断向量和取出中断向量。

设置中断向量：把由 AL 中指定中断类型号的中断向量 DS：DX 放置在中断向量表中。

预置：AL＝中断类型号；

　　　DS：DX＝中断服务程序的入口地址；

　　　AH＝25HS。

执行：INT　21H。

取中断向量：把由 AL 中指定中断类型号的中断向量，从中断向量表中取到 ES：BX 中。

预置：AL＝中断类型号；

　　　AH＝35H。

执行：INT　21H。

返回：ES：BX＝中断服务程序入口地址。

例 6-6　利用 DOS 功能调用实现设置中断类型号为 40H 的中断向量和取中断类型号为 40H 的中断向量。

程序段如下：

```
        CLI                     ;IF＝0,关中断
        MOV   AL,40H
        MOV   DX,SEG INT-P
        MOV   DS,DX
        MOV   DX,OFFSET INT-P
        MOV   AH,25H
        INT 21H
        STI                     ;IF＝1,开中断
        ⋯
INT-P：                         ;中断服务程序
        ⋯
IRET                            ;中断返回
                                ;获取中断向量程序段如下
        MOV   AL,40H
        MOV   AH,35H
        INT   21H               ;(ES:BX)＝中断向量
```

（3）8086 的中断响应与处理过程

在 8086 系统中，中断控制是由 CPU 与中断控制器共同完成的。如图 6-21 所示，中断过程包括：中断请求；中断响应；中断处理（断点保护、中断服务、断点恢复、中断返回）。其中，中断请求为外部中断源动作；中断响应［如图 6-21 中的（1）、（2）、（3）、（4）、（5）］是 CPU 硬件自动完成的动作，CPU 从检测出中断请求到转移至中断处理程序之前所做的工作即中断响应过程，其流程如图 6-21 所示。

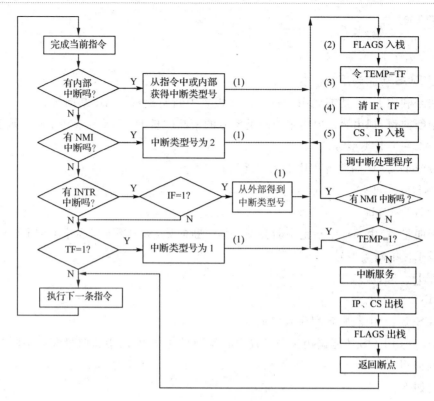

图 6-21　8086 中断过程

6.3.4　可编程中断控制器 8259A

Intel 公司的 8259A 是可编程中断控制器（Interrupt Controller）芯片。专门用于系统中断控制，管理 8086/8088 系统的外部中断请求，有 8 级中断优先级控制能力，经多块级联后，最多可以用 9 块 8259A 构成两级中断，多达 64 级中断优先级控制。它具有自动提供中断类型号，屏蔽各外设中断请求的能力。

1. 8259A 的内部结构和引脚

8259A 的主要功能特点：1 片 8259A 能管理 8 级中断，通过级联用 9 块 8259A 可构成 64 级主从式中断系统。每一级中断均可以屏蔽。在中断响应周期，8259A 可提供相应的中断向量。可编程，使 8259A 能工作在多种不同的方式。

（1）8259A 的内部结构

8259A 的内部结构如图 6-22 所示。

①数据总线缓冲器

数据总线缓冲器是 8259A 与系统之间传送信息的数据通道。它是一个 8 位、双向、三态缓冲器，8259A 通过它与 CPU 进行数据和命令的传送。

②读/写控制逻辑

读/写控制逻辑接收来自 CPU 经 OUT 或 IN 指令发出或接收的控制信号，完成规定的操作。当 CPU 执行 OUT 指令时，通过数据缓冲器把 CPU 送来的控制字写到 8259A 相应的控制寄存器中。当 CPU 执行 IN 指令时，$\overline{WR}=0$，通过数据缓冲器把 IRR、ISR 和 IMR 中所存放的中断状态信息读入 CPU。此外，A_0 和 $\overline{CS}=0$ 是片内寄存器选择和 8259A 的片选信号。

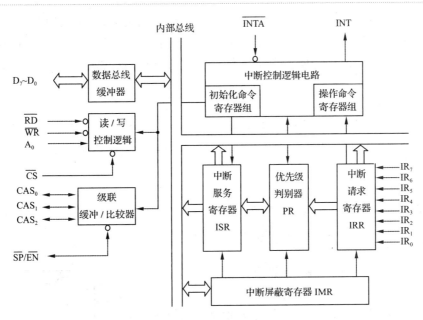

图 6-22 8259A 的内部结构

在对 8259A 操作的过程中,必须保证 $\overline{CS}$ 为有效电平。

③中断请求寄存器 IRR

中断请求寄存器 IRR 是一个 8 位的具有锁存功能的寄存器。其作用是接受并锁存来自 $IR_7 \sim IR_0$ 的中断请求信号。当 $IR_7 \sim IR_0$ 上出现某一中断请求信号时,IRR 对应位被置高电平,该信号将被锁存于 IRR 的相应位中,8259A 产生的中断类型号就是根据 IRR 的内容确定的。

④优先级判别器 PR

优先级判别器 PR 能够将各中断请求中中断优先级最高者选中,并将 ISR 中相应位置 1。若某中断请求正在被处理,8259A 外部又有新的中断请求,则由优先级判别器将新进入的中断请求和当前正在处理的中断进行比较,以决定哪一个中断优先级更高。若新的中断请求比正在处理的中断优先级高,则正在处理的中断自动被禁止,先处理中断优先级高的中断,由 PR 通过控制逻辑向 CPU 发出中断请求 INT。

⑤中断服务寄存器 ISR

中断服务寄存器 ISR 是一个 8 位的寄存器,用于存放当前正在处理的中断请求。例如,如果 ISR 的 $D_0 = 1$,表示 CPU 正在为来自 IR_0 的中断请求服务。当没有进行中断处理时,ISR 各位均为 0。中断嵌套时,可能多个位置 1。例如,当 CPU 正在处理第 4 级中断时,ISR 的 $D_4 = 1$,若第 4 级中断尚未处理完毕,3 号外设又发出第 3 级中断请求,外设 3 的中断优先级高于外设 4 的,并且允许在第 4 级中断处理的过程中响应中断优先级更高的中断请求,则系统执行中断嵌套,暂停处理第 4 级中断服务程序,转而执行第 3 级中断服务程序。这样,除了 ISR 的 $D_3 = 1$,D_4 仍然为 1。等第 3 级中断处理完毕后,返回来再处理第 4 级中断。由于第 3 级中断已经处理完毕,ISR 的 $D_3 = 0$,等到第 4 级中断处理完毕后,ISR 的 $D_4 = 0$。

⑥中断屏蔽寄存器 IMR

中断屏蔽寄存器 IMR 是一个 8 位的寄存器,用于存放对中断请求的屏蔽信息。当该寄存器的 8 位中某一位为 1,则与之对应的一级中断被屏蔽。所谓屏蔽,就是指该位能禁止 IRR 中对应的置 1 位发出中断请求信号 INT。屏蔽中断优先级较高的中断请求输入,不会影响中断优先级较低的中断请求输入。必须注意,IMR 的屏蔽作用与 8086/8088 CPU 的屏蔽作用不同。前者是 8259A 对外设的 IR_i 信号的屏蔽,后者是依靠中断标志位 IF 对接口的 INTR 信号的屏蔽。

⑦中断控制逻辑电路

中断控制逻辑电路按照初始化程序设定的工作方式管理 8259A 的全部工作。该电路可以根据 IRR 的内容和 PR 的判断结果向 CPU 发出中断请求信号 INT,并接受来自 CPU 的中断响应信号 $\overline{INTA}$,使 8259A 进入中断服务状态。

⑧级联缓冲/比较器

级联缓冲/比较器用于存放和比较在系统中用到的所有 8259A 的级联地址。主 8259A 通过 CAS_0、CAS_1 和 CAS_2 发送级联地址,选中从 8259A。

(2)8259A 的外部引脚特性

8259A 是具有 28 个引脚的集成芯片,如图 6-23 所示。

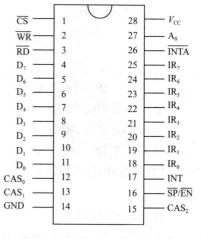

图 6-23 8259A 引脚

$\overline{CS}$:片选信号,输入,低电平有效,来自地址译码器的输出。只有该信号有效时,CPU 才能对 8259A 进行读/写操作。

$\overline{WR}$:写信号,输入,低电平有效,通知 8259A 接收 CPU 从数据总线上送来的命令字。

$\overline{RD}$:读信号,输入,低电平有效,用于读取 8259A 中某些寄存器的内容(如 IMR、ISR 或 IRR)。

$D_7 \sim D_0$:双向、三态数据线,接系统数据总线的 $D_7 \sim D_0$,用来传送控制字、状态字和中断类型号等。

$IR_7 \sim IR_0$:中断请求信号,输入,从 I/O 接口或其他 8259A(从控制器)上接收中断请求信号。在边沿触发方式中,IR 输入应由低到高,此后保持为高,直到被响应。在电平触发方式中,IR 输入应保持高电平。

INT:8259A 向 CPU 发出的中断请求信号,高电平有效,该引脚接 CPU 的 INTR 引脚。

$\overline{INTA}$:中断响应信号,输入,接收 CPU 发来的中断响应脉冲以通知 8259A 中断请求已被响应,使其将中断类型号送到数据总线上。

$CAS_2 \sim CAS_0$:级联总线,输入或输出,用于区分特定的从控制器。8259A 作为主控制器时,该总线为输出,作为从控制器时,为输入。

$\overline{SP}/\overline{EN}$:从片/允许缓冲信号,输入或输出,该引脚为双功能引脚。在缓冲方式中(8259A 通过一个数据收发器与系统总线相连),该引脚被用作输出线,控制数据收发器的接收或发送;在非缓冲方式中,该引脚作为输入线,确定该 8259A 是主控制器($\overline{SP}/\overline{EN}=1$)还是从控制器($\overline{SP}/\overline{EN}=0$)。

A_0:地址输入信号,用于对 8259A 内部寄存器端口的寻址。每块 8259A 对应两个端口地址,一个为偶地址,一个为奇地址,且偶地址小于奇地址。在与 8088 系统相连时,可直接将该引脚与地址总线的 A_0 连接;与 8086 系统连接时要特别注意,因为 8259A 只有 8 根数据线,8086 有 16 根,8086 与 8259A 的所有数据传送都用 16 位数据总线的低 8 位进行。要保证所有传送都用总线的低 8 位,最简单的方法是将 8086 地址总线的 A_1 和 8259A 的 A_0 端相连,就可以用两个相邻的偶地址作为 8259A 的端口地址,从而保证用数据总线的低 8 位和 8259A 交换数据。这样对 CPU 来说 $A_0 = 0$,A_1 可以为 1 或为 0,CPU 读写始终是偶地址。对 8259A 来说 A_1 可以为 1 或为 0,给 8259A 的端口分配了两个地址,一个奇地址,一个偶地址,符合了 8259A 的编程要求。

2. 8259A 的工作方式

(1)中断优先级控制方式

①全嵌套方式

全嵌套方式也称为固定优先级方式。在这种方式下,由 IR 端引入的中断请求具有固定的中断优先级,IR_0 最高,IR_7 最低。全嵌套方式是 8259A 最常用的、最基本的工作方式。如果对 8259A 初始化后若没有设置其他中断优先级控制方式,则默认为全嵌套方式。

当一个中断请求被响应时,8259A 把中断类型号放到数据总线上,ISR 中的相应位被置 1,然后进入中断服务程序。一般情况下(除自动 EOI 方式外),在 CPU 发出中断结束命令 EOI 前,此对应位一直保持为 1,以封锁同级或低级的中断请求,但并不禁止比本级中断优先级高的中断请求,以实现中断嵌套。

②特殊全嵌套方式

在主从结构的 8259A 系统中,将主片设置为特殊全嵌套方式,可以在处理某一级中断时,不但允许中断优先级更高的中断请求进入,也允许同级的中断请求进入。

③优先级自动循环方式

采用这种方式,各中断源的中断优先级是循环变化的,主要用在系统中各中断源的中断优先级相同的情况下。一个设备的中断服务完成后,其中断优先级自动降为最低,而将最高的中断优先级赋给原来比它低一级的中断请求。开始时,中断优先级队列还是 IR_0,IR_1,IR_2,IR_3,IR_4,IR_5,IR_6,IR_7(IR_0 最高,IR_7 最低);若此时出现了 IR_0 请求,响应 IR_0 并处理完成后,队列变为 IR_1,IR_2,IR_3,IR_4,IR_5,IR_6,IR_7,IR_0;若又出现了 IR_4 请求,处理完 IR_4 后,队列变为 IR_5,IR_6,IR_7,IR_0,IR_1,IR_2,IR_3,IR_4(IR_5 变为最高中断优先级)。

④优先级特殊循环方式

该方式与优先级自动循环方式相比,只有一点不同,即可以设置开始的最低中断优先级。例如,最初设定 IR_4 为最低中断优先级,那么 IR_5 就是最高中断优先级,而优先级自动循环方式中,最初的最高中断优先级一定是 IR_0。

⑤查询方式

这种方式下,CPU 的 IF 位为 0,禁止外部的中断请求。外设仍然向 8259A 发中断请求信号,要求 CPU 服务,此时,CPU 需要用软件查询法来确认中断源,从而实现对外设的服务。CPU 首先向 8259A 发查询命令,紧接着执行一条输入指令(IN),从 8259A 的偶地址读出 1 个字节的查询字,由该指令产生的 RD 信号使 ISR 的相应位置 1。CPU 读入查询字后,判断其最高位,若最高位为 1,说明 8259A 的 IR 端已有中断请求输入,此时该查询字的最低三位组成的代码表示了当前中断请求的最高中断优先级,CPU 据此转入相应的中断服务程序。

(2)中断屏蔽方式

对中断优先级的控制还可以采用中断屏蔽方式,CPU 在任何时候都可以安排一条清除中断标志位指令(CLI),将中断标志位清 0,从此以后,CPU 将禁止所用的由 INTR 端引入的可屏蔽中断请求。这是由 CPU 自己完成的中断屏蔽功能,它只能对所有的可屏蔽中断一起进行屏蔽,而无法有选择地对某一级或某几级中断进行屏蔽。这种屏蔽操作可由 8259A 通过中断屏蔽寄存器来实现,有以下两种实现方式:

①普通屏蔽方式

将中断屏蔽寄存器 IMR 中的某一位或某几位置 1,即可将相应级的中断请求屏蔽掉。这种屏蔽方式可在两种情况下使用。其一是当 CPU 在执行主程序时,要求禁止响应某级或某几级中断时,可在主程序中将 IMR 的相应位置 1;其二是 CPU 在处理某级中断过程中,要求禁止级别比它高的某一级或某几级中断时,可在中断服务程序中将 IMR 的相应位置 1,这样所实现的称为普通屏蔽方式。

②特殊屏蔽方式

当 CPU 正在处理某级中断时,要求仅对本级中断进行屏蔽,而允许其他中断优先级比它高或低的中断进入系统,这被称为特殊屏蔽方式。对 8259A 进行初始化时,可利用控制寄存器的 SMM 位的置位来使 8259A 进入这种特殊屏蔽方式。例如,若当前正在执行 IR_3 的中断服务程序,希望进入特殊屏蔽方式时,只需在 STI 指令后,将 IMR 的 D_3 置 1,并将控制寄存器的 SMM 位置 1,则 8259A 进入特殊屏蔽方式,此后,除 IR_3 的其他任何中断均可进入。待 IR_3 的中断服务程序结束时,应将 IMR 的第三位复位,并将 SMM 位复位,则退出特殊屏蔽方式,然后利用特殊 EOI 方式,由 8259A 将 ISR 的 D_3 复位。

(3)中断结束方式

8259A 中的内部服务寄存器 ISR 用来记录哪一个中断源正在被 CPU 服务,当中断结束时,CPU 利用中断结束命令 EOI 通知 8259A,以便恢复 ISR 的相应位,以清除其正在被服务的记录。8259A 有三种中断结束方式:普通 EOI 方式、自动 EOI 方式和特殊 EOI 方式。

①普通 EOI 方式

普通 EOI 方式用在全嵌套情况下。CPU 在中断服务程序结束时,向 8259A 发常规 EOI 命令,8259A 每得到一次 EOI 命令,将把 ISR 中已经置位的各位中中断优先级最高的位复位。

②自动 EOI 方式

自动 EOI 方式是利用响应中断时最后一个 $\overline{INTA}$ 响应脉冲的后沿来执行一次普通 EOI 操作,而不需要 CPU 发送 EOI 命令,可对正在服务的中断源的 ISR 进行复位。例如,当 CPU 响应 8259A 的 IR_3 引脚上的中断源请求时,在第 1 个 $\overline{INTA}$ 周期,ISR_3 被置位,表示 IR_3 正在被 CPU 服务。在 IR_3 的中断处理程序中编写一条一般 EOI 命令(通常放置在中断返回命令之前)并执行之,则当前正在被服务的中断源在 8259A 中的记录被清除,即 ISR_3 被清零,表示现在 8259A 中已没有 IR_3 正在被 CPU 服务的标记。

③特殊 EOI 方式

特殊 EOI 方式的特殊性在于,除了普通 EOI 方式具有的将 ISR 相应位复位外,将明确指明本次复位的 ISR 的位。

在非全嵌套方式下,根据 ISR 的内容无法确定最后所响应和处理的是哪一级中断。这种情况下,就必须用特殊的中断结束方式,即在程序中要发一条特殊 EOI 命令,该命令指出了要清除 ISR 中的哪一位。另外,还要注意在级联方式下,一般不用自动 EOI 方式,而是用普通 EOI 方式或特殊 EOI 方式。在中断处理程序结束时,必须发两次中断结束命令,一次是发往主片,另一次发往从片。

三种中断结束方式各有自己的特点,适用于不同的场合,发挥各自的作用。普通 EOI 方式,由于无须在指令中说明已经结束的那一种中断的优先级,因此,指令形式比较简单;特殊

EOI 方式,由于说明了结束的中断的优先级,因此,当无法确定当前正在处理的是哪级中断时,用它最为理想;自动 EOI 方式,由于它不需要在中断服务程序中安排 EOI 命令,使得中断结束的设置更加简单,因此,对于因缺少经验而忘记在中断服务程序中给出 EOI 命令的初学者来说,用它最为理想。

(4)中断触发方式

8259A 允许外设采用两种触发方式——电平触发方式和边沿触发方式。在对 8259A 初始化编程时,必须进行相应的设置。

①电平触发方式

电平触发方式是指 8259A 在识别中断请求信号时,依靠 IR 引脚上的有效高电平信号来触发,而与有效高电平出现的方式和时间无关。中断请求一旦被响应,该高电平信号应及时撤除。

②边沿触发方式

边沿触发方式是以 IR 端上出现由低电平向高电平的跳变作为中断请求信号,跳变后高电平一直保持,直到被响应。边沿触发方式常被用于不希望产生重复响应及中断请求信号是一个短暂脉冲的情况。如果边沿触发方式与自动 EOI 方式联合使用,不会发生重复嵌套现象。

(5)缓冲方式

缓冲方式用来指定系统总线与 8259A 数据总线之间是否需要进行缓冲。

①非缓冲方式

在非缓冲方式时,$\overline{SP}/\overline{EN}$ 作为输入,用来识别 8259A 是主控制器还是从控制器。只有单块 8259A 时,$\overline{SP}/\overline{EN}$ 端必须接高电平;有多块 8259A 时,主片的 $\overline{SP}/\overline{EN}$ 端接高电平,从片的 $\overline{SP}/\overline{EN}$ 端接低电平。

②缓冲方式

在缓冲方式(有数据缓冲器)时,$\overline{SP}/\overline{EN}$ 为输出。当 $\overline{SP}/\overline{EN}$ 为低电平时表示 8259A 输出中断类型号,它被用于 CPU 等待信号产生及数据总线缓冲器的控制中。

3. 8259A 的编程

8259A 的工作是依据其命令进行的,在 8259A 工作之前以及工作过程中,都需要由 CPU 给 8259A 加载适当的命令,使其完成规定的控制功能。8259A 有两组命令字:初始化命令字 ICW(Initialization Command Words)和操作命令字 OCW(Operation Command Words)。当计算机刚启动时,用初始化程序设定 ICW,即由 CPU 按顺序发送 2~4 个不同格式的 ICW,用来建立起 8259A 操作的初始状态,此后的整个工作过程中该状态保持不变。OCW 用于动态控制中断处理,是在需要改变或控制 8259A 操作时随时发送的。每块 8259A 有两个片内地址 $A_0 = 0$ 和 $A_0 = 1$,所有的命令字都是通过这两个端口来发送的。

注意:当发出 ICW 或 OCW 时,CPU 中断请求引脚 INTR 应关闭(使用 CLI 指令)。

(1)初始化命令字

初始化命令字用于初始设定 8259A 的工作状态。

①ICW$_1$

ICW$_1$ 规定 8259A 的连接方式(单块或级联)与中断请求信号的触发方式(边沿触发方式或电平触发方式)。ICW$_1$ 格式如图 6-24 所示。

对 $A_0 = 0$ 的端口写入一个 $D_4 = 1$ 的数据,表示初始化编程开始。

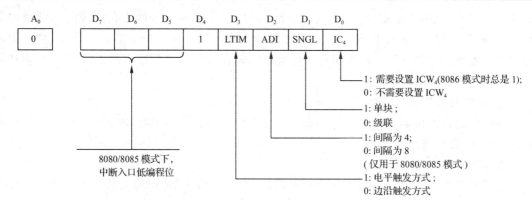

图 6-24　ICW_1 格式

D_4：特征位，必须为 1。

D_3：LTIM 位，设置中断请求信号的触发方式，0 为边沿触发方式，1 为电平触发方式。

D_1：SGNL 位，设置是否工作在单块方式，0 为多块级联，1 为单块。

D_0：IC_4 位，设置是否有 ICW_4，0 表示不需设置 ICW_4，1 表示需要设置 ICW_4。

$D_7 \sim D_5$ 和 D_2 这 4 位仅对 8080/8085 系统有意义，8086/8088 系统中这 4 位不用，通常置为 0。

②ICW_2

ICW_2 用于设置中断类型号，提供 8 个中断源的中断类型号。ICW_2 格式如图 6-25 所示，利用 $A_0 = 1$ 及初始化顺序寻址。

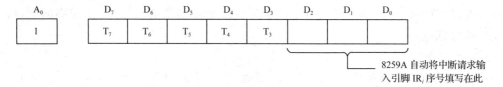

图 6-25　ICW_2 格式

在 8086/8088 系统中，只设置 $D_7 \sim D_3$，即只需设置中断类型号的高 5 位，编程时 $D_2 \sim D_0$ 的值可任意设定（通常设为 0），$D_2 \sim D_0$ 的实际内容由 8259A 根据中断请求来自 $IR_7 \sim IR_0$ 的哪一个输入端，自动填充为 000～111 中的某一组编码，与高 5 位一同构成 8 位的中断类型号。例如，在 IBM PC/XT 中 ICW_2 为 00001000B，则对于从 IR_0、IR_1、IR_2、IR_3、IR_4、IR_5、IR_6 和 IR_7 上引入的各中断请求，其相应的中断类型号为 08H、09H、0AH、0BH、0CH、0DH、0EH 和 0FH。

③ICW_3

ICW_3 用于多块 8259A 级联，只有当系统中有级联（ICW_1 的 D_1 为 0）时，才写入 ICW_3。ICW_3 格式如图 6-26 所示，利用 $A_0 = 1$，SNGL $= 0$（在 ICW_1 中）以及初始化顺序寻址。

主 8259A 的 ICW_3 内容表示 8259A 的级联结构，从 8259A 的 ICW_3 低 3 位提供与级联地址比较的识别地址。例如，若主片 ICW_3 的内容为 07H（00000111B）时，说明主片的 IR_0、IR_1、IR_2 上连有从片。对于从片，ICW_3 的 $D_7 \sim D_3$ 不用，置 0 即可；用 $D_2 \sim D_0$ 表示与主片的对应引脚级联，例如，若某从片 ICW_3 的内容为 07H，说明该从片的 INT 引脚与主片的 IR_7 相连。

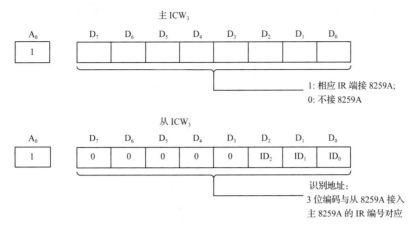

图 6-26 ICW$_3$ 格式

④ICW$_4$

ICW$_4$ 用于选择 8259A 的工作方式（EOI 方式、缓冲方式及嵌套方式）。在 8086/8088 系统中，必须有 ICW$_4$，必须设置 PM＝1。ICW$_4$ 格式如图 6-27 所示，利用 A$_0$＝1，IC$_4$＝1（在 ICW$_1$ 中）以及初始化顺序寻址。

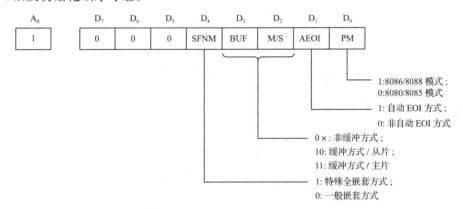

图 6-27 ICW$_4$ 格式

D$_4$：SFNM 位，设置中断的嵌套方式，0 为一般嵌套方式，1 为特殊全嵌套方式。

D$_3$：BUF 位。若该位为 1，则 8259A 工作于缓冲方式，8259A 通过数据收发器和总线相连，$\overline{SP}/\overline{EN}$ 引脚为输出；若该位为 0，则 8259A 工作于非缓冲方式，$\overline{SP}/\overline{EN}$ 引脚为输入，用作主片/从片选择端。

D$_2$：M/S 位，当 D$_3$ 即 BUF 位为 1 时，该位才有效，用于主片/从片选择。0 表示本片 8259A 为从片；1 表示本片 8259A 为主片。当 BUF 位为 0 时，该位无效，可设为任意值。

D$_1$：AEOI 位，设置结束中断方式。0 表示中断正常结束，靠中断结束命令清除 ISR 相应位，即采用自动 EOI 方式；1 表示自动结束中断，即 CPU 响应中断后，立即自动清除 ISR 相应位，即采用非自动 EOI 方式。

D$_0$：PM 位，设置微处理器类型。0 表示系统采用 8080/8085 微处理器；1 表示系统采用 8086/8088 微处理器。

(2)8259A 的初始化流程

在 8259A 进入工作之前，必须用初始化命令字将系统中的每块 8259A 进行初始化。

8259A 的初始化流程要遵守固定的顺序。如图 6-28 所示为 8259A 的初始化流程。

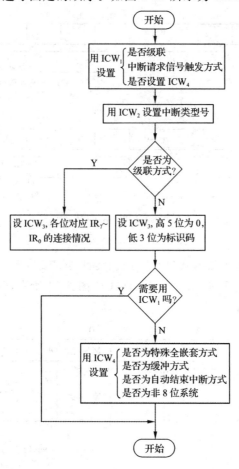

图 6-28　8259A 的初始化流程

对初始化流程,有如下几点说明:

①在如图 6-28 所示流程中,并没有指出端口地址,但设置初始化命令字时,端口地址是有规定的,即 ICW_1 必须写入偶地址端口,$ICW_2 \sim ICW_4$ 必须写入奇地址端口。

②$ICW_1 \sim ICW_4$ 的设置次序是固定的,不可颠倒。

③对每一块 8259A,ICW_1 和 ICW_2 都是必须设置的,在 16 位和 32 位系统中,ICW_4 也是必须设置的。但 ICW_3 并非每块 8259A 都必须设置。只有在级联方式下,才需要设置。

④在级联情况下,不管是主片还是从片,都需要设置 ICW_3,但是,主片和从片的 ICW_3 不相同。主片的 ICW_3 中,各位对应本片 $IR_7 \sim IR_0$ 引脚的连接情况;从片的 ICW_3 中,高 5 位为 0,低 3 位为本片的标识码。而从片的标识码又与它到底连接在主片 $IR_7 \sim IR_0$ 中的哪条引脚有关。

例如,PC/AT 中 8259A 的主片定义为上升沿触发,在 IR_2 级联从片,有 ICW_4,非自动 EOI 方式,中断类型号为 08H~0FH,一般嵌套方式,端口地址是 20H、21H;从片定义为上升沿触发,级联到主片的 IR_2,有 ICW_4,非自动 EOI 方式,中断类型号为 70H~78H,一般嵌套方式,端口地址是 0A0H、0A1H。初始化过程如下:

```
    初始化主片              初始化从片
    MOV  AL,11H             MOV  AL,11H
```

```
   OUT   20H,AL              OUT   0A0H,AL
   MOV   AL,08H              MOV   AL,70H
   OUT   21H,AL              OUT   0A1H,AL
   MOV   AL,04H              MOV   AL,02H
   OUT   21H,AL              OUT   0A1H,AL
   MOV   AL,01H              MOV   AL,01H
   OUT   21H,AL              OUT   0A1H,AL
```

（3）操作命令字

8259A 有 3 个操作命令字，即 $OCW_1 \sim OCW_3$。操作命令字是在应用程序中设置的。设置顺序没有要求，但是对端口地址有严格规定，即 OCW_1 必须写入奇地址端口，OCW_2 和 OCW_3 必须写入偶地址端口。

①OCW_1

OCW_1 的功能是设置和清除中断屏蔽寄存器的相应位，写入 $A_0 = 1$ 的端口。OCW_1 格式如图 6-29 所示。

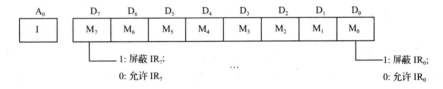

图 6-29　OCW_1 格式

当 OCW_1 中某位为 1 时，对应于此位的中断请求受到屏蔽；如某位为 0，则表示对应位的中断请求得到允许。例如，$OCW_1 = 06H$，则 IR_2 和 IR_1 引脚上的中断请求被屏蔽，其他引脚上的中断请求则被允许。

②OCW_2

OCW_2 的功能是用来设置中断结束方式及确定中断源的中断优先级顺序。OCW_2 格式如图 6-30 所示，利用 $A_0 = 0$，$D_4 = D_3 = 0$ 寻址。

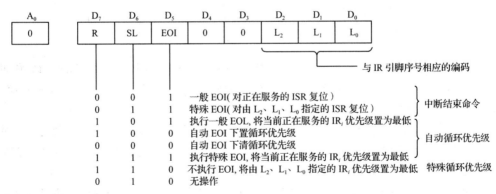

图 6-30　OCW_2 格式

D_7：R 位，决定了系统的中断优先级是否按循环方式设置。如为 1，则采用优先级循环方式；如为 0，则为非循环方式。

D_6：SL 位，决定了 OCW_2 中的 L_2、L_1、L_0 是否有效。如为 1，则有效；否则为无效。

D_5：EOI 位，中断结束命令位。当 EOI 为 1 时，使当前中断服务寄存器中的对应位 IS_n 复位。前面讲过,如 ICW_4 中的 AEOI 为 1,那么,在第二个中断响应脉冲 INTA 结束后,8259A 会自动清除当前中断服务寄存器中的对应位 IS_n,即采用自动 EOI 方式。但如果 AEOI 为 0,则 IS_n 位必须用 EOI 命令来清除。EOI 命令就是通过 OCW_2 中的 D_5 即 EOI 位设置的。

D_2、D_1、D_0:L_2、L_1、L_0 位。有两个用处:一是当 OCW_2 给出特殊的中断结束命令时,L_2、L_1、L_0 指出了具体要清除当前中断服务寄存器中的哪一位;二是当 OCW_2 给出特殊的优先级循环方式命令字时,L_2、L_1、L_0 指出了循环开始时哪个中断的中断优先级最低。在这两种情况下,D_6 都必须为 1,否则 L_2、L_1、L_0 为无效。

如前面所述,OCW_2 是用来设置优先级循环方式和中断结束方式的操作命令字。OCW_2 的功能包括两方面:一方面,它可决定 8259A 是否采用优先级循环方式;另一方面,它可组成两类中断结束命令,一类是一般中断结束命令,一类是特殊中断结束命令。这两方面的功能正是由 $L_2L_1L_0$ 配合实现的。下面,对 OCW_2 两方面的功能作具体说明。

当 EOI=0 时,如 R=1,SL=0,则会使 8259A 工作在优先级自动循环方式。

当 EOI=0 时,如 R=0,SL=0,则会结束优先级自动循环方式。由于在优先级自动循环方式下,一般通过对 ICW_4 中的 AEOI 位置 1 使中断处理程序自动结束,所以优先级自动循环方式下,无论是启动还是终止,都不需要使 EOI 位为 1。

当 EOI=0 时,如 R=1,SL=1,那么,8259A 会按照 L_2、L_1、L_0 的值确定一个级别最低的中断优先级。一旦确定了最低中断优先级,其他的中断优先级也随之而定。例如,当 $L_2L_1L_0$=011 时,IR_3 为最低中断优先级,于是,系统中从高到低的中断优先级顺序为 IR_4、IR_5、IR_6、IR_7、IR_0、IR_1、IR_2、IR_3。这时,中断优先级最高的是 IR_4,然后,系统工作在优先级特殊循环方式。

当 EOI=0 时,如 R=0,SL=1,则 OCW_2 没有意义。

从上面可见,当 EOI=0 时,OCW_2 一般用来作为指定优先级循环方式的命令字。

当 EOI=1 时,如 R=1,SL=0,则 OCW_2 使当前中断处理子程序对应的 IS_n 位被清除,并使系统仍按优先级循环方式工作,但当前的中断优先级顺序左移一位。例如,当前最高中断优先级为 IR_5,当 OCW_2 为下列值时:

R	SL	EOI	0	0	L_2	L_1	L_0
1	0	1	0	0	0	0	0

则新的中断优先级顺序为 IR_6、IR_7、IR_0、IR_1、IR_2、IR_3、IR_4、IR_5。即一方面清除了 IR_5 中断在当前中断服务寄存器中的对应位 IS_5,另一方面将中断优先级顺序循环左移一位,从而使 IR_5 成为最低中断优先级。

当 EOI=1 时,如 R=1,SL=1,则 OCW_2 使对应的 IS_n 位清除,并使当前系统的最低中断优先级为 $L_2L_1L_0$ 所指定的值。例如,当 OCW_2 为 11100010 时,则使当前中断服务寄存器中的对应位 IS_2 被清除,并使中断优先级顺序改为 IR_3、IR_4、IR_5、IR_6、IR_7、IR_0、IR_1、IR_2。

当 EOI=1 时,如 R=0,SL=1,再在 L_2、L_1、L_0 这三位上设置好一定的值,便可组成一个特殊的中断结束命令。例如,当 OCW_2 为 01100011 时,则 IR_3 在当前中断服务寄存器中的对应位 IS_3 被清除。

当 EOI=1 时,如 R=0,SL=0,则 OCW_2 成为一个一般的中断结束命令,它使当前中断处理子程序对应的 IS_n 位被清除,并使系统工作在非循环的优先级方式下。EOI=1,R=0,SL=0 的编码一般用于系统预先被设置为全嵌套(包括特殊全嵌套)工作的情况。

由此可见,当 EOI＝1 时,OCW_2 用来作为中断结束命令,同时使系统按照某一种方式继续工作。具体到底是哪种工作方式,则决定于 R 和 SL 位的值,一般情况下,常使系统仍按原来的方式工作,也就是说,使 R 位和 SL 位的值和前面设置 OCW_2 时确定的 R 位和 SL 位的值保持相同。

③OCW_3

OCW_3 用来设置 8259A 屏蔽方式及确定可读出寄存器(IRR、ISR 或 8259A 的当前中断状态)。OCW_3 格式如图 6-31 所示,利用 $A_0＝0,D_4＝0,D_3＝1$ 寻址。

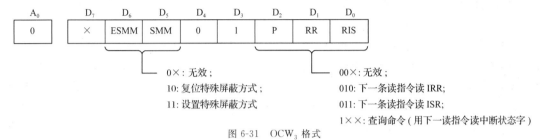

图 6-31 OCW_3 格式

D_7:无关位,可设为任意值。

D_6:ESMM 位,允许特殊屏蔽方式位。该位为 1 时,D_5 才有意义。

D_5:SMM 位,特殊屏蔽方式位。该位为 1,表示设置特殊屏蔽方式;该位为 0,表示清除特殊屏蔽方式。

D_4、D_3:特征位。$D_4D_3＝01$ 时,表示写入的是 OCW_3。

D_2:P 位。该位为 1 时,表示该 OCW_3 用作查询命令;该位为 0 时,表示非查询方式。

D_1、D_0:RR 位和 RIS 位。这两位的组合用于指定对中断请求寄存器 IRR 和中断服务寄存器 ISR 内容的读出。$D_1D_0＝10$ 时,表示紧接着要读出 IRR 的值;$D_1D_0＝11$ 时,表示紧接着要读出 ISR 的值。

4.8259A 的中断级联

使用 1 块 8259A,最多可以管理 8 个中断源。当中断系统规模较大时,中断源数目可能多于 8 个,采用级联的方式就可以扩大 8259A 管理中断源的能力。

(1)级联结构

8259A 采用两级级联,1 个 8259A 作为主控制器芯片,其他 8259A 作为从控制器芯片,主控制器的 1 个 IR 端与 1 个从控制器的 INT 端相连,最多可以连接 8 个从控制器,因此,最多可以获得 64 个中断请求输入端。

(2)级联方式下 8259A 的中断响应

在第一个 INTA 周期,主 8259A 根据 $IR_7～IR_0$ 中 CPU 已响应的最高中断优先级中断源输入引脚序号清除 IRR 相应位,设置 ISR 相应位,并将此中断源输入引脚序号作为级联地址,从 $CAS_2～CAS_0$ 输出至从 8259A。从 8259A 读取级联地址,并与初始化时在 ICW_3 中设置的识别地址进行比较。只有识别地址与级联地址一致的从 8259A,才能接收 INTA 信号,将自身的 IRR 相应位清除,将 ISR 相应位置位,并在第二个 INTA 周期将 ICW_2 中的中断类型号输出给数据总线。

若主 8259A 的 IR 端直接连接着中断源(可以由 ICW_3 确定),则在第 2 个 INTA 周期,由主 8259A 提供中断向量码。

（3）级联方式下 8259A 的特殊操作

级联方式下，所有的从 8259A 是相互独立的，而主 8259A 与从 8259A 既具有独立关系，又具有主从关系，所以无论是主控制器还是从控制器，每个 8259A 都需要独立地进行初始化，以确定各自的工作方式、中断类型号等信息。另外，每个 8259A 需要有各不相同的 I/O 地址，以便 CPU 分别对它们进行读或写操作。

下面以如图 6-32 所示级联电路为例，说明级联工作情况。A_0 为地址输入信号，用于对 8259A 内部寄存器端口的寻址。每块 8259A 对应两个端口地址，一个为偶地址，一个为奇地址，且偶地址小于奇地址。在与 8088 系统相连时，可直接将该引脚与地址总线的 A_0 连接；而在与 8086 系统连接时要特别注意，因为 8259A 只有 8 根数据线，8086 有 16 根，8086 与 8259A 的所有数据传送都用 16 位数据总线的低 8 位进行。要保证所有传送都用总线的低 8 位，最简单的方法是将 8086 地址总线的 A_1 和 8259A 的 A_0 相连，这样，就可以用两个相邻的偶地址作为 8259A 的端口地址，从而保证用数据总线的低 8 位和 8259A 交换数据。在这种情况下，从 CPU 的角度来看，对两个端口寻址时，使 A_0 总是为 0，而 A_1 为 1 或者为 0，即这两个端口用的是相邻的两个偶地址；从 8259A 的角度来看，只有地址总线的 A_1 和 8259A 的 A_0 相连，地址总线的 A_0 未与 8259A 相连，所以，当地址总线的 A_1 为 0 时，8259A 认为是对偶地址端口进行访问，当地址总线的 A_1 为 1 时，8259A 认为是对奇地址端口进行访问，从而将两个本来相邻的偶地址看成是一奇一偶两个相邻地址。这样，又正好符合了 8259A 对端口地址的要求。因此，在实际的 8086 系统中，总是给 8259A 分配两个相邻的偶地址：一个为 4 的倍数，对应于 $A_1=0，A_0=0$，并使这个地址较低；另一个为 2 的倍数，对应于 $A_1=1，A_0=0$，并使这个地址较高。

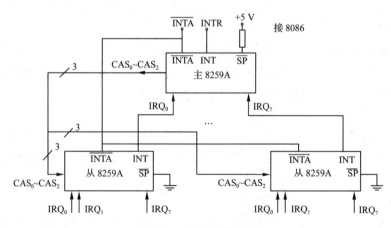

图 6-32　8259A 级联电路

5. 8259A 的应用实例

图 6-33 给出 IBM PC 系统中 8259A 的连接情况。从图中可知，8259A 的 IR_2 端是保留端，其余都已被占用。现假设某外设的中断请求信号由 IR_2 端引入，要求编程实现 CPU 每次响应该中断时屏幕显示字符串"SUCCESS！"。

已知主机启动时 8259A 中断类型号的高 5 位已初始化为 00001，故 IR2 的类型号为 0AH（00001010B）；8259A 的中断结束方式初始化为非自动结束，即要在服务程序中发 EOI 命令；8259A 的端口地址为 20H 和 21H。程序如下：

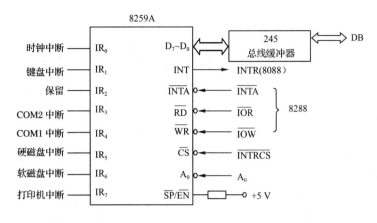

图 6-33　IBM PC 系统中 8259A 的连接情况

```
DATA        SEGMENT
            MESS   DB 'SUCCESS!',0AH,0DH,'MYM'
DATA        ENDS
CODE        SEGMENT
            ASSUME   CS:CODE,DS:DATA
START:      MOV   AX,SEG INT 2
            MOV   DS,AX
            MOV   DX,OFFSET INT 2
            MOV   AX,250AH             ;(AH)=25H,(AL)=0AH
            INT   21H                  ;置中断向量表
            IN   AL,21H                ;读中断屏蔽寄存器
            AND   AL,0FBH              ;开放 IR₂ 中断
            OUT   21H,AL
            STI
LL:         JMP   LL                   ;等待中断
INT2:       MOV   AX,DATA              ;中断服务程序
            MOV   DS,AX
            MOV   DX,OFFSET MESS
            MOV   AH,09                ;显示器显示字符串
            INT   21H                  ;显示每次中断的提示信息
            MOV   AL,20H
            OUT   20H,AL               ;发出 EOI 命令结束中断
            IN   AL,21H
            OR   AL,04H                ;屏蔽 IR₂ 中断
            OUT   21H,AL
            STI
            MOV   AH,4CH
            INT   21H
            IRET
CODE        ENDS
            END   START
```

习题 6

一、选择题

1. 在进入 DMA 工作方式之前,DMA 控制器被当作一个( )。

A. 主处理器 　　　　　　 B. I/O 设备 　　　　　　 C. I/O 接口 　　　　　　 D. 内存单元

2. 中断控制方式的优点是( )。

A. 提高 CPU 的利用率 　　　　　　　　　　 B. 硬件连接简单

C. 不能在线进行故障处理 　　　　　　　　 D. 无须 CPU 干预

3. 若 8086 系统的 I/O 端口采用直接端口寻址凡是访问,则( )。

A. 端口地址变化范围为 00H~FFH

B. 端口地址变化范围为 0000H~FFFFH

C. 只能输入字节操作数

D. 只能输入/输出字操作数

4. DMA 传送常用于( )之间的信息交换。

A. CPU 与外存 　　　　 B. CPU 与外设 　　　　 C. 主存与外存 　　　　 D. 主存与外设

5. 在 I/O 同步控制方式中,查询方式相比于中断方式,具有( )的特点。

A. 硬件电路简单,数据传送可靠 　　　　　 B. 硬件电路简单,CPU 使用效率高

C. 硬件传送可靠,CPU 使用效率高 　　　　 D. 硬件电路复杂,CPU 使用效率低

6. 程序查询 I/O 时总是按_____的次序完成一个字符的传输。

A. 写数据端口,读写控制端口 　　　　　　 B. 读状态端口,读写数据端口

C. 写控制端口,读写状态端口 　　　　　　 D. 读控制端口,读写数据端口

7. 计算机中数据总线驱动电路使用的基本逻辑单元是( )。

A. 非门 　　　　　　 B. 三态门 　　　　　　 C. 触发器 　　　　　　 D. 译码器

8. 8086/8088CPU 响应中断 NMI 和 INTR,相同的条件是( )。

A. 允许中断 　　　　　　　　　　　　　 B. 当前指令执行结束

C. CPU 工作在最大组态下 　　　　　　　 D. CPU 工作在最小组态下

9. 在 8086 中断优先级顺序中,最低优先级的中断源是( )。

A. 单步自陷 　　　　 B. INTR 　　　　 C. 被零除 　　　　 D. 断点

10. 微机系统中若用 4 片 8259A 构成主从两级中断控制逻辑,则 CPU 最多可接收( )级外部中断。

A. 32 　　　　　　 B. 29 　　　　　　 C. 28 　　　　　　 D. 24

11. 在 PC 系统微机中,从 00000~003FFH 的内存区域为( )。

A. BIOS 区 　　　　 B. DOS 数据区 　　　　 C. I/O 缓冲区 　　　　 D. 中断向量表

12. 某中断的类型码为 21H,则它的中断服务程序的入口地址存放在内存( )地址开始的单元中。

A. 00042H 　　　　 B. 0084H 　　　　 C. 00108H 　　　　 D. 0002H

13. 在 X86 等 PC 系列微机中,采用 2 个 8259A 级联,其可屏蔽中断可扩展为( )。

A. 15 级   B. 16 级   C. 32 级   D. 64 级

14. PC 系列微机中,确定外部硬中断的服务程序入口地址的是( )。

A. 主程序中的调用指令   B. 主程序中的条件转移指令

C. 中断控制中的中断服务寄存器   D. 中断控制器发出的中断向量名

二、判断题(判断对错,并改正)

1. 在通过总线结构组成的微型计算机系统中,为确保信息传送可靠,地址信息需要缓冲,数据信息则需要锁存。   ( )

2. 在外设与主机的数据传送控制方式中,DMA 方式是 CPU 效率最高的。   ( )

3. 8086CPU 提供了两种 I/O 端口寻址方式,即直接寻址和 DX 寄存器间接寻址。前者寻址范围为 0～255,后者寻址范围为 0～64K。   ( )

4. 所谓 I/O 操作,具体是指对 I/O 设备的操作。   ( )

5. I/O 端口与存储器单元独立编址的主要优点是 I/O 端口不占用存储器单元。   ( )

6. 在一个微机系统中,若 I/O 设备为一组开关,则可采用无条件传送方式进行输入/输出操作。   ( )

7. 8086CPU 响应 NMI 或 INTR 中断时,相同的条件是 IF＝1。   ( )

8. 中断控制 I/O 传输方式的基本特点是 I/O 主动,CPU 被动。   ( )

9. 任何一种可编程 I/O 接口芯片,工作前都必须先向它的控制寄存器写入控制字,以选择所需的工作方式和功能。   ( )

三、填空题

1. 微型计算机系统的主机与外设进行信息传递的方式有_____方式、_____方式、_____方式和_____方式。

2. CPU 与外设之间交换的信息包括数据信息、_____和_____三类。

3. 微机与外设的几种输入/输出方式中,便于 CPU 处理随机事件和提高工作效率的 I/O 方式是_____,传输速率最快的方式是_____。

4. PC/XT 机共有_____个中断类型码,所有中断向量统一存放在地址范围为_____的内存中。若已知 RAM 单元中从 002CH 处开始,依次存放着 23H、0FFH、00H、0F0H 四个字节,则该中断向量的逻辑地址是_____,对应的中断类型码是_____。

5. 8086 系统响应中断时,自动压入堆栈保护的寄存器依次为_____、_____和_____。

6. 8259A 工作在 8086 模式,中断向量字节 ICW_2＝70H,若在 IR_3 处有一中断请求信号,这时它的中断向量号为_____,该中断的服务程序入口地址保存在内存地址为_____ H 至_____ H 的_____个单元中。

7. 8086 的 INTR 端输入一个_____电平时,可屏蔽中断获得了中断请求。

8. 响应可屏蔽中断 INTR 的条件是控制标志 IF＝_____。

9. 若 8086 的外部中断 INTR、NMI 同时中断请求,应先响应_____。

10. PC 系统中,在可屏蔽中断的第_____个 INTA 响应周期传送中断类型码。

四、简答题

1. 简述存储器映像 I/O 和独立编址 I/O 的主要区别。

2. CPU 与外设交换数据常用的控制方式有哪几种？ 试比较它们各自优缺点及应用场合。

3. 为什么要在 CPU 与外设之间设置接口？ I/O 接口电路一般具有哪些基本功能？

4.在微机系统中,缓冲器和锁存器各起什么作用?

5.简述在微机系统中,DMA 控制器从外设提出请求到外设直接将数据传送到存储器的工作过程。

6.请根据自己的理解,说明为什么中断方式下 CPU 的工作效率比查询方式高?

7.简述 PC/XT 机中对 INTR 实现屏蔽的两种方法。

8.简要说明 PC 系统中中断类型码、中断向量、中断向量表的特点及关系。

9.简述 NMI 和 INTR 中断的异、同点。

10.一般来说中断的处理过程有哪几步?

11.在中断服务程序中,为什么要保护现场和恢复现场?

12.简述可编程中断控制器 8259A 的主要功能。

13.某系统中有 3 片 8259 A 级联使用,1 片为 8259 A 主片,2 片为 8259A 从片,从片接入 8259A 主片的 IR2 和 IR5 端,并且当前 8259A 主片的 IR3 及两片 8259 A 从片的 IR4 各接有一个外部中断源。中断类型基号分别为 80H、90H、0A0H,中断入口段基址在 2000 H,偏移地址分别为 1800H、2800H、3800H,主片 8259A 的端口地址为 0CCF8H、0CCFAH。第一片 8259A 从片的端口地址为 0FEE8H、0FEEAH,第二片 8259A 从片为 0FEECH 、0FE EEH。中断采用电平触发,完全嵌套工作方式,普通 EOI 结束。

(1)画出硬件连接图。

(2)编写初始化程序。

第7章

8255A接口电路   8253接口电路

常用接口芯片

在计算机与外界打交道过程中,CPU 与外设之间需要进行大量的数据交换,完成这些数据交换任务的是接口电路。本章将具体介绍微机系统中常用的可编程接口,包括定时器控制接口、并行接口、串行通信接口和模拟 I/O 接口芯片的内部结构和外部特性,以及其初始化编程和应用等。计算机访问 IO 设备必须通过接口电路,是按照既定的时序,在时钟控制之下一步步完成的,在任何一个时钟周期,如果相应部件没有完成预定的动作,就会导致操作的失败。在操作过程中,比较好地体现了各通信部件之间相互协作和配合的团队精神。就像同学们毕业之后的项目合作一样,假如团队中任何一个成员没有按照预定进度按质保量完成既定的工作,就会导致项目拖期甚至失败。

7.1　可编程并行接口芯片 8255A

7.1.1　并行接口和串行接口概述

1. 并行通信和串行通信

并行通信指的是把一个数据的各位用几根线同时进行传输,传输速度快,信息率高。并行通信所用的电缆多,因此,并行通信常用在传输距离较短(几米至十几米)、数据传输速度较高的场合。

串行通信指的是数据一位一位地依次传输,每一位数据占据一个固定的时间长度。串行通信只要少数几根线就可以在系统间交换信息,特别适用于计算机与计算机、计算机与外设之间的远距离通信。但串行通信较并行通信传输速度慢。

2. 并行接口

实现并行通信的接口就是并行接口。一个并行接口可设计为只作为输出接口,如一个并行接口连接一台打印机;还可以设计为只作为输入接口,如一个并行接口连接卡片读入机。另外,并行接口还可以设计成既作为输入又作为输出的接口。它可以用两种方法实现:一种是利用同一个接口中的两个通路,一个作输入通路,一个作输出通路;另一种是用一个双向通路,既作为输入通路又作为输出通路。前一种方法用在主机需要同时输入和输出的情况,如既接纸带读入机又接纸带穿孔机。后一种方法用在输入/输出动作并不同时进行的主机与外设之间,如连接两台磁盘驱动器。

典型的并行接口和外设连接如图 7-1 所示。图中的并行接口用一个通道和输入设备相连,用另一个通道和输出设备相连,每个通道中除数据线外均配有一定的控制线和状态线。

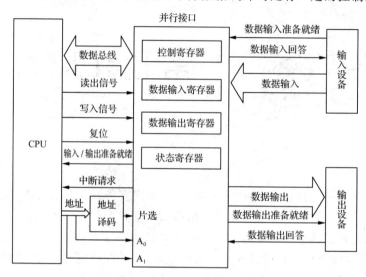

图 7-1　典型的并行接口与外设连接

从图 7-1 可以看出,并行接口中应该有一个控制寄存器用来接收 CPU 对它的控制命令,有一个状态寄存器提供各种状态供 CPU 查询。为了实现输入和输出,并行接口中还必定有相应的数据输入寄存器和数据输出寄存器。

(1)并行接口的输入过程

外设首先将数据送给并行接口,并使"数据输入准备就绪"状态位成为高电平。并行接口把数据接收到数据输入缓冲器的同时,使"数据输入回答"状态位变为高电平,作为对外设的响应。外设接到此信号,便撤除数据和"数据输入准备就绪"信号。数据到达并行接口中后,并行接口会在状态寄存器中设置"输入准备就绪"状态位,以便 CPU 对其进行查询,并行接口也可以在此时向 CPU 发一个中断请求。所以,CPU 既可以用查询方式,也可以用中断方式来读取并行接口中的数据。CPU 从并行接口中读取数据后,并行接口会自动清除状态寄存器中的"输入准备就绪"状态位,并且使数据总线处于高阻状态。此后,又可以开始下一个输入过程。

(2)并行接口的输出过程

每当外设从并行接口取走一个数据之后,并行接口就会使状态寄存器中的"输出准备就绪"状态位成为高电平,以表示 CPU 当前可以往并行接口中输出数据,这个状态位可供 CPU 进行查询。此时,并行接口也可以向 CPU 发一个中断请求。所以,CPU 既可以用查询方式,也可用中断方式向并行接口中输出一个数据。当 CPU 输出的数据到达并行接口的数据输出缓冲器中后,并行接口会自动清除"输出准备就绪"状态位,并且将数据送往外设,同时,并行接口往外设发送一个驱动信号来启动外设接收数据。外设被启动后,开始接收数据,并往并行接口发一个"数据输出回答"信号。并行接口接到此信号,便将状态寄存器中的"输出准备就绪"状态位重新置为高电平,以便 CPU 输出下一个数据。

3. 串行接口

串行接口有许多种类,典型的串行接口如图 7-2 所示,它包括四个主要寄存器,即控制寄存器、状态寄存器、数据输入寄存器及数据输出寄存器。

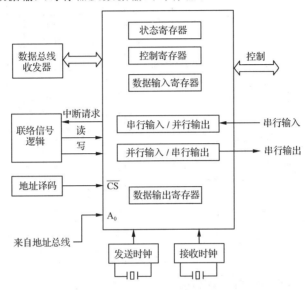

图 7-2　典型的串行接口

控制寄存器用来接收 CPU 送给此串行接口的各种控制信息,而控制信息决定此串行接口的工作方式。状态寄存器的各位称为状态位,每一个状态位都可以用来指示传输过程中的某一种错误或者当前传输状态。数据输入寄存器总是和串行输入/并行输出移位寄存器配对使用的。在输入过程中,数据一位一位从外设进入串行输入/并行输出移位寄存器,当接收完一个字符以后,数据就从串行输入/并行输出移位寄存器送到数据输入寄存器,再等待 CPU 来取走。输出的情况和输入过程类似,在输出过程中,数据输出寄存器和并行输入/串行输出移位寄存器配对使用。当 CPU 往数据输出寄存器中输出一个数据后,数据便传输到并行输入/串行输出移位寄存器,然后一位一位地通过输出线送到外设。

CPU 可以访问串行接口中的四个主要寄存器。从原则上说,对这四个寄存器可以通过不同的地址来访问,不过,因为控制寄存器和数据输出寄存器是只写的,状态寄存器和数据输入寄存器是只读的,所以,可以用读信号和写信号来区分这两组寄存器,再用一位地址来区分两个只读寄存器或两个只写寄存器。

7.1.2　可编程并行接口芯片 8255A 的结构和引脚

8255A 是 Intel 80 系列微处理器的配套并行接口芯片,它可以为 8086/8088 CPU 与外设之间提供并行输入/输出的通道。由于它是可编程的,可以通过软件来设置芯片的工作方式,所以,用 8255A 连接外设时,通常不用再附加外部电路,给使用者带来很大方便。

1. 8255A 的结构

如图 7-3 所示，8255A 由以下四部分组成。

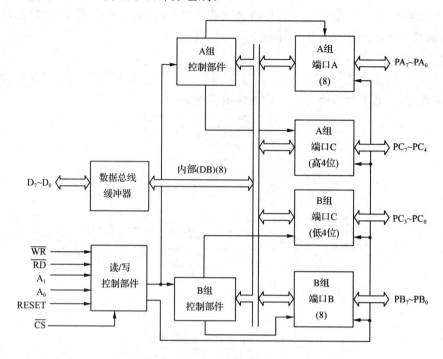

图 7-3　8255A 的内部结构

（1）并行输入/输出端口 A、端口 B 和端口 C

8255A 芯片内部包含三个 8 位端口，可以选择作为输入或输出，其中：端口 A 包含一个 8 位数据输出锁存/缓冲器和一个 8 位数据输入锁存器；端口 B 包含一个 8 位数据输入/输出锁存/缓冲器和一个 8 位数据输入锁存器；端口 C 包含一个 8 位数据输出锁存/缓冲器和一个 8 位数据输入缓冲器。必要时可以将端口 C 的高 4 位和低 4 位分开使用，分别作为输入和输出。当端口 A 和端口 B 作为选通输入或输出的数据端口时，端口 C 的指定位与端口 A 和端口 B 配合使用，用作控制信号或状态信号。

（2）A 组和 B 组控制部件

这是两组根据 CPU 送来的方式控制字控制 8255A 工作方式的电路。它们的控制寄存器接收 CPU 输出的方式控制字，由该控制字决定端口的工作方式，还可根据 CPU 的命令对端口 C 实现置位或复位操作。端口 A 与端口 C 的高 4 位（$PC_7 \sim PC_4$）构成 A 组，由 A 组控制部件实现控制功能；端口 B 与端口 C 的低 4 位（$PC_3 \sim PC_0$）构成 B 组，由 B 组控制部件实现控制功能。

（3）数据总线缓冲器

8255A 通过数据总线缓冲器与系统数据总线相连，实现 8255A 与 CPU 之间的数据传送。CPU 执行输出指令时，可将控制字或数据通过数据总线缓冲器传送给 8255A。CPU 执行输入指令时，8255A 可将状态信息或数据通过数据总线缓冲器向 CPU 输入。输入数据、输出数据、CPU 发给 8255A 的控制字等都是通过该部件传递的。

（4）读/写控制部件

读/写控制部件的功能是负责管理 8255A 与 CPU 之间的数据传送过程。它接收 $\overline{CS}$ 及地址总线的信号 A_1、A_0 和控制总线的控制信号 RESET、$\overline{WR}$、$\overline{RD}$，将它们组合后，得到对 A 组控制部件和 B 组控制部件的控制命令,并将命令送给这两个部件,再由它们控制完成对数据、状态信息和控制信息的传送。各端口读/写操作与对应的控制信号之间的关系见表 7-1。

表 7-1　　　　　　　　　　　　　　8255A 的读/写操作控制

A_1	A_0	$\overline{RD}$	$\overline{WR}$	$\overline{CS}$	操作
0	0	0	1	0	读端口 A
0	1	0	1	0	读端口 B
1	0	0	1	0	读端口 C
1	1	0	1	0	无操作
0	0	1	0	0	写端口 A
0	1	1	0	0	写端口 B
1	0	1	0	0	写端口 C
1	1	1	0	0	写控制寄存器
×	×	1	1	0	数据总线悬空
×	×	×	×	1	未选中该 8255A,数据总线悬空

2. 8255A 的引脚

8255A 是可编程的并行输入/输出接口芯片,它具有三个 8 位并行端口(端口 A、端口 B 和端口 C),具有 40 个引脚,双列直插式封装,由 +5 V 供电,其引脚与接口电路如图 7-4 所示。

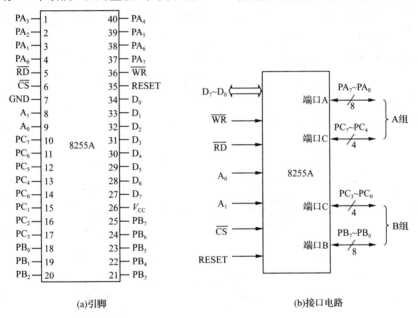

(a)引脚　　　　　　　　　　　　(b)接口电路

图 7-4　8255A 引脚与接口电路

端口 A、端口 B、端口 C 各有 8 根 I/O 端口线:$PA_7 \sim PA_0$,$PB_7 \sim PB_0$ 和 $PC_7 \sim PC_0$,共24 个引脚,用于 8255A 与外设之间进行数据信息、控制信息和状态信号的交换。

$D_7 \sim D_0$:8 位三态数据线,接至系统数据总线。CPU 通过它实现与 8255A 之间数据的读出与写入,控制字的写入,以及状态字的读出等操作。

$A_1 \sim A_0$:地址信号。A_1 和 A_0 经片内译码产生 4 个有效地址分别对应 A、B、C 3 个独立的数据端口以及 1 个公共的控制端口。在实际使用中,A_1、A_0 接到系统地址总线的 A_1、A_0。

$\overline{CS}$:片选信号,由系统地址译码器产生,低电平有效。

$\overline{RD}$ 和 $\overline{WR}$:读、写控制信号,低电平有效,用于决定 CPU 和 8255A 之间信息传送的方向。当 $\overline{RD}=0$ 时,从 8255A 读至 CPU;当 $\overline{WR}=0$ 时,由 CPU 写入 8255A。

RESET:复位信号,高电平有效。8255A 复位后,端口 A、端口 B、端口 C 都置为输入方式。

7.1.3　8255A 的控制字及工作方式

8255A 中各端口可有三种基本工作方式：

方式 0——基本输入/输出方式；

方式 1——选通输入/输出方式；

方式 2——双向传送方式。

端口 A 可处于三种工作方式（方式 0、方式 1 和方式 2）；端口 B 只可处于两种方式（方式 0和方式 1）；端口 C 仅可处于方式 0，常被分成高 4 位和低 4 位两部分，可分别用来传送数据或控制信息。

1. 控制字

用户可用软件来分别定义三个端口的工作方式，可使用的控制字有方式控制字和置位/复位控制字。

（1）方式控制字

8255A 的工作方式可由 CPU 写一个方式控制字到 8255A 的控制寄存器来选择。其格式如图 7-5 所示，可以分别选择端口 A、端口 B 和端口 C 高、低两部分的工作方式。端口 A 有方式 0、方式 1 和方式 2 三种工作方式，端口 B 只能工作于方式 0 和方式 1，而端口 C 仅工作于方式 0。当将端口 A 定义为方式 1 或方式 2，或者将端口 B 定义为方式 1 时，要求使用端口 C 的某些位作控制用，这时需要使用一个专门的置位/复位控制字来对控制端口 C 的各位分别进行置位/复位操作。

注意：8255A 方式控制字的最高位 D_7（特征位）应为 1。

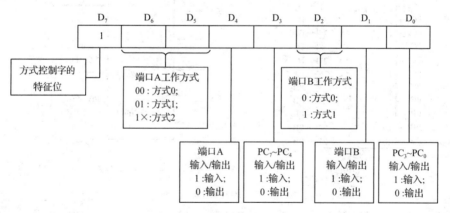

图 7-5　8255A 方式控制字的格式

（2）置位/复位控制字

8255A 的端口 C 具有位控功能，即端口 C 的 8 位中的任一位都可通过 CPU 向 8255A 的控制寄存器写入一个置位/复位控制字来置 1 或清 0，而端口 C 中其他位的状态不变。其格式如图 7-6 所示。

注意：8255A 的端口 C 置位/复位控制字的最高位 D_7（特征位）应为 0。

例如，要使端口 C 的 PC_4 置位控制字为 00001001B（09H），使该位复位控制字为00001000B（08H）。

应注意的是，端口 C 的置位/复位控制字必须跟在方式控制字之后写入控制寄存器，即使

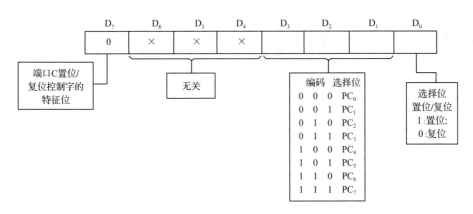

图 7-6　8255A 置位/复位控制字的格式

仅使用该功能,也应先选送一个方式控制字。方式控制字只需写入一次,之后就可多次使用置位/复位控制字对端口 C 的某些位进行置 1 或清 0 操作。

2. 8255A 的工作方式

8255A 在使用前要先写入一个方式控制字,以指定 A、B、C 三个端口各自的工作方式。

(1)方式 0——各端口的基本输入/输出方式

这是 8255A 中各端口的基本输入/输出方式,无须联络就可以直接进行 8255A 与外设之间的数据输入/输出操作。它适用于无须应答(握手)信号的简单的无条件输入/输出数据的场合,即输入/输出设备始终处于准备就绪状态。

在方式 0 下,端口 A、端口 B、端口 C 的高 4 位和低 4 位可以分别设置为输入或输出,即 8255A 的这四个部分都可以工作于方式 0。需要说明的是,这里所说的输入或输出是相对于 8255A 而言的。当数据从外设送往 8255A 时为输入;反之,数据从 8255A 送往外设则为输出。

方式 0 也可以用于查询方式的输入/输出接口电路,此时端口 A 和端口 B 分别作为一个数据端口,而用端口 C 的某些位作为这两个数据端口的控制和状态信息。如图 7-7 所示为一个端口 A 和端口 B 工作在方式 0 时利用端口 C 某些位作为联络信号的接口电路。在此例中将 8255A 设置为:端口 A 输出,端口 B 输入,端口 C 高 4 位输入(现仅用 PC_7、PC_6 两位输入外设的状态),端口 C 低 4 位输出(现仅用 PC_1、PC_0 两位输出选通及清除信号)。此时 8255A 的方式控制字为 10001010B(8AH)。

其工作原理如下:在向输出设备送数据前,先通过 PC_7 查询设备状态,若设备准备好则从端口 A 送出数据,然后通过 PC_1 发选通信号使输出设备接收数据。从输入设备取数据前,先通过 PC_6 查询设备状态,设备准备就绪后,再从端口 B 读入数据,然后通过 PC_0 发清除信号,以便输入后续字节。8255A 在方式 0 下的输入、输出组合见表 7-2。

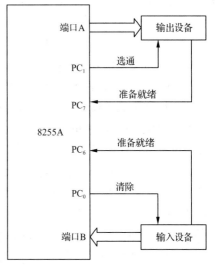

图 7-7　方式 0 下查询方式的接口电路

表 7-2　　　　　　　　　　　　　　**8255A 在方式 0 下的输入、输出组合**

A　组		B　组	
端口 A(PA$_7$～PA$_0$)	端口 C(PC$_7$～PC$_4$)	端口 B(PB$_7$～PB$_0$)	端口 C(PC$_3$～PC$_0$)
输入	输入	输入	输入
输入	输入	输入	输出
输入	输入	输出	输入
输入	输入	输出	输出
输入	输出	输入	输入
输入	输出	输入	输出
输入	输出	输出	输入
输入	输出	输出	输出
输出	输入	输入	输入
输出	输入	输入	输出
输出	输入	输出	输入
输出	输入	输出	输出
输出	输出	输入	输入
输出	输出	输入	输出
输出	输出	输出	输入
输出	输出	输出	输出

方式 0 的联络信号线可由用户自行安排(方式 1 和方式 2 中使用的端口 C 联络线是已定义好的),且只能用于查询,不能实现中断。

(2)方式 1—选通输入/输出方式

在这种方式下,端口 A 和端口 B 仍作为数据的输出端口或输入端口,同时还要利用端口 C 的某些位作为控制和状态信号。

当 8255A 工作于方式 1 时,端口 A 和端口 B 可任意由程序指定为输入端口还是输出端口。为了阐述问题方便,我们分别以端口 A 和端口 B 均为输出、端口 A 和端口 B 均为输入、端口 A 和端口 B 混合输入/输出三种方式加以说明。将来在实际应用时,端口 A、端口 B 的输入或输出完全可以由软件编程来指定。

①方式 1 下端口 A 和端口 B 均为输出:为了使端口 A 和端口 B 工作于方式 1 下,必须利用端口 C 的 6 根线作为控制和状态信号线。其控制字格式和接口电路如图 7-8 所示,在方式 1 下用端口 A 和端口 B 输出时,所用到的端口 C 信号线是固定不变的,端口 A 使用 PC$_7$、PC$_6$ 和 PC$_3$,而端口 B 使用 PC$_2$、PC$_1$ 和 PC$_0$。

端口 C 提供的信号功能如下:

Ⅰ.$\overline{OBF}$ 为输出缓冲器满信号,低电平有效。利用该信号告诉外设,在规定的接口上已由 CPU 输出了一个有效数据,外设可从此接口获取该数据。

Ⅱ.$\overline{ACK}$ 为外设响应信号,低电平有效。该信号用来通知接口,外设已将数据接收并使 $\overline{OBF}=1$。

Ⅲ.INTR 为中断请求信号,高电平有效。当外设接收到一个数据后,由此信号通知

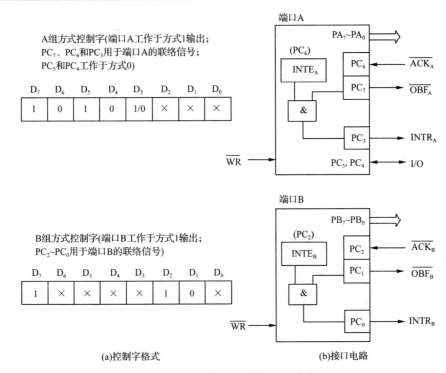

A组方式控制字(端口A工作于方式1输出；
PC₇、PC₆和PC₃用于端口A的联络信号；
PC₅和PC₄工作于方式0)

B组方式控制字(端口B工作于方式1输出；
PC₂~PC₀用于端口B的联络信号)

(a)控制字格式　　　　　　(b)接口电路

图7-8　方式1下端口A和端口B均为输出

CPU,刚才的输出数据已经被接收,可以再输出下一个数据。

Ⅳ.INTE为中断允许状态。由图7-9可知,端口A和端口B的INTR均受INTE的控制。只有当INTE为高电平时,才有可能产生有效的INTR。

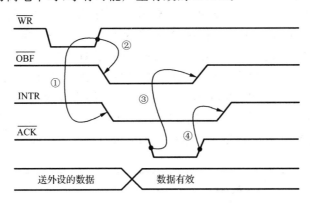

图7-9　方式1下的数据输出时序

②方式1下端口A和端口B均为输入:与方式1下端口A和端口B均为输出类似,为实现选通输入,同样要利用端口C的信号线。其控制字格式和接口电路如图7-10所示。

在端口为输入时所用到的控制信号的定义如下:

Ⅰ.STB为输入选通信号,低电平有效,由外设提供。利用该信号可将外设数据锁存于8255A接口的输入锁存器中。

Ⅱ.IBF为输入缓冲器满信号,高电平有效。当它有效时,表示已有一个有效的外设数据被锁存于8255A接口的输入锁存器中。可用此信号通知外设数据已被锁存于接口中,尚未被CPU读走,暂不能向接口输入数据。

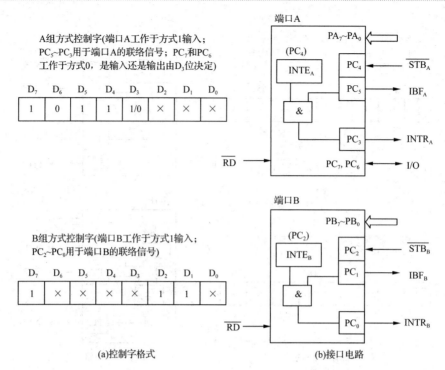

图 7-10　方式 1 下端口 A 和端口 B 均为输入

Ⅲ. INTR 为中断请求信号,高电平有效。对于端口 A、端口 B 可利用端口 C 按位操作分别使 $PC_4=1$ 或 $PC_2=1$,此时若 IBF 和 $\overline{STB}$ 均为高电平,则可使 INTR 有效,向 CPU 提出中断请求。也就是说,当外设将数据锁存于接口之中,且允许中断请求发生时,就会产生中断请求。

Ⅳ. INTE 为中断允许状态。在方式 1 下输入数据时,INTR 同样受中断允许状态 INTE 的控制。端口 A 的 $INTE_A$ 是由 PC_4 控制的:当它为 1 时允许中断;当它为 0 时禁止中断。端口 B 的 $INTE_B$ 是由 PC_2 控制的。利用端口 C 的按位操作即可实现该控制。

方式 1 下数据输入的过程为:当外设有数据需要输入时,将数据送到 8255A 上,并利用 $\overline{STB}$ 脉冲将数据锁存,同时产生 INTR 信号并使 IBF 有效;有效的 IBF 通知外设数据已锁存,中断请求要求 CPU 从 8255A 的端口上读取数据;CPU 响应中断,读取数据后使 IBF 和 INTR 都变为无效。上述过程可用如图 7-11 所示的数据输入时序进一步说明。

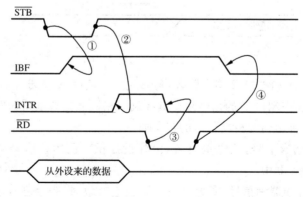

图 7-11　方式 1 下的数据输入时序

③方式 1 下端口 A 和端口 B 混合输入/输出:在实际应用中,8255A 端口 A 和端口 B 也可能

出现一个端口工作于方式1输入,另一个端口工作于方式1输出的情况。例如如下两种情况:

Ⅰ.端口A为输入,端口B为输出时,其控制字格式和接口电路如图7-12所示。

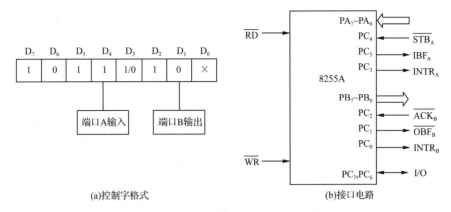

图7-12 方式1下端口A输入,端口B输出

Ⅱ.端口A为输出,端口B为输入时,其控制字格式和接口电路如图7-13所示。

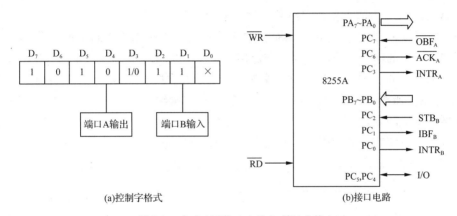

图7-13 方式1下端口A输出,端口B输入

(3)方式2——选通双向输入/输出方式

这种工作方式只有8255A的端口A才有。在端口A工作于方式2时,要利用端口C的5根线才能实现。此时,端口B只能工作于方式0或方式1下,而端口C剩下的3根线可作为输入/输出线使用或用作端口B工作于方式1下的控制线。

端口A工作于方式2时,其控制字格式和接口电路如图7-14所示,图中未画端口B和端口C的其他引线。

当端口A工作于方式2时,其控制信号 $\overline{OBF}$、$\overline{ACK}$、$\overline{STB}$、IBF及INTR与前面的叙述是一样的,不同之处主要有:

①在方式2下,端口A既作为输出又作为输入,因此,只有当 $\overline{ACK}$ 有效时,才能打开端口A输出数据三态门,使数据由 $PA_7 \sim PA_0$ 输出。当 $\overline{ACK}$ 无效时,端口A的输出数据三态门呈高阻状态。

②在方式2下,端口A的输入、输出均具备锁存数据的能力。CPU写端口A时,数据锁存于端口A,外设的 $\overline{STB}$ 也可将输入数据锁存于端口A。

③在方式2下,端口A的数据输入或数据输出均可引起中断。由图7-14可见,输入或输出中断还受到中断允许状态 $INTE_2$ 和 $INTE_1$ 的影响。$INTE_2$ 是由 PC_4 控制的,而 $INTE_1$ 是

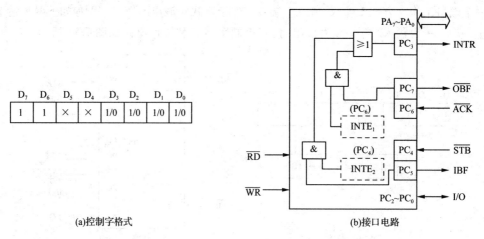

D_7	D_6	D_5	D_4	D_3	D_2	D_1	D_0
1	1	×	×	1/0	1/0	1/0	1/0

(a)控制字格式　　　　　　　　　　　　　(b)接口电路

图 7-14　端口 A 工作于方式 2

由 PC_6 控制的。利用端口 C 的按位操作,通过 PC_4 或 PC_6 的置位或复位,可以允许或禁止相应的中断请求。

端口 A 在方式 2 下的工作过程简要叙述如下:

工作在方式 2 的端口 A,可以认为是按方式 1 下的输入和输出进行分时工作的结果。其工作过程和方式 1 的输入和输出过程一样。值得注意的是,在这种工作方式下,8255A 与外设之间是通过端口 A 的 8 根线 $PA_7 \sim PA_0$ 交换数据的。在 $PA_7 \sim PA_0$ 上,可能出现 8255A 输出数据到外设,也可能出现外设通过 $PA_7 \sim PA_0$ 将数据传送给 8255A。这就要防止 $PA_7 \sim PA_0$ 上产生数据线竞争问题。

在方式 2 下工作的时序如图 7-15 所示。

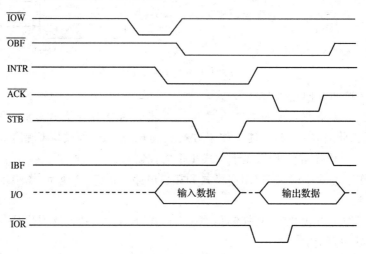

图 7-15　在方式 2 下工作的时序

7.1.4　8255A 的应用举例

例 7-1　8255A 初始化编程。设 8255A 的端口 A 工作方式 1 输出,端口 B 工作方式 1 输入,PC_5 和 PC_4 输入,禁止端口 B 中断。设片选信号 $\overline{CS}$ 由 $A_9 \sim A_2 = 10000000B$ 确定。试编写程序对 8255A 进行初始化。

根据题意,其8255A控制字如图7-16(a)所示,接口电路如图7-16(b)所示。

初始化程序如下:

```
MOV   AL,10101110B          ;控制字送 AL
MOV   DX,1000000011B        ;8255A 控制寄存器地址送 DX
OUT   DX,AL                 ;控制字送 8255A 的控制寄存器
MOV   AL,00001101B          ;PC₆ 置 1,允许端口 A 中断
OUT   DX,AL
MOV   AL,00000100B          ;PC₂ 置 0,禁止端口 B 中断
OUT   DX,AL
```

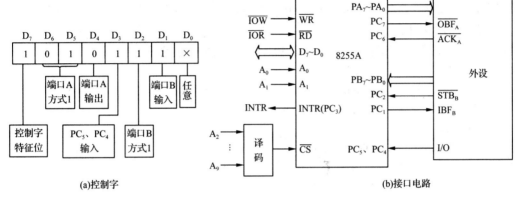

(a)控制字

(b)接口电路

图 7-16 例 7-1 控制字及接口电路

例 7-2 利用 8255A 方式 0 实现打印机接口。

在方式 0 下,8255A 与打印机的连接如图 7-17 所示。

如图 7-18 所示是打印机的工作时序。接口将数据传送到打印机的 $D_7 \sim D_0$,利用一个负的锁存脉冲(宽度不小于 1 μs)将其锁存于打印机内部,以便打印机进行处理。同时,打印机送出高电平的 BUSY(忙)信号,表示打印机正忙。一旦 BUSY 信号变为低电平,表示打印机又可以接收下一个数据。

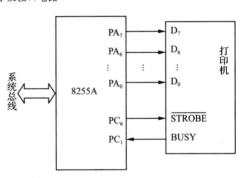

图 7-17 8255A 与打印机的连接

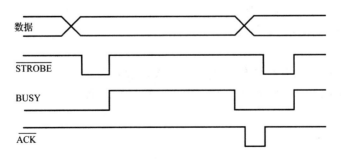

图 7-18 打印机的工作时序

为了与打印机接口，A 组、B 组均工作在方式 0 下，而通过端口 A 的 $PA_7 \sim PA_0$ 与打印机的 $D_7 \sim D_0$ 相连接；端口 C 的 PC_6 用作输出，与 $\overline{STROBE}$ 连接；PC_1 用作输入，与打印机的 BUSY 信号连接。为此，应初始化端口 A 为输出，端口 C 的高 4 位为输出，端口 C 的低 4 位为输入，端口 B 保留，暂时未用。初始化程序如下：

```
INIT55：  MOV   DX,0383H
          MOV   AL,10000011B
          OUT   DX,AL
          MOV   AL,00001101B
          OUT   DX,AL
```

以上程序在对 8255A 进行初始化的同时，通过端口 C 按位操作控制字，使 PC_6 输出为 1。

若利用此打印机接口打印一批字符，且字符串长度在当前数据段的 BLAK 单元中，要打印的字符在由 DATA 单元开始的当前数据段中顺序排列，则打印程序如下：

```
PRINT：   MOV   AL,BLAK
          MOV   CL,AL
          MOV   SI,OFFSET DATA
GOON：    MOV   DX,0382H
PWAIT：   IN    AL,DX
          AND   AL,02H
          JNZ   PWAIT           ;等待不忙
          MOV   AL,[SI]
          MOV   DX,0380H
          OUT   DX,AL           ;送数据
          MOV   DX,0382H
          MOV   AL,00H
          OUT   DX,AL
          MOV   AL,40H
          OUT   DX,AL           ;送 STROBE 脉冲
          INC   SI
          DEC   CL
          JNZ   GOON
          RET
```

例 7-3　8255A 组成交通灯的控制，如图 7-19 所示，编写程序实现下列功能：

K_0、K_1、K_2 全部闭合时，红灯亮；

K_0、K_1、K_2 全部打开时，绿灯亮；

其他情况黄灯亮。

由图 7-19 可知：8255A 工作于方式 0，端口 A 作输入端口，端口 B 作输出端口。方式控制字为 10010000B。端口 A 的地址为 340H，端口 B 的地址为 341H，控制寄存器的地址为 343H。

程序如下：

```
          MOV   DX,343H         ;控制字端口地址
          MOV   AL,90H          ;方式控制字
          OUT   DX,AL           ;初始化 8255A
```

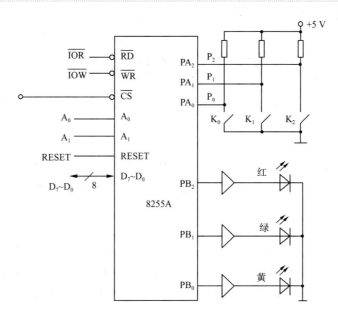

图 7-19 8255A 与交通灯连接

```
AGAIN：  MOV  DX,340H         ;送端口 A 地址
         IN   AL,DX           ;读端口 A
         AND  AL,00000111B    ;取端口 A 的低 3 位
         CMP  AL,00000111B    ;判断是否全部打开
         JE   GREEN
         CMP  AL,00000000B    ;判断是否全部闭合
         JE   RED
         MOV  AL,1            ;黄灯亮
         JMP  OUTPUT
RED：    MOV  AL,4            ;红灯亮
         JMP  OUTPUT
GREEN：  MOV  AL,2            ;绿灯亮
OUTPUT：MOV  DX,341H         ;端口 B 地址
         OUT  DX,AL
         JMP  AGAIN
         HLT
```

7.2 可编程定时/计数器 8253

在微型计算机系统中,经常会用到定时功能。例如,在计算机中需要一个实时时钟以实现计时功能。在微型计算机实时控制和处理系统中,周期性的数据采样部件往往是系统中一个重要的组成部分,或者定时检测某些参数等都需要定时信号。此外许多微型计算机应用系统中,还用到计数功能,需要对外部事件计数。实现定时/计数功能的常用方法一般采用以下三种。

1. 软件定时

软件定时也称为软件延时。其方法是让 CPU 循环执行某一条或一系列指令,而这些指令本身往往并没有具体的执行目的,利用每条指令在执行过程中所花费的时间来计算延时总时间。这种方法的优点是:方法简单,不需要其他硬件支持,通过正确选取指令和合适的循环次数,便很容易实现定时功能;通用性和灵活性较好,利用这种方法定时,完全由软件编程来控制和改变定时时间,灵活方便。缺点是占用 CPU 的时间,降低了 CPU 的利用率。这是因为在定时循环期间 CPU 不能再去做任何其他有用的工作,仅仅是通过反复循环等待预定的定时时间到来,这在许多应用场合是不允许的。

2. 纯硬件定时

纯硬件定时就是设计一种数据逻辑电路,用硬件实现定时或计数功能。例如,555 芯片加上很少的外接电阻和电容构成了定时电路,这种定时电路结构简单,价格便宜,但其缺点是定时时间和范围不能由程序来控制和改变,而且定时精度也不够高。

3. 可编程定时

可编程定时是利用硬件电路和中断方法来实现的,时间基准由微处理器的时钟信号提供,定时的时间和范围由软件来确定和改变。这种方法的优点是计时精确稳定,这是因为时间基准由晶振产生,定时信号稳定;可用软件改变定时范围,并与 CPU 并行工作,功能强,使用灵活。

由于软件定时和纯硬件定时的方法各有利弊,所以在实际应用中很少采用单独的软件和硬件,而常采用结合了软件、硬件优点的可编程定时/计数接口电路。这种接口电路可通过指令来灵活地设置和修改定时/计数值,在进行定时/计数工作时,CPU 可执行其他工作,当定时/计数达到设置值时,电路可自动产生一个控制信号通知 CPU。由于可用软件随时修改定时/计数值,所以称为可编程定时/计数接口电路。

Intel 公司生产的可编程定时/计数器 8253 就是一种典型的专用定时/计数器芯片。使用时,只需在计数开始前由 CPU 通过程序向 8253 写入控制字和计数初值,确定它的计数方式和计数范围即可,而计数过程完全不需 CPU 干预,计数器可以和 CPU 同时工作。当计数完成后,8253 可以向 CPU 请求中断。显然,这种独立于 CPU 运行的定时/计数器,可以使 CPU 开销最小,并可通过适当分配优先级的办法实现多级延时。由于 8253 的读写操作对系统时钟没有特殊要求,因此它可以应用于任何一种微处理器组成的系统中,可作为可编程的事件计数器、单脉冲发生器、频率发生器、方波发生器或实时时钟等。

8254 是 8253 的增强型产品,它与 8253 的引脚兼容,功能几乎完全相同,不同之处仅在于以下两点:

①8253 的最大输入时钟频率为 2.6 MHz,而 8254 的最大输入时钟频率为 5 MHz,8254-2 则为 10 MHz。

②8254 有读回(Read-back)功能,可以同时锁存 1～3 个计数器的计数值及状态值,供 CPU 读取,而 8253 每次只能锁存和读取 1 个通道的计数器,且不能读取状态值。

7.2.1　可编程定时/计数器 8253 内部结构与引脚功能

每片 8253 定时/计数器有 3 个独立的 16 位计数通道,可作为定时器或计数器使用,如果定时或计数值超出单个电路的定时/计数范围,可通过通道的级联来提高定时/计数范围。每个通道有 6 种工作方式,可由程序设置和改变。每个计数通道可按二进制或十进制来计数,计数范围为 0000H～FFFFH 或 0～9999。每个计数通道最高计数速率可达 2.6 MHz,所有的输入/输出引脚电平都与 TTL 电平兼容。

1. 8253 的结构

8253 主要由 4 部分组成,其结构如图 7-20 所示。

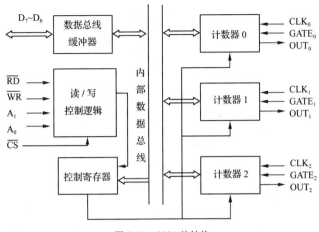

图 7-20 8253 的结构

(1)数据总线缓冲器

数据总线缓冲器是 8253 与 CPU 数据总线的接口部件,是一个 8 位的双向三态缓冲器,CPU 用输入/输出指令对 8253 进行读/写操作的所有信息都是通过这个缓冲器传送的。缓冲器用于暂时存放数据,存放的数据包括 CPU 向 8253 写入的控制字、CPU 向某一计数通道装入的计数初值和 CPU 从某一计数通道读取的计数值。

(2)读/写控制逻辑

读/写逻辑的任务是接收来自 CPU 的地址信号控制信号,经过控制逻辑电路的组合判断后产生对 8253 某一端口执行的操作。这些控制信号包括读信号 $\overline{RD}$、写信号 $\overline{WR}$、片选信号 $\overline{CS}$ 以及用于片内寄存器寻址的地址信号 A_1 和 A_0。当片选信号有效,即 $\overline{CS}=0$ 时,读写逻辑才能工作。该控制逻辑根据读/写命令及送来的地址信息,决定 3 个计数器和控制寄存器中的哪一个工作,并控制内部总线上数据传送的方向。注意,当片选信号 $\overline{CS}$ 无效时,读/写逻辑被禁止。此时,8253 的数据总线缓冲器呈高阻状态。CPU 与 8253 之间不能传递信息,但芯片内的计数器现行计数工作仍在进行,不受电平的影响。

(3)控制寄存器

控制寄存器存放初始化时 CPU 写入 8253 的控制字。当 A_1 和 A_0 均为 1 时,控制寄存器被访问。它从数据总线缓冲器接收来自 CPU 的控制字并寄存起来。该控制字决定了每个计数器的操作方式,选择二进制或 BCD 数的计数,并控制每个计数初值寄存器的写入操作。控制寄存器只能写入,不能读出。

(4)3 个计数器

8253 有 3 个计数器通道,称为计数器 0、计数器 1 和计数器 2。3 个计数器的操作完全独立,各计数器的内部结构和功能完全相同,其核心是一个 16 位可预置初值的减法计数器,如图 7-21 所示为计数器的结构。它包括 1 个 16 位计数初值寄存器 CR、1 个 16 位计数执行单元 CE 和 1 个 16 位输出锁存器 OL。CR 存放由 CPU 编程设定的计数初值。OL 一般情况下跟随 CE 内容变化,当接到 CPU 发来的锁存命令时即锁存当前计数值,直到其值被 CPU 读走之后,又才随 CE 的变化而变化。CR 和 OL 都没有计数功能,只起锁存作用,二者共同占用一个端口地址,CPU 用 OUT 指令向 CR 预置计数初值,用 IN 指令读出 OL 的数值。CE 执行计数操作,其操作方式受控制寄存器控制,最基本的操作是:接受 CR 的初值,对 CLK 信号进行减 1 计数,把计数结果送 OL 中锁存,CE 不能被 CPU 访问,不占用端口地址。

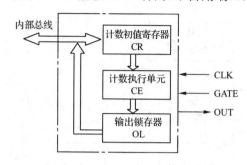

图 7-21 计数器的结构

每个计数器有一个时钟脉冲或计数脉冲输入端 CLK、一个门控制输入端 GATE 和一个输出端 OUT。

CPU 对计数器初始化写入控制字和计数初值后,计数初值送入 CR。触发计数工作时,CR 内容送入 CE,由 CE 对 CLK 输入脉冲进行减 1 计数,减 1 结果同时送入 OL 锁存。GATE 对计数操作起开关或触发作用。当 CE 中的数减到 0 时,从 OUT 输出一个信号,输出信号的形式由工作方式决定。

计数器通道无论是用作计数器还是定时器,其内部操作是一样的,区别在于由 CLK 输入的脉冲是否是周期信号。作为定时器使用时,由 CLK 输入的脉冲必须是频率精确的周期信号;作为计数器使用时,则无此要求。

2. 8253 的引脚功能

8253 是 24 引脚双列直插式芯片,其引脚如图 7-22 所示。

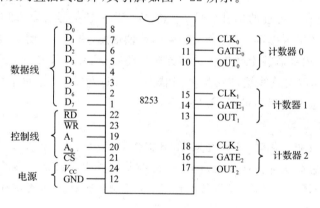

图 7-22 8253 的引脚

(1)与 CPU 的接口信号

①$D_0 \sim D_7$:数据线引脚,是双向三态线,用于 CPU 与 8253 之间传送信息。

②$\overline{CS}$:片选输入引脚,低电平有效。当 $\overline{CS}$ 为低电平时,8253 被选中。

③$\overline{WR}$ 和 $\overline{RD}$:写和读控制输入引脚。当 $\overline{WR}$ 为低电平时,可对控制寄存器写入控制字或向某一个计数器写入初值;当 $\overline{RD}$ 为低电平时,可以读取某个计数器当前的计数值。

④A_0、A_1:片内地址选择引脚。8253 内有 3 个独立的计数器通道,每个通道可单独编

程使用。8253 共有 4 个端口地址,其控制寄存器和 3 个计数器分别有各自的端口地址,由 A_0、A_1 控制,见表 7-3。

表 7-3　　　　　　　　　　　　　　8253 地址表

$\overline{CS}$	A_1	A_0	选中端口
0	0	0	计数器 0
0	0	1	计数器 1
0	1	0	计数器 2
0	1	1	控制寄存器
1	×	×	未选中

如果 8253 与 8 位数据总线的微型计算机相连,只要将 A_1、A_0 分别与地址总线的低两位 A_1、A_0 相连即可。例如,在以 8088 为 CPU 的 IBM PC/XT 中,地址总线高位部分($A_9 \sim A_4$)用于 I/O 端口译码,形成选择各 I/O 芯片的片选信号,低位部分($A_3 \sim A_0$)用于各芯片内部端口的寻址。若 8253 的端口基地址为 40H,则通道 0、1、2 和控制寄存器端口的地址分别为 40H、41H、42H、43H。

如果系统采用的是 8086 CPU,则数据总线为 16 位。CPU 在传送数据时,总是将低 8 位数据送往偶地址端口,将高 8 位数据送往奇地址端口。反之,偶地址端口的数据总是通过低 8 位数据总线送到 CPU,奇地址端口的数据总是通过高 8 位数据总线送到 CPU。当仅具有 8 位数据总线的存储器或 I/O 接口芯片与 8086 的 16 位数据总线相连时,既可以连到高 8 位数据总线,也可以接在低 8 位数据总线上。在实际设计系统时,为了方便起见,常将这些芯片的数据线 $D_7 \sim D_0$ 接到数据总线的低 8 位,这样 CPU 就要求芯片内部的各个端口都使用偶地址。

假设一片 8253 被用于 8086 系统中,为保证各端口均为偶地址,CPU 访问这些端口时,必须将地址总线的 A_0 置为 0。因此,就不能像在 8088 系统中那样,用地址线 A_0 来选择 8253 中的各个端口。而改用地址总线中的 A_2、A_1 实现端口选择,即将 A_2 连到 8253 的 A_1,而将 A_1 与 8253 的 A_0 相连。若 8253 的基地址为 0F0H(11110000B),因 A_2A_1=00B,所以它就是通道 0 的地址;A_2A_1=01B 选择通道 1,所以通道 1 的地址为 0F2H(11110010B);A_2A_1=10B 选择通道 2,即通道 2 的地址为 0F4H(11110100B);A_2A_1=11B 选择控制寄存器,此时控制寄存器端口地址为 F6H(11110110B)。

$\overline{CS}$、$\overline{RD}$、$\overline{WR}$、A_1 和 A_0 信号的组合产生的 8253 的对应操作关系见表 7-4。

表 7-4　　　　　　　　　　　　8253 控制信号与执行的操作

$\overline{CS}$	$\overline{RD}$	$\overline{WR}$	A_1	A_0	寄存器选择和操作
0	1	0	0	0	写入计数器 0
0	1	0	0	1	写入计数器 1
0	1	0	1	0	写入计数器 2
0	1	0	1	1	写入控制寄存器
0	0	1	0	0	读计数器 0
0	0	1	0	1	读计数器 1
0	0	1	1	0	读计数器 2
0	0	1	1	1	无操作(三态)
1	×	×	×	×	禁止(三态)
0	1	1	×	×	无操作(三态)

（2）与外设的接口信号

①CLK₀、CLK₁、CLK₂：脉冲输入引脚。8253 就是对该引脚输入的脉冲信号进行计数。输入的脉冲信号可以是周期一定的，也可以是周期不定的。8253 规定，加在 CLK 的输入时钟周期不能小于 380 ns。

②OUT₀、OUT₁、OUT₂：输出引脚。当计数值减为 0 时，OUT 上必然有输出，指示定时或计数到终点。输出信号可以是方波、电平或脉冲，由计数器的工作方式决定。

③GATE₀、GATE₁、GATE₂：门控制输入引脚，用于启动或停止定时/计数工作。当 GATE 为低电平时，禁止定时/计数器工作；只有当 GATE 为高电平时，才允许定时/计数器工作。

7.2.2 可编程定时/计数器 8253 的控制字

为了让 8253 定时/计数器能正确地工作，应了解方式控制字的格式，掌握设置方法。8253 工作前必须进行初始化编程，先写入方式控制字，再写入计数初值。

1.8253 的方式控制字

在 8253 的初始化编程中，当 $A_1A_0=11$ 时，表示由 CPU 向 8253 的控制寄存器写入 1 个控制字，它规定了 8253 的工作方式。其格式如图 7-23 所示。

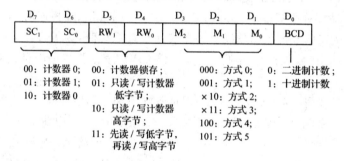

图 7-23　8253 方式控制字格式

方式控制字是 8 位的数据，分为 4 个功能标志段。

（1）D_0：计数方式选择位 BCD

8253 的计数通道可有两种计数格式，由方式控制字的 BCD 位选择。当 BCD＝1 时，选择以十进制（BCD 码）格式计数，计数值范围是 0000～9999。最大计数初值是 0000，表示最大计数次数是 10000 次。当 BCD＝0 时，选择以二进制格式计数，计数值范围是 0000H～0FFFFH。最大计数初值是 0000H，表示最大计数次数是 65536 次。

（2）D_3、D_2、D_1：工作方式选择位 M_2、M_1、M_0

8253 有 6 种工作方式，由 M_2、M_1、M_0 这三位的编码决定 8253 工作于哪一种工作方式。

（3）D_5、D_4：计数值读/写控制位 RW_1、RW_0

CPU 可通过端口地址访问 8253 的计数通道，对计数通道写入计数初值或读出当前计数值。计数初值有 8 位和 16 位两种，RW_1、RW_0 位用来控制计数器读写的字节数和顺序。

①$RW_1RW_0＝00$，计数器锁存，使当前计数值在输出锁存器中锁存。

②$RW_1RW_0＝01$，只读取 OL 或写入 CR 的低字节，CR 的高字节自动为 0。

③$RW_1RW_0＝10$，只读取 OL 或写入 CR 的高字节，CR 的低字节自动为 0。

④$RW_1RW_0＝11$，读取 OL 或写入 CR，先读/写低字节，后读/写高字节。

（4）D_7、D_6：计数器选择位 SC_1、SC_0。

8253 有 3 个独立的计数器通道，SC_1、SC_0 位决定选择哪一个计数器通道。

2. 8253 初始化编程步骤及举例

（1）8253 初始化编程步骤

8253 的控制寄存器和 3 个计数器分别具有独立的端口地址，由控制字的内容确定使用的是哪一个计数器以及计数器的工作方式。8253 在初始化编程时，按照如下步骤进行：

① 先写入方式控制字。

② 按方式控制字的规定写入计数初值，即只写低字节，还是只写高字节，还是低、高字节都写（分两次写，先写低字节后写高字节）。

（2）8253 初始化编程举例

例 7-4　8253 计数器 0 工作于方式 0，用 8 位二进制计数，计数初值为 64H。设计数器 0、计数器 1、计数器 2 及控制寄存器的地址分别为 50H、51H、52H 和 53H。试写出其初始化程序。

解　初始化程序如下：

```
        MOV   AL,10H      ;方式控制字00010000＝通道0,只装低8位,方式0,二进制
        OUT   53H,AL      ;送方式控制字给控制寄存器
        MOV   AL,64H      ;计数初值为64H,只装入计数值低8位,高8位自动赋0
        OUT   50H,AL      ;计数初值写入通道0
```

例 7-5　8253 计数器 2 工作于方式 2，用 8 位二进制计数，计数初值为 0458H。设计数器 0、计数器 1、计数器 2 及控制寄存器的地址分别为 50H、51H、52H 和 53H。试写出其初始化程序。

解　初始化程序如下：

```
        MOV   AL,0B4H     ;方式控制字10110100＝通道2,16位初值,方式2,二进制
        OUT   53H,AL      ;送控制字
        MOV   AL,58H
        OUT   52H,AL      ;先写计数初值低8位
        MOV   AL,04H
        OUT   52H,AL      ;后写计数初值高8位
```

3. 8253 读操作方法及编程举例

为了对计数器的计数值进行显示或实时处理，常需要读取计数通道的当前计数值，它是通过由 CPU 访问计数通道的 OL 实现的。在读计数值之前，必须先用锁存命令锁定当前 OL 的值。否则，在读数时，CE 的值处在动态变化过程中，OL 的值随之变化，就会得到一个不确定的结果。当 CPU 将此锁定值读走后，锁存功能自动失效，于是 OL 的内容又跟随 CE 变化。在锁存和读出计数值的过程中，CE 仍在做正常的减 1 计数。这种机制就保证了既能在计数过程中读取计数值，又不影响计数过程的进行。

由于计数锁存命令由方式控制字的形式给出，是控制字的特殊形式，所以写入的端口地址是控制寄存器的口地址。锁存命令的 SC_1、SC_0 位的编码决定要锁存的计数通道，RW_1、RW_0 位必须为 00（锁存命令标志），而低 4 位可以全为 0。这样，3 个计数器的锁存命令分别为：通道 0 是 00H，通道 1 是 40H，通道 2 是 80H。

将输出锁存器的当前计数值锁存后，必须严格按照方式控制字的 RW_1、RW_0 位确定的格式进行读取。如果是 8 位计数，则只需读 1 次；若是 16 位计数，则同一端口要读 2 次，第一次

读入低 8 位计数值,第二次读入高 8 位计数值。

例如,例 10-2 中要读取通道 2 的计数值,程序如下:

```
MOV  AL,80H      ;控制字 10000000＝通道 2,锁存命令
OUT  53H,AL      ;锁存命令写入控制寄存器(锁住通道 2 的计数值)
IN   AL,52H      ;读通道 2 的 OL 的低 8 位
MOV  BL,AL
IN   AL,52H      ;读通道 2 的 OL 的高 8 位
MOV  BH,AL
```

对 8253 的读操作也可以不锁存,直接用 IN 指令进行,但需要先用 GATE 信号暂停计数器的计数,或用外部逻辑禁止计数器的 CLK 脉冲输入,即先停止计数后读取。这要求内部和外部、软件和硬件相配合,使用起来有一定的困难。

7.2.3　可编程定时/计数器 8253 工作方式与时序

8253 共有 6 种工作方式,由方式控制字 CW(Control Word)确定。在选择工作方式时要根据实际应用中的要求来确定应该选用哪种方式。

虽然 6 种工作方式的工作状态各有不同,但都遵循以下步骤:

①微处理器在 $\overline{\text{WR}}$ 的上升沿写入方式控制字,设定工作方式。计数器立即复位,OUT 进入初始状态。

②微处理器在下一个 $\overline{\text{WR}}$ 的上升沿写入计数初值寄存器,设定计数初值。

③对方式 1 和方式 5,需要硬件启动,即 GATE 出现一个上升沿信号;对其他方式,不需要这个过程,直接进入下一步,即设定计数初值后软件启动。

④在写入计数初值后的 CLK 的第一个下降沿,将计数初值寄存器的内容送计数执行单元 CE。

⑤若此时 GATE 为高电平,计数开始,之后 CLK 每出现一个下降沿,计数执行单元就将计数值减 1。计数过程受到 GATE 信号的控制,GATE 为低电平时,不进行计数。

⑥当计数值减至 0 时,一次计数过程结束。通常 OUT 在计数值减至 0 时发生改变,以指示一次计数结束。

对方式 0、1、4 和 5,如果不重新设定计数初值或提供硬件启动信号,计数器就此停止计数过程;对方式 2 和 3,计数值减至 0 后,自动将计数初值寄存器的预置计数初值送入计数执行单元,同时重复下一次的计数过程,直到写入新的方式控制字才停止。

需要注意的是,微处理器写入 8253 的计数初值只是写入了计数初值寄存器,之后到来的第一个 CLK 信号的下降沿,才将计数初值寄存器的预置值送到计数执行单元。从第二个 CLK 信号的下降沿,计数器才真正开始减 1 计数。因此,若设置计数初值为 N,则从输出指令写完计数初值到计数结束,CLK 信号的下降沿有 $N+1$ 个;但从第一个下降沿到最后一个下降沿之间正好是 N 个完整的 CLK 信号。

1. 方式 0——计数结束产生中断

方式 0 可完成计数功能,且计数器只计一遍。当某一个计数通道写入控制字设置为方式 0 后,OUT 就变为低电平(若原为低电平则不变)。在写入计数初值之后的第一个 CLK 信号下降沿,计数初值寄存器内容装入计数执行单元。此后如果 GATE 也为高电平,通道开始计数,CLK 每输入一个时钟信号下降沿,计数执行单元的值减 1。当计数值减为 0 时,计数结束,

OUT 变为高电平,并一直保持到该通道重新装入计数值或重新设置工作方式为止。由于计数结束,OUT 输出一个从低到高的信号,该信号可作为中断请求信号,接入 8259 中断控制器,所以"计数结束产生中断"的名字由此而来。方式 0 的波形如图 7-24 所示。

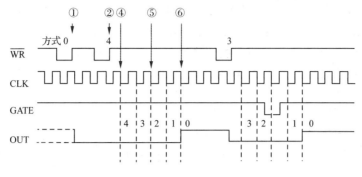

图 7-24   方式 0 的波形

GATE 信号可控制计数过程。当为高电平时,允许计数;为低电平时,暂停计数。当 GATE 由低重新变为高电平时,计数器从暂停值开始继续计数。计数期间给计数器装入新值,则会在写入新计数值后立即重新开始计数过程。

2. 方式 1——可编程单拍脉冲

方式 1 可在输出端 OUT 输出单拍负脉冲信号,脉冲宽度可通过编程设定。CPU 写入控制字后,OUT 输出高电平(若原为高电平则不变)。写入计数初值后并不立即开始计数,只有在门控信号 GATE 上升沿之后的下一个 CLK 的下降沿,才将计数初值寄存器的内容装入计数执行单元,开始减 1 计数,同时输出 OUT 变为低电平。在整个计数过程中,OUT 都维持为低电平,直到计数为 0 时,OUT 变为高电平。因此,输出一个由 GATE 触发的单拍负脉冲,其低电平维持时间为装入的计数初值乘时钟周期。若外部再次触发启动,则可以再产生一个单拍脉冲。方式 1 的波形如图 7-25 所示。

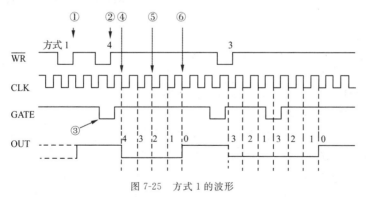

图 7-25   方式 1 的波形

在计数过程中,GATE 又来一个上升沿,则在下一个 CLK 脉冲的下降沿,计数执行单元重新装入计数初值,开始做减 1 计数,直到减为 0 为止。

在计数过程中,写入新的计数初值,但没有触发脉冲,当前计数过程不受影响;当前周期结束后,在再次触发的情况下,才按新的计数初值开始计数。

在计数过程中,写入新的计数初值,并在当前周期结束前又受到 GATE 触发,则在下一个 CLK 脉冲的下降沿,新计数初值写入计数执行单元,开始按新值计数。

3. 方式2——频率发生器

方式2可产生连续的负脉冲信号,可用作频率发生器。CPU写入控制字后,OUT为高电平(若原为高电平则不变)。如果GATE为高电平,在写入计数初值后计数器就自动开始计数。计数过程中,OUT一直保持高电平,直到计数器减至1时,OUT输出变为低电平。经一个CLK时钟周期后,OUT恢复高电平,且计数器自动恢复计数初值重新开始计数。方式2的波形如图7-26所示。方式2的特点是能够连续工作。如果计数值为N,则每输入N个CLK脉冲,OUT输出一个负脉冲。因此,这种方式颇似一个频率发生器或分频器。

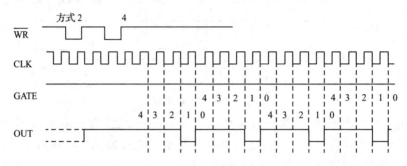

图7-26　方式2的波形

在计数过程中装入新值,将不影响现行计数,直到计数器减至1,从下一个计数周期开始按新计数值计数。GATE为低电平,将禁止计数,并使输出为高电平。若GATE再变为高电平,计数器将重新装入预置计数初值,重新开始计数。这样,GATE能用硬件对计数器进行同步。

例7-6　8253计数器2用作分频器,将频率为1.19 MHz的输入脉冲转变为频率为500 Hz的脉冲信号。8253的端口地址为70H～73H。试编写其初始化程序。

解　依题意,计算分频系数 $N=\dfrac{1.19\times10^{6}\ \text{Hz}}{500\ \text{Hz}}=2\ 380=094\ \text{CH}$,则其初始化程序如下:

```
MOV   AL,0B4H      ;控制字 10110100＝通道 2,16 位初值,方式 2,二进制
OUT   73H,AL       ;送控制字
MOV   AL,4CH       ;
OUT   72H,AL       ;先写计数初值低 8 位
MOV   AL,09H       ;
OUT   72H,AL       ;后写计数初值高 8 位
```

4. 方式3——方波发生器

方式3可产生连续的方波信号,可用作方波发生器。方式3与方式2类似,在初始化后立即开始计数并能自动重复计数,两者的区别在于OUT输出的波形。在方式3的整个计数过程中,OUT输出的电平,一半时间为高电平,一半时间为低电平,构成方波。故计数值为N时,方式3的OUT输出的是周期为N个CLK脉冲宽度的连续方波信号。

在这种方式下,当CPU设置控制字后,输出为高电平。如果GATE为高电平,在写完计数初值后就自动开始计数,输出仍为高电平。当计数到一半计数值时,输出变为低电平,直到计数为0,输出又变高电平,并重新开始计数。方式3的波形如图7-27所示。计数初值为偶数时,前一半输出为高电平,后一半输出为低电平。如果计数初值为奇数,前一半多一个时钟脉冲的时间输出为高电平,随后输出为低电平。

GATE信号对输出OUT起同步控制作用。GATE为高电平,允许计数;在计数过程中,GATE变为低电平,则停止计数,输出OUT变为高电平。待GATE由低电平变高电平后,计

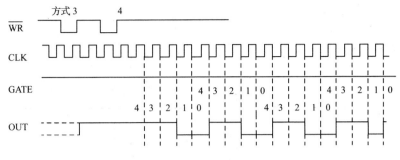

图 7-27　方式 3 的波形

数器将重新装入初值,重新开始计数。

在计数过程中,CPU 可再次写入计数初值,但对正在进行的计数过程没有影响。在现行半周结束后按新的计数值输出。但若在新计数值写入之后,又受到 GATE 上升沿的触发,那么,就会结束当前输出周期,在下一个 CLK 的下降沿装入新的计数值并重新计数值开始计数。也就是说,改变计数值是在半周期结束(OUT 改变状态)或门控信号 GATE 触发后才有效。因此,方式 3 随时可通过改写计数器初值,来改变 OUT 输出的方波频率。

5. 方式 4——软件触发选通

方式 4 可软件触发产生单个负脉冲信号,负脉冲宽度为一个时钟周期。方式 4 与方式 0 相似,但是不能重复计数。方式 4 当写入控制字后,输出 OUT 为高电平。如果 GATE 为高电平,当写入计数初值后立即开始计数。当计数到 0 时,OUT 输出变低电平,经过一个 CLK 时钟周期,输出又为高电平,计数器停止计数。即计数终到时,输出一个负脉冲。这种方式也是一次性计数,只有在输入新的计数值后,才能开始新的计数。方式 4 的波形如图 7-28 所示。

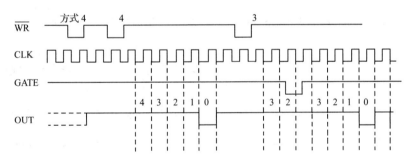

图 7-28　方式 4 的波形

如果在计数的过程中,又写入新的计数值,则在下一个 CLK 的下降沿此计数初值被写入计数执行单元,开始新的计数过程。计数过程中,GATE 为高电平,允许计数;GATE 变为低电平,则停止计数。待 GATE 由低变高后,计数器将重新装入初值,重新开始计数。

6. 方式 5——硬件触发选通

方式 5 可硬件触发产生单个负脉冲信号,负脉冲宽度为一个时钟周期。CPU 写入控制字后,OUT 输出为高电平。写入计数初值后,计数器并不立即开始计数,只有在 GATE 的上升沿出现之后的下一个 CLK 的下降沿,计数初值寄存器内容送至计数执行单元,开始减 1 计数。在计数期间,OUT 保持输出为高电平,当计数到 0 时,OUT 输出一个 CLK 宽度的负脉冲,然后恢复高电平,停止计数。门控脉冲的再次触发才可再次启动计数器计数。方式 5 的波形如图 7-29 所示。

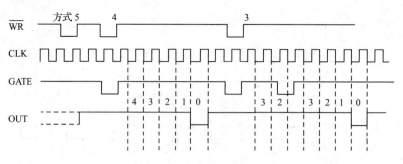

图 7-29 方式 5 的波形

方式 5 和方式 1 都是硬件触发的,都是靠 GATE 信号来启动计数的。

在计数过程中,GATE 再次触发,则计数器重新装入计数初值,从头开始计数。

在计数过程中,写入新的计数初值,但没有触发脉冲,当前计数过程受不影响;只有等到再次由 GATE 触发启动,新值才能写入,才能按新值开始计数。

7.2.4 可编程定时/计数器 8253 应用设计举例

例 7-7 使用 8253 计数器 2 产生频率为 40 kHz 的方波,设 8253 的端口地址为 0040H～0043H,已知时钟脉冲端 CLK_2 输入信号的频率为 2 MHz。试设计 8253 与 8088 总线的接口电路,并编写产生方波的程序。

解 题目要求产生的输出信号为方波,所以计数器应选择方式 3,将 CLK_2 输入的 2 MHz 信号进行分频可得到满足要求的 40 kHz 信号,计算分频系数:$N = \dfrac{2 \times 10^6 \text{ Hz}}{4 \times 10^4 \text{ Hz}} = 50$,计数初值为 50。8253 与 8088 总线的接口电路如图 7-30 所示,产生方波的程序如下:

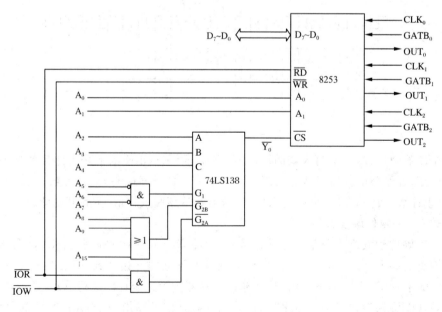

图 7-30 8253 与 8088 总线的接口电路

```
MOV    AL,10010111B        ;控制字 10010111＝计数器 2,低 8 位初值,方式 3,十进制计数
MOV    DX,0043H
```

```
        OUT    DX,AL                    ;对计数器 2 送控制字
        MOV    AL,50                    ;送计数初值 50
        MOV    DX,0042H
        OUT    DX,AL
```

例 7-8 在 IBM PC/XT 中,使用 8253 作为定时器/计数器电路,图 7-31 所示为 8253 在 IBM PC/XT 中的应用示意。3 个计数器的输入时钟脉冲都为 1.193 MHz,这是时钟发生器 8284A 的输出时钟经二分频后提供的,8253 端口地址为 40H~43H。

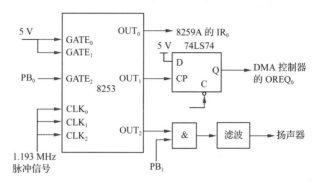

图 7-31　8253 在 IBM PC/XT 中的应用示意

各计数器工作如下:

①计数器 0:工作方式设置为方式 3,产生约 50 ms 定时中断,用于报时时钟和磁盘驱动器的马达定时控制。

②计数器 1:GATE$_1$ 固定为高电平,其输出端 OUT$_1$ 经 74LS74 后送 DMA 控制器的 DREQ$_0$ 输入端,8237 的通道 0 用于 DRAM 进行刷新。因此,8253 计数器 1 设置为方式 2,用以产生约 15 μs 定时脉冲信号,启动刷新动态存储器。

③计数器 2:GATE$_2$ 由 8255A 的 PB$_0$ 控制,其输出端 OUT$_2$ 接与门,输出滤去高频信号后送扬声器,与门由 8255A 的 PB$_1$ 控制。工作方式设置为方式 3,输出频率为 1 kHz 方波。

解 由题意,计数器 0 设置为方式 3,分频系数 $N=\dfrac{1.193\times10^6}{\dfrac{1}{50\times10^{-3}}}=59\,650=0\text{E}902\text{H}$,可设置计数初值为二进制 0E902H,因而计数器 0 的方式控制字为 36H。计数器 1 设置为方式 2,分频系数 $N=\dfrac{1.193\times10^6}{\dfrac{1}{1.5\times10^{-5}}}\approx18=12\text{H}$,可设置计数初值为二进制 12H,因而计数器 1 的方式控制字为 54H。计数器 2 设置为方式 3,分频系数 $N=\dfrac{1.193\times10^6}{1\times10^3}=1\,193$,可设置计数初值为二进制 04A9H,因而计数器 2 的方式控制字为 B6H。改变计数器 2 的计数初值,可改变扬声器的发声频率,且可通过控制 8255A 的 PB$_0$ 及 PB$_1$ 来控制发声的断续,从而组合出变化多样的声音效果。8253 的地址为 040H~043H,计数器 0 用于定时中断。ROM BIOS 对 8253 的编程如下:

```
        MOV    AL,00110110B
        OUT    43H,AL
        MOV    AL,0                     ;计数初值为 0000,即 2^16
        OUT    40H,AL
```

```
OUT   40H,AL            ;定时:840 ns×2¹⁶=55 ms,即频率为 18.2 Hz,每秒产生 18.2 次
                        ;时钟中断,计数器 1 用于定时 DMA 请求
MOV   AL,01010100B
OUT   43H,AL
MOV   AL,12H            ;计数初值为 18D,定时:840 ns×18=15 us
OUT   41H,AL            ;计数器 2 用于产生 1 kHz 的方波送至扬声器发声
                        ;声响子程序为 BEEP,入口地址为 FFA08H
BEEP PROC   NEAR
MOV   AL,10110110B
OUT   43H,AL
MOV   AX,0533H          ;计数初值为 1331
OUT   42H,AL
MOV   AL,AH
OUT   42H,AL
IN    AL,61H            ;取 8255B 端口
MOV   AH,AL             ;存在 AH
OR    AL,03H            ;使 PB₁PB₀=11
OUT   61H,AL            ;输出至 8255A 的端口 B,使扬声器发声
SUB   CX,CX             ;循环计数
G7：  LOOP  G7
      MOV   BH,0
      DEC   BX           ;BL 的值为控制长短声,BL=6(长),BL=1(短)
      JNZ   G7
      MOV   AL,AH        ;恢复 8255A 端口 B 的值,停止发声
      OUT   61H,AL
      RET
BEEP   ENDP
```

7.3　可编程串行通信接口芯片 8251A

7.3.1　串行通信的基本概念

　　串行通信时,数据、控制和状态信息都使用同一根信号线传达。所以,收发双方必须遵守共同的通信协议,才能解决数据传输速率、信息格式、位同步、字符同步、数据校验等问题。为此,首先要了解串行通信涉及的常用术语,理解串行通信的基本方式,以解决串行通信中需要注意的问题。

　　1. 数据传输速率和波特率

　　数据传输速率是指单位时间内在通信线路上传输的数据量,常用的单位是 bit/s,即每秒钟传输的比特数。计算数据传输速率通常是先测量一定时间间隔(这个间隔相对较长)在通信线路上传输的数据量,再除以传输的时间来获得的。由于异步串行通信中帧与帧之间存在间隔,用数据传输速率难以衡量实际的传送速度。因此在异步串行通信中多以波特率来分辨传

输速度。波特率是指在一个信息帧内,传输的二进制信息的位数与所需的传输时间的比。波特率的单位也是 bit/s,也称为波特,1 波特=1 bit/s。例如在异步串行通信中,数据传输速率为 240 字符/s,每个字符包括 1 个起始位、7 个数据位、1 个奇偶校验位和 1 个停止位共 10 位组成,则波特率为 2 400 bit/s。波特率不将帧间隔时间计算在内,故能更好地衡量异步串行通信的传送速度。

尽管波特率在理论上可以是任意的,但考虑到接口的标准性,国际上还是规定了标准波特率系列。常用的波特率有 50、110、300、600、1 200、2 400、4 800、9 600 和 115 200(单位:bit/s)。CRT 终端能处理 9 600 bit/s 的传输,而点阵打印机通常以 2 400 bit/s 来接收信号。大多数接口的接收波特率是可以分别设置的,它们可以分别由编程来设定。串行通信双方使用相同的波特率,虽然收发双方的时钟不可能完全一样,但由于每帧的位数最多只有 12 位,因此时钟的微小误差不会影响接收数据的正确性。

2. 发送时钟和接收时钟

在串行通信中,二进制数据以数字信号的形式出现,不论是发送还是接收,都必须有时钟信号对传送的数据进行定位。在 TTL 标准表示的二进制数中,传输线上高电平表示二进制 1,低电平表示二进制 0,且每一位持续时间是固定的,由发送时钟和接收时钟的频率决定。

(1)发送时钟

发送数据时,先将要发送的数据送入移位寄存器。然后在发送时钟的控制下,将该数据逐位移位输出。通常是在发送时钟的下降沿将移位寄存器中的数据串行输出,每个数据位的时间间隔由发送时钟的周期来划分。

(2)接收时钟

串行数据的接收是由接收时钟来检测的,数据接收过程是:传输线送来的串行数据序列由接收时钟作为移位寄存器的触发脉冲,逐位送入移位寄存器。接收串行数据时,接收时钟的上升沿对接收数据采样,进行数据位检测,并将其移入接收器的移位寄存器中,最后组成并行数据输出。

3. 波特率因子

发送时钟和接收时钟是对数据信号进行同步的,其频率将直接影响设备发送和接收数据的速度。发送时钟和接收时钟的频率一般是发送和接收波特率的 n 倍,n 称为波特率因子,在实际的串行通信中,波特率因子 n 可以设定。在异步串行通信时,$n=1,16,64$,实际常采用 $n=16$,即发送时钟和接收时钟的频率要比数据传送的波特率高 16 倍,在同步串行通信时,波特率因子必须等于 1。

开始通信时,信号线为空闲(逻辑 1),当检测到由 1 到 0 的跳变时,开始对接收时钟计数。当计到 8 个时钟时,对输入信号进行检测,若仍为低电平,则确认这是起始位,而不是干扰信号。接收端检测到起始位后,每隔 16 个时钟,对输入信号检测一次,把对应的值作为数据位,直到全部数据位都输入。

4. 数据终端设备 DTE 和数据通信设备 DCE

数据终端设备 DTE(Data Terminal Equipment)是数据源和接收信息的目的设备。在通信系统中,计算机系统和外设都可作为 DTE。数据通信设备 DCE(Data Communication Equipment)是 DTE 与通信线路之间的信号匹配器,实现 DTE 与通信线路之间通信连接的建立、维持和终止,并完成信号变换和编码。DCE 通常是指调制解调器(Modem)。

7.3.2　串行通信的基本方式

为了使接收方和发送方能步调一致地收发数据,需要对数据传送进行同步控制。根据同步控制方式的不同,将串行通信分为两类,即异步串行通信和同步串行通信。下面分别加以介绍。

1. 异步串行通信

异步串行通信(Asynchronous Serial Communication)的发送方和接收方不使用共同的时钟,也不在数据中传送同步信号,但接收方和发送方之间必须约定传送数据的格式和波特率。异步串行通信双方以 1 个字符(含附加位)作为数据传输单位(1 帧),而且发送方传送字符的时间是不定的。异步串行通信数据格式如图 7-32 所示。

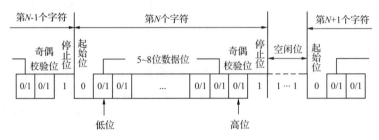

图 7-32　异步串行通信数据格式

①起始位:标志传送数据的开始,为低电平,占 1 位。

②数据位:要传送的字符,一般占 5~8 位,先低位后高位传送。

③奇偶校验位:为了检验串行传输的正确性,设立 1 位奇偶校验位,也可以没有。

④停止位:标志 1 个字符的传送结束,为高电平,占 1 位、1.5 位或 2 位。这里 1 位对应于一定的发送时间,故有半位。

每个字符的传输均以起始位为开始标志,紧接着的是数据位(低位在前),然后是奇偶校验位,最后为停止位。两个相邻字符之间可以有间隔,可插入一些空闲位,空闲位和停止位一样为高电平。由此可见,在不发送数据期间,通信线上固定为高电平,所以总可以用低电平表示数据传输的开始。传输开始后,接收设备不断检测传输线,看是否有起始位到来。当在一系列的 1(空闲位或停止位)后检测到一个 0,说明起始位出现,就开始接收。每接收一个字符按约定去掉停止位,拼成并行字节,并且经校验无误后才算正确地接收了一个字符。继续检测接收下一个,直到全部数据接收完毕。在接收的过程中,如果接收器和发送器的时钟略有误差,两个字符之间的空闲间隔将为这种误差提供缓冲。

异步串行通信的特点简单地说就是:字符间异步,字符内部各位同步。由于异步通信允许有一定的频率误差,所以对时钟同步的要求不严格,对硬件的要求较低。但是异步串行通信要求每个字符都有附加起始位和停止位来使通信双方同步,使得附加控制信息较多,所以异步串行通信效率较低。因此异步串行通信适合于信息量不太大,要求传输速度不太高的场合。

2. 同步串行通信

同步串行通信(Synchronous Serial Communication)在每个数据中并不附加起始位和停止位,而是将数据顺序连接起来,以一个数据块(1 帧)为传输单位。在每个数据块传送开始时,采用一个或两个同步字符作为起始标志,使收发双方同步;字符与字符之间不允许留空,最后是校验字符。同步串行通信中每个字符长度也由双方共同约定。同步串行通信数据格式如图 7-33 所示。

图 7-33   同步串行通信数据格式

采用两个同步字符,称为双同步方式;采用一个同步字符,称为单同步方式。同步字符可以双方约定,也可以采用 ASCII 码中规定的 SYN 代码,即 16H。同步串行通信时,先发送同步字符,接收方检测到同步字符后,开始接收数据,按约定的长度拼成数据字节,直到整个数据块接收完毕,检验无误后结束 1 帧数据的传送。

同步串行通信的传送速度高于异步串行通信。但它要求收发双方的时钟必须保持完全的同步,因此对硬件要求较高,必须配备专用的硬件电路获得同步时钟。同步串行通信一般用于传送信息量大、速度要求高的场合。

由于线路或程序出错等原因,使得通信过程中经常产生传送错误。接收方通常可检测到的错误有以下几种:

(1)奇偶错

在通信线路上因噪声干扰而引起的某些数据位的改变,则会引起奇偶错。一般接收方检测到奇偶错时,会要求发送方重新发送。

(2)溢出错

在上一个字符还未被处理器读出之前,本次又接收到一个字符,就会引起溢出错。如果处理器周期检测“接收数据就绪”信号的速率小于串行接口从通信线上接收字符的速率,就会引起溢出错。通常接收方检测到溢出错时,可提高处理器周期检测的速率或者接收和发送双方重新修改数据传输速率。

(3)帧格式错

若接收方在停止位的位置上检测到一个空号(信息 0),则会引起一个帧格式错。一般来说,帧格式错的原因较为复杂,可能是双方协议的数据格式不匹配,或线路噪声改变了停止位的状态,或因时钟不匹配或不稳定未能按照协议装配成一个完整的字符帧等。通常,当接收方检测到一个帧格式错时,应按各种可能性作相应的处理,比如要求重发等。

7.3.3 串行通信中的几个问题

1. 串行通信线路连接方式

在串行通信中,数据通常是在两个站(如微型计算机、终端等)之间进行传送,按照数据流的方向及对线路的使用方式可分为如下三种基本传输方式。

(1)单工方式(Simplex)

只有一根通信数据线,且数据只能按一个固定的方向传送,如图 7-34 所示。这种单向传输的方式仅适用于一些简单的数据传送的场合。

(2)半双工方式(Full Duplex)

仍使用一根传输线,数据可以在两个方向上传送,但在同一时刻数据只能在一个方向上传输,如图 7-35 所示。通信系统每一端的发送器和接收器,通过收/发开关连接到通信线上,利用收/发切换开关进行通信方向的切换。虽然半双工方式因线路反复切换会产生延迟积累而导致其效率下降,但由于它经济实用,在传输效率要求不高的系统中得到了广泛的采用。

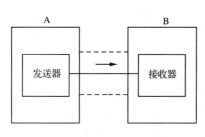

图 7-34　单工方式

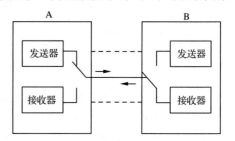

图 7-35　半双工方式

(3)全双工方式(Half Duplex)

数据的发送和接收分别由两根不同的传输线传输,通信双方都能在同一时刻进行发送和接收操作,即相当于将两个方向相反的单工方式组合在一起,如图 7-36 所示。在全双工方式下,通信系统的每一端都设置了发送器和接收器,因此能控制数据信息在两个方向同时传送。由于全双工方式不需要进行方向的切换,没有切换操作所产生的时间延迟,所以,特别适宜应用于那些不能有时间延迟的交互式应用系统。

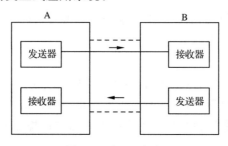

图 7-36　全双工方式

2. 信号的调制和解调

计算机的通信是一种数字信号的通信,它要求传输线的频带很宽。而在长距离通信时,通常是利用电话线进行传输的。电话线的频带较窄,若用频谱范围很宽的数字信号直接通信,经过传输线后,信号会发生畸变。为了用电话线传输数字信号,在发送方用调制器先把数字信号转换为频带较窄的模拟信号后再进行传输,这一过程称为调制(Modulating)。数据到接收端后,再用解调器将它转换成数字信号,该过程称为解调(Demodulating)。由于串行通信大都是双向进行的,通信线路的任意端既需要调制器,也需要解调器,故将调制器和解调器合二为一,称为调制解调器(Modem),兼具有发送方的调制和接收方的解调两种功能。调制解调器是利用模拟通信线路进行长距离数据通信中的重要设备。调制解调示意如图 7-37 所示。

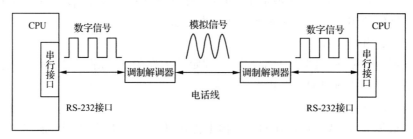

图 7-37　调制解调示意

3. 串行通信的校验方法

串行通信主要适用于远距离通信,因而噪声和干扰较大,同时也存在衰减和信号畸变,为了保证高效而无差错地传送数据,要对传送的数据进行校验。常用的校验方法有奇偶校验和循环冗余校验(Cyclic Redundancy Check)等方法。

(1)奇偶校验

这种校验方法主要用于对一个字符的传输过程进行校验。在发送时,每一个字符的数据位之后都附加一个奇偶校验位,这个校验位本身有可能为 1 或 0,加校验位的原则是:使所发送的一帧信息中 1 的个数始终为奇数(称为奇校验),或一帧信息中 1 的个数始终为偶数(称为偶校验)。接收时,检查所接收的字符连同这个奇偶校验位中 1 的个数是否符合规定,若不符错误标志,供 CPU 查询与处理。奇偶校验可以检查出 1 个字节中发生的单个错误,但奇偶校验不能纠错,发现错误后需要求发送方重新发送。

(2)循环冗余校验

循环冗余校验(Cyclic Redundancy Check,CRC)是一种常用的高级校验方法,用于对一个数据块进行校验。它是在一个信息长度为 K 位的二进制序列后附加 r 位校验位组成一个总长度为 n 位($n=K+r$)的二进制数据块。r 位校验位是由 K 位信息位经过某种运算产生的余数,在信息发送完之后,紧接着发送计算所得的余数,即 CRC 校验码。接收方用接收到的信息也进行相同的运算,如果计算的结果余数为 0,则通过校验;否则,即可判定传输出错。

4. 串行通信的实现

串行传输时数据是一位一位依次顺序传输的,而在计算机内部数据是并行传输的。所以当数据由计算机通过串行设备发送前,要先把并行数据转换为串行数据再传输,这种转换称为并入串出。而在计算机接收由串行设备送来的数据后,要把串行数据转换为并行数据后才能交给 CPU 处理加工,这种转换称为串入并出。能够实现串并转换的核心部件是移位寄存器,其中在发送方要有一个并入串出移位寄存器,在接收方要有一个串入并出移位寄存器。

更方便也更常用的串行通信实现方式是使用硬件接口电路,再辅之以必要的软件驱动程序。目前,有许多电子器件生产厂家推出了不同种类、型号的串行通信接口芯片:通用异步收发器 UART(Universal Asynchronous Receiver Transmitter),如 IBM PC/XT 采用的 INS 8250,IBM PC/AT 采用的 NS 16450;通用同步收发器 USRT(Universal Synchronous Receiver Transmitter);通用同步/异步收发器 USART(Universal Synchronous/Asynchronous Receiver Transmitter),如 Intel 8251A。不管哪一类芯片,它们都有实现串并转换和位计数的基本功能。正是这些串行通信接口芯片弥补了串行通信技术比较复杂的缺陷。

7.3.4 串行通信接口芯片 8251A

8251A 是一个通用串行输入/输出接口芯片,可用来为 8086/8088 CPU 提供同步和异步串行通信接口,因此也称为通用同步/异步接收发送器(Universal Synchronous/Asynchronous Receiver Transmitter,USART)。它能将并行输入的 8 位数据转换成逐位输出的串行信号,也能将串行信号输入数据转换成并行数据,一次传送给处理器。

1. 8251A 的基本功能

① 能以同步或异步方式进行传送、接收。

② 同步方式:每个字符可定义为 5~8 位,可选择进行奇校验、偶校验或不校验。内部能自

动检测同步字符实现内同步或通过外部电路获得外同步,波特率为 0～64 Kbit/s。

③异步方式:每个字符可定义为 5～8 位,用 1 位作为奇偶校验(可选择)。时钟速率可用软件定义为通信波特率的 1 倍、16 倍或 64 倍。能自动为每个被输出的数据增加 1 个起始位,并能根据软件编程为每个输出数据增加 1、1.5 或 2 个停止位。异步方式下,波特率为 0～19 200 bit/s。

④能进行出错检测,具有奇偶错、溢出错和帧格式错等检测电路。

⑤具有独立的接收器和发送器,因此,能够以单工、半双工和全双工的方式进行通信。并且提供一些基本控制信号,可以方便地与调制解调器连接。

⑥全部输入/输出与 TTL/CMOS 电平兼容,＋5 V 供电,28 只引脚。

2. 8251A 的内部结构及引脚

8251A 由发送器、接收器、数据总线缓冲器、读/写控制逻辑电路及调制/解调控制电路几部分组成。8251A 的内部由内部数据总线实现相互之间的数据传送。8251A 的内部结构如图 7-38 所示,引脚如图 7-39 所示。

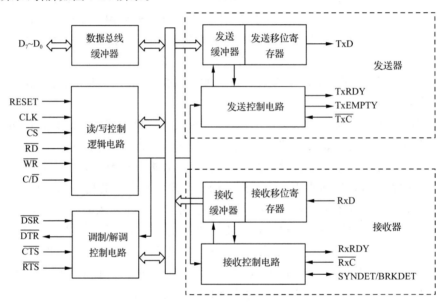

图 7-38　8251A 的内部结构

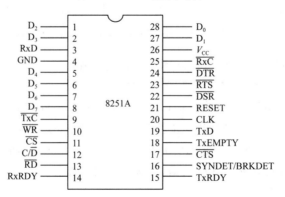

图 7-39　8251A 的引脚

(1)发送器

8251A 的发送器包括发送缓冲器、发送移位寄存器及发送控制电路 3 部分。发送器的工作过程是:TxRDY 有效→CPU 写数据到 8251A→8251A 发送数据→发送完毕→TxEMPTY 有效。具体如下:

①当发送缓冲器为空时,信号 TxRDY 有效(或状态字的 $D_0 = 1$),表示发送器准备就绪,等待 CPU 送入数据。

②CPU 将要发送的数据写入 8251A 的发送缓冲器。

③要发送的数据在 8251A 发送移位寄存器内部完成并转串的转换。

④如采用同步方式发送,则发送器先送出一个或两个同步字符(SYN);如采用异步方式发送,则由发送控制电路在数据首尾加上起始位、奇偶校验位和停止位。然后数据经发送移位寄存器在发送时钟 $\overline{TxC}$ 的作用下从 TxD 端逐位串行输出。

发送器的有关引脚信号如下:

①TxD:数据发送端,输出串行数据。CPU 送往 8251A 的并行数据在 8251A 内部转换为串行数据后,通过 TxD 端输出。

②TxRDY:发送器准备就绪信号,输出,高电平有效。有效时表示 8251A 的发送器已经准备就绪,可以接收 CPU 送来的数据,当 8251A 收到一个数据后,TxRDY 变为低电平。

③TxEMPTY:发送器空闲信号,输出,高电平有效。该信号有效表示发送移位寄存器中的数据已全部送出。发送缓冲器和发送移位寄存器构成发送器的双缓冲结构。因此在发送移位寄存器发送串行数据的同时,可对发送缓冲器写入待发送数据。即在 TxEMPTY 为低电平期间,只要 TxRDY 为高电平,CPU 就可以向 8251A 写入待发送数据。

④$\overline{TxC}$:发送器时钟输入端,用于控制 8251A 发送器发送字符的速度。同步方式下,$\overline{TxC}$ 的频率等于波特率,由调制解调器供给(近距离不用调制解调器传送时,由用户自行设置);异步方式下,$\overline{TxC}$ 的频率是波特率的 1 倍、16 倍或 64 倍,由方式控制命令预先选择。数据在 $\overline{TxC}$ 的下降沿由发送器移位输出。

(2)接收器

8251A 的发送器包括接收缓冲器、接收移位寄存器及接收控制电路 3 部分。接收器的工作过程是:8251A 接收数据→RxRDY 有效→CPU 读 8251A。具体如下:

①外部串行数据从 RxD 端逐位进入接收移位寄存器中。如果是同步方式,要检测同步字符,确认是否达到同步;如果是异步方式,则识别并删除起始位和停止位。之后接收器才开始接收数据,接收数据的速率由 $\overline{RxC}$ 端的时钟频率决定。

②一组数据接收完毕,接收到的数据在接收移位寄存器内完成串转并的转换,并进行奇偶校验和检查错误。

③把接收移位寄存器中转换好的数据并行送入接收缓冲器。

④RxRDY 引脚有效(或状态字的 $D_1 = 1$),表示接收器已经接收到一个数据,待 CPU 读取。接收缓冲器和接收移位寄存器构成接收器的双缓冲结构,在接收移位寄存器把已经接收完毕的数据送入接收缓冲器后,接收移位寄存器又可以马上接收新的串行数据。

接收器的有关引脚信号如下:

①RxD:数据接收端,输入串行数据。RxD 用来接收外部装置通过传输线送来的串行数据,数据进入 8251A 后被变换成并行数据,等待 CPU 读入。

②RxRDY:接收器准备就绪信号,输出,高电平有效。该引脚有效表示接收缓冲器已经接

收到一个字符,等待 CPU 取走。若采用中断方式,则 RxRDY 信号可以作为向 CPU 发出的中断请求信号;在查询方式下,该信号可以作为状态信号供 CPU 查询。当 CPU 读取接收缓冲器中的数据后,RxRDY 变为低电平。

③SYNDET/BRKDET:同步检测/断点检测双功能引脚。对于内同步方式,当 RxD 端接收到指定的同步字符时,SYNDET 输出高电平,表示接收器已达到同步。对于外同步方式,SYNDET 是输入引脚,用于输入同步字符。对于异步方式,接收控制电路检测串行线路是处于工作状态还是间断状态,当 RxD 端连续收到 8 个低电平,则 BRKDET 输出高电平,表示线路处于间断状态。

④$\overline{RxC}$:接收器时钟输入端,用于控制 8251A 接收器接收字符的速度。其时钟频率与波特率的关系与 $\overline{TxC}$ 相似。一般情况下,接收器时钟应与发送方时钟一致。接收器在 $\overline{RxC}$ 上升沿采样数据。

(3)数据总线缓冲器

数据总线缓冲器是三态双向 8 位缓冲寄存器,是 CPU 与 8251A 之间信息交换的通道,CPU 通过 I/O 指令对它进行读/写操作。它包含 3 个缓冲寄存器:接收数据缓冲寄存器、状态缓冲寄存器和发送数据/命令缓冲寄存器。其中前两个缓冲器寄存器分别用来存放 8251A 接收器接收到的数据和 8251A 的状态,通过执行 IN 指令,可以从这两个寄存器中读出的数据或执行命令所产生的各种状态信息;发送数据/命令缓冲寄存器用来存放 CPU 向 8251A 写入的数据或控制字,通过执行 OUT 指令,可以向 8251A 写入数据,以及写入使 8251A 完成各种功能的控制字。

与数据总线缓冲器有关的引脚为 $D_7 \sim D_0$,通常与系统数据总线相连,8251A 通过它们与 CPU 进行数据传输。

(4)读/写控制逻辑电路

读/写控制逻辑电路用来对 CPU 输出的控制信号进行译码,并向 8251A 内部各功能部件发出有关的控制信号,以确定 8251A 执行相应的操作,见表 7-5。

表 7-5　　　　　　　　　　控制信号的组合确定 8251A 的操作

$\overline{CS}$	$C/\overline{D}$	$\overline{RD}$	$\overline{WR}$	操作
0	0	0	1	CPU 读 8251A 数据
0	1	0	1	CPU 读 8251A 状态
0	0	1	0	CPU 向 8251A 写数据
0	1	1	0	CPU 向 8251A 写控制字
0	×	1	1	8251A 数据总线浮空
1	×	×	×	8251A 未被选中

读/写控制逻辑电路接收的控制信号如下:

①RESET:复位信号输入端,高电平有效。当 RESET 上有大于或等于 6 倍时钟周期的高电平时,8251A 被复位处于空闲状态,直到新的编程命令到来。RESET 通常与系统复位线相连。

②CLK:时钟输入,为 8251A 内部提供工作时钟信号。为了使芯片工作可靠,在同步方式下,CLK 的频率应大于接收器和发送器时钟频率的 30 倍;在异步方式下,CLK 的频率应大于接收器和发送器时钟频率的 4.5 倍。

③$\overline{CS}$:片选信号,输入,低电平有效。$\overline{CS}$ 有效表示该 8251A 芯片被选中,CPU 可以对

8251A 进行读/写;当 $\overline{\text{CS}}$ 为高电平时,8251A 未被选中,8251A 的数据线处于高阻状态。通常 $\overline{\text{CS}}$ 信号由端口地址译码器获得。

④$\overline{\text{RD}}$:读控制信号,输入,低电平有效。当 $\overline{\text{RD}}$ 有效时,CPU 才可以从 8251A 的数据端口读取数据或从状态端口读取状态。

⑤$\overline{\text{WR}}$:写控制信号,输入,低电平有效。当 $\overline{\text{WR}}$ 有效时,CPU 才可以向 8251A 的数据端口写入数据或向控制端口写入控制字。

⑥C/$\overline{\text{D}}$:控制/数据选择信号,输入。用于区分当前读/写的是数据还是控制信息或状态信息,一般与地址总线的最低位 A_0 相连。8251A 共有两个端口地址,数据输入端口和数据输出端口合用一个端口地址;状态端口和控制端口合用一个端口地址。当 C/$\overline{\text{D}}$ 为高电平时,选中控制端口或状态端口;当 C/$\overline{\text{D}}$ 为低电平时,选中数据端口。

(5)调制/解调控制电路

调制/解调控制电路用于实现对调制解调器的控制联络,有时也可用来作为与外设联络的标准信号。

调制/解调控制电路提供的接口信号如下:

①$\overline{\text{DTR}}$:数据终端准备就绪信号,输出,低电平有效。该信号有效表示 CPU 已准备好接收数据。

②$\overline{\text{DSR}}$:数据设备准备就绪信号,输入,低电平有效。此信号有效表示调制解调器已准备好向 8251A 发送数据。$\overline{\text{DSR}}$ 是调制解调器对 $\overline{\text{DTR}}$ 的回答信号,CPU 可以通过读 8251A 状态字(D_7 位)来检测这个信号,该位为 1 表示 $\overline{\text{DSR}}$ 有效。

③$\overline{\text{RTS}}$:请求发送信号,输出,低电平有效。此信号有效表示 CPU 已准备好发送数据,CPU 可通过写 8251A 的命令字,将 D_5 位置 1,使 $\overline{\text{RTS}}$ 有效。

④$\overline{\text{CTS}}$:允许发送信号,输入,低电平有效。此信号有效表示调制解调器已准备好接收来自 CPU 的数据。$\overline{\text{CTS}}$ 是调制解调器对 $\overline{\text{RTS}}$ 的回答信号。只有在 $\overline{\text{CTS}}$ 有效,且控制字中的 TxEN=1 时,8251A 才可以发送数据。

3. 8251A 的控制字及工作方式

8251A 在实际使用前须对它初始化,以确定其工作方式、传输速率、字符格式以及停止位长度等。8251A 的工作方式用方式控制字和命令字这两种控制字进行设置,同时它还有一个供 CPU 查询的状态字。

(1)方式控制字

8251A 方式控制字格式如图 7-40 所示。

D_7、D_6:S_2、S_1 位。在异步方式下,定义停止位的长度是 1.5 位、6 位,还是 8 位;在同步方式下,D_6 位用来定义是外同步还是内同步,D_7 位用来定义是选择 1 个同步字符还是 2 个同步字符。

D_4:PEN 位,用来定义是否带奇偶校验。

D_5:EP 位。在 PEN=1 时,用来确定采用奇校验还是偶校验。

D_3、D_2:L_2、L_1 位,用来定义数据字符的长度,长度可以是 5 位、6 位、7 位或 8 位。

D_1、D_0:B_2、B_1 位,用来定义 8251A 采用同步方式还是异步方式。对于异步方式,B_2、B_1 位还用来确定数据传送速率,×1 表示时钟频率与波特率相同;×16 表示时钟频率是波特率的 16 倍;×64 表示时钟频率是波特率的 64 倍。

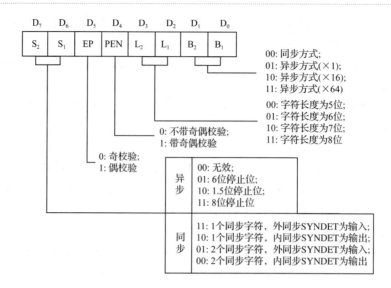

图 7-40 8251A 方式控制字格式

例如,若采用 8251A 进行异步串行通信,要求波特率因子为 16,字符长度为 7 位,奇校验,2 位停止位,则方式控制字应为 11011010B＝0DAH。

(2)命令字

命令字用于控制 8251A 执行发送、接收和内部复位等操作,其格式如图 7-41 所示。

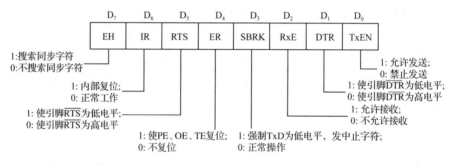

图 7-41 8251A 命令字格式

D_7:同步方式启动位 EH。该位置 1 使 8251A 进入搜索同步字符状态。在同步接收方式中,必须使 RxE＝1,EH＝1,且 ER＝1,接收器才能开始搜索同步字符。

D_6:内部复位位 IR。该位置 1,将使 8251A 回到等待方式控制字状态。

D_5:请求发送位 RTS。该位置 1,将使 8251A 的 $\overline{RTS}$ 引脚输出低电平。

D_4:清除错误标志位 ER。8251A 设置有 3 个错误标志,分别是奇偶校验错误标志 PE、溢出错标志 OE 和帧校验错误标志 FE。对 ER 置 1,将对 PE、OE 和 FE 同时清 0。

D_3:发送间断信号位 SBRK。该位置 1,使 TxD 输出低电平作为间断信号。正常通信过程中,应使该位保持为 0。

D_2:允许接收位 RxE。该位置 1,接收器才通过 RxD 线接收外部串行数据;否则禁止接收。

D_1:数据终端准备就绪位 DTR。该位置 1 将使 8251A 的 $\overline{DTR}$ 引脚输出低电平。

D_0:允许发送位 TxEN。TxEN＝1,允许发送;TxEN＝0,禁止发送。

（3）状态字

在 8251A 工作过程中，CPU 随时可以通过 IN 指令读入状态字，判断 8251A 当前的工作状态。状态字格式如图 7-42 所示。

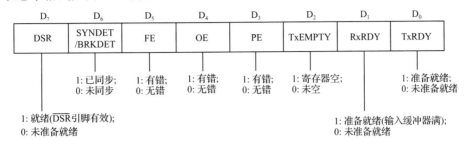

图 7-42　8251A 状态字格式

D_7：数据装置准备就绪位 DSR。与 8251A 引脚 $\overline{DSR}$ 的意义相同，但有效电平相反。该位置 1，表示调制解调器或外设已准备就绪发送数据。

D_5：帧校验错误标志位 FE。该位只在异步方式下有效。FE＝1 时，表示未能检测到停止位，由命令字 D_4 位复位，8251A 不停止工作。

D_4：溢出错误标志位 OE。OE＝1 时，表示 CPU 没有来得及将上一个字符读走，下一个字符已接收完毕，新的字符已覆盖未读走的字符。发生溢出错误时，8251A 仍继续工作，但是被溢出的字符丢掉了，OE 由命令字的 D_4 位复位。

D_3：奇偶校验错误标志位 PE。PE＝1 时，表示发生了奇偶校验错误，但 8251A 并不停止工作，它由命令字中的 D_4 位复位。

D_0：发送缓冲器准备就绪位 TxRDY。它与 8251A 引脚 TxRDY 的意义有一些区别。TxRDY 位为 1 只表示当前发送缓冲器已空。而 TxRDY 引脚为 1 除发送数据缓冲器已空外，还需满足两个条件：一是 $\overline{CTS}$＝0，即 8251A 接收到从调制解调器送来的 $\overline{CTS}$ 有效电平，允许 8251A 向其发送数据；二是 TxEN＝1，即要对 8251A 写命令字，使其允许发送。

D_6（SYNDET/BRKDET 位）、D_2（TxEMPTY 位）、D_1（RxRDY 位）与 8251A 引脚的定义完全相同，可供 CPU 查询。

例如，要查询 8251A 接收器是否准备就绪，则可通过下列程序段来实现：

```
        MOV   DX,301H      ;状态端口地址 301H
LOP1：  IN    AL,DX         ;读状态字
        AND   AL,02H        ;检查状态字 D1=1? (RxRDY=1?)
        JZ    LOP1           ;D1=0,未准备就绪,则继续查询
        MOV   DX,300H        ;数据端口地址 300H
        IN    AL,DX          ;准备就绪,则读出数据
```

（4）8251A 的初始化编程

8251A 的方式控制字、命令字和状态字之间的关系是，方式控制字规定了双方通信的方式、数据格式和数据传输速率等参数，但是没有规定数据传送的方向，所以要用命令字来指示数据是发送还是接收。但是，何时能进行发送或接收，又取决于 8251A 的工作状态，通过状态字反映。只有当 8251A 进入发送或接收就绪状态后，才能开始传输数据。

由此可见，在使用 8251A 之前必须对它进行初始化，将方式控制字和命令字写入相应的寄存器中。但是，由于 8251A 内部的这两个寄存器使用同一端口地址，且方式控制字和命令字没有相应的特征标志加以区别，所以必须按照规定顺序写入，8251A 根据写入的顺序把控制

字送往方式选择寄存器和命令寄存器。

①异步方式下的初始化编程

例如,8251A 工作在异步方式,波特率因子为 16,数据长度为 7 位,奇校验,2 个停止位,则方式控制字为 11011010B＝0DAH。并要求 8251A 有复位出错标志、请求发送信号 $\overline{\text{RTS}}$、允许接收信号 RxE、数据终端准备就绪信号 $\overline{\text{DTR}}$、允许发送信号 TxEN,则命令字为 00110111B＝037H。假设 8251A 的两个端口地址分别为 70H 和 71H,初始化程序如下:

```
MOV   AL,0DAH
OUT   71H,AL          ;设置方式控制字
MOV   AL,37H
OUT   71H,AL          ;设置命令字
```

②同步方式下的初始化编程

例如,8251A 工作在同步方式,使用两个同步字符(内同步),奇校验,每个字符 7 位,则方式控制字为 00011000B＝18H。现要求使 8251A 启动搜索同步字符、复位出错标志、CPU 已准备就绪且请求发送、允许发送和接收,则命令字为 10110111B＝0B7H。设第一个同步字符为 0BAH,第二个同步字符为 78H。在上例之后进行工作方式的改变,这样要先用内部复位命令 40H,使 8251A 复位后,再写入方式控制字。具体程序如下:

```
MOV   AL,40H
OUT   71H,AL          ;复位 8251A
MOV   AL,18H
OUT   71H,AL          ;设置方式控制字
MOV   AL,0BAH
OUT   71H,AL          ;写入第一个同步字符
MOV   AL,78H
OUT   71H,AL          ;写入第二个同步字符
MOV   AL,0B7H
OUT   71H,AL          ;设置命令字
```

4. 8251A 的应用举例

例 7-9　编写使 8251A 可以查询方式发送数据的程序段。要求将 8251A 设置为异步方式,波特率因子为 64,采用偶校验,1 位停止位,8 位数据位,8251A 与外设有握手信号。发送数据在内存 BUFFER 开始的单元,数据个数为 COUNT,8251A 数据端口地址为 400H,状态和控制端口地址为 401H。

解　程序可以通过不断读取状态寄存器的值,对其最末位 TxRDY 位进行测试,查询发送缓冲器是否已准备就绪。若 TxRDY 变为有效,即当前发送缓冲器已空,可以接收 CPU 送来的数据,当 8251A 收到一个数据后,TxRDY 变为低电平。由题意要求知方式控制字为 01111111B＝7FH,命令字为 00110111B＝37H。设置好方式选择和命令字后,即可通过不断查询状态字的 TxRDY 位来检测发送数据的时刻,当所有数据发送完毕,程序结束。

程序如下:

```
MOV   AL,40H          ;复位 8251A
MOV   DX,401H         ;状态和控制端口地址
OUT   DX,AL
MOV   AL,7FH          ;方式控制字
MOV   DX,401H
```

```
        OUT   DX,AL
        MOV   AL,37H            ;命令字
        OUT   DX,AL
        LEA   BX,BUFFER         ;BX 指向内存缓冲区
        MOV   CX,COUNT          ;数据个数送 CX
WAIT：  IN   AL,DX              ;读状态字
        AND   AL,01H            ;检查 TxRDY＝1?
        JZ   WAIT
        MOV   DX,400H           ;数据端口地址
        MOV   AL,[BX]           ;取一个数据
        OUT   DX,AL             ;发送至数据端口
        LOOP  WAIT              ;未发送满 CX 个,转 WAIT
EXIT：  …                      ;发送完结束
```

例 7-10 编写使 8251A 可以查询方式接收数据的程序段。要求将 8251A 设置为异步方式,波特率因子为 16,采用偶校验,2 位停止位,7 位数据位,8251A 与外设有握手信号。接收 1000 个数据,存放到内存 STRING 开始的单元中,8251A 数据端口地址为 80H,状态和控制端口地址为 81H。

解 在程序中通过不断读取状态寄存器值对其 RxRDY 位进行测试,查询 8251A 是否已经从外设接收了一个字符。若 RxRDY 变为有效,即收到一个数据,CPU 就执行输入指令取回一个数据存放到内存缓冲区,RxRDY 在 CPU 输入一个数据后会自动复位。除了对状态寄存器的 RxRDY 位检测外,为了验证数据是否正确,程序还要检测状态寄存器 PE、OE 和 FE 出错标志,来判断是否出现奇偶错、溢出错或帧格式错,若发现错误就要转错误处理程序。程序中未详细给出错误处理程序。

程序如下:

```
        MOV   AL,40H           ;复位 8251A
        OUT   81H,AL
        MOV   AL,0FAH          ;写入方式控制字
        OUT   81H,AL
        MOV   AL,37H           ;写入命令字
        OUT   81H,AL
        LEA   BX,STRING        ;BX 指向内存缓冲区
        MOV   CX,1000
WAIT：  IN   AL,81H            ;读状态字
        AND   AL,02H           ;检查 RxRDY＝1?
        JZ   WAIT              ;未收到字符则等待
        IN   AL,80H            ;收到,从数据端口读入数据
        MOV   [BX],AL          ;将读入数据保存到缓冲区
        INC   BX               ;缓冲区指针下移一个单元
        IN   AL,81H            ;读状态字
        TEST  AL,38H           ;判断有无 3 种错误
        JNZ   ERROR            ;有错,则转错误处理程序
        LOOP  WAIT             ;没有错,判断是否结束
        JMP   EXIT
```

```
ERROR：CALL    ERR_PRO            ;转入错误处理程序
EXIT：     …                       ;结束
```

例 7-11　编写 8251A 异步方式下的接收和发送程序。端口地址 90H 和 91H,波特率因子为 16,无奇偶校验,1 位起始位,1 位停止位,每字符 8 位数据位,设置数据传输的波特率为 9 600 bit/s。硬件连接如图 7-43 所示。

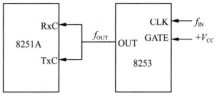

图 7-43　例 7-3 硬件连接

解　(1)8253 的初始化

8253 为可编程完时/计数器。

工作方式:选择方式 3;

8253 输出频率:$f_{OUT}=9\ 600\times16=153\ 600\ Hz=153.6\ kHz$;

选用输入频率:CLK=1.228 8 MHz,即 $f_{IN}=1.228\ 8\ MHz$;

计数初值:$N=f_{IN}/f_{OUT}=8$。

(2)8251A 初始化

初始化程序如下:

```
MOV    AL,40H
OUT    91H,AL                   ;复位 8251A
MOV    AL,4EH
OUT    91H,AL                   ;写入方式控制字
MOV    AL,37H
OUT    91H,AL                   ;写入命令字
```

(3)数据发送子程序

设要发送的数据通过 BL 寄存器传送。程序如下:

```
SENDATA   PROC
DTXR:IN  AL,91H                 ;读入状态字
     AND  AL,01H                ;检查 TxRDY=1?
     JZ  DTXR
     MOV  AL,BL
     OUT  90H,AL                ;发送数据
     RET
SENDATA   ENDP
```

(4)数据接收子程序

AL 寄存器存入接收到的数据。程序如下:

```
RECDATA   PROC
DRXD：IN  AL,91H                 ;读入状态字
     AND  AL,02H                ;检查 RxRDY=1?
     JZ  DRXD
     IN  AL,90H                 ;接收数据
     RET
RECDATA   ENDP
```

例 7-12　微型计算机系统中两台微型计算机之间进行双机串行通信的硬件连接和软件编程。在甲乙两台微型计算机之间进行串行通信,甲机发送,乙机接收。要求把甲机上开发的

应用程序(其长度为 2DH)传送到乙机中去。双方采用起止式异步方式,通信的数据格式为:字符长度为 8 位,2 位停止位,波特率因子为 64,无校验,波特率为 4 800 bit/s。CPU 与 8251A 之间用查询方式交换数据,8251A 的端口地址分配是,309H 为命令/状态端口,308H 为数据端口。

解 由于是近距离传输,因此可以不设调制解调器,两台微型计算机之间直接通过 RS-232C 接口连接即可。同时是采用查询 I/O 方式,故收/发程序中只需检查发/收准备就绪的状态是否置位,即可收发 1 个字节。

(1)硬件连接

根据以上分析,把两台微型计算机都当作 DTE(数据终端设备),采用最简单的发送线 TxD、接收线 RxD 和 地线 GND 三根线连接就能进行通信。采用 8251A 作为接口的主芯片再配置少量附加电路,如波特率发生器、EIA 与 TTL/CMOS 电平转换电路、地址译码电路等就可构成一个串行通信接口。硬件连接如图 7-44 所示。

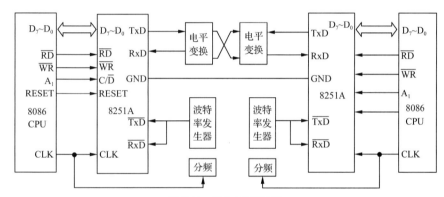

图 7-44 例 7-4 硬件连接

(2)软件编程

由题意可知,接收和发送程序应分别编写,每个程序段中包括 8251A 初始化、状态查询和输入/输出几部分。对接收/发送方的 8251A 初始化时,首先要确定其方式控制字和命令字。根据题中的要求可有:

发送方的方式控制字为 11001111B=CFH,命令字为 00111110B=37H,接收方的方式控制字为 11001111B=CFH,命令字为 00010100B=14H。

发送方的发送程序(略去 STACK 段和 DATA 段)如下:

```
        CSEG    SEGMENT
                ASSUME  SCS:CSEG
        TRA     PROC    FAR
        START:  MOV     DX,309H          ;控制端口
                MOV     AL,00H           ;空操作
                OUT     DX,AL
                MOV     AL,40H           ;内部复位
                OUT     DX,AL
                NOP
                MOV     AL,0CFH          ;方式控制字(异步,2 位停止位,字符长度为 8 位,
                OUT     DX,AL            ;无校验,波特率因子为 64)
                MOV     AL,37H           ;命令字(RTS、ER、RxE、DTR 和 TxEN 均置 1)
```

```
              OUT  DX,AL
              MOV  CX,2DH              ;传送字节数
              MOV  SI,300H             ;发送区首地址
        L1：  MOV  DX,309H             ;状态端口
              IN  AL,DX                ;检查状态位
              TEST  AL,38H             ;检查错误
              JNZ  ERR                 ;转错误处理程序
              AND  AL,01H
              JZ  L1                   ;发送未准备就绪,则等待
              MOV  DX,308H             ;数据端口
              MOV  AL,[SI]             ;发送准备就绪,则从发送区取1个字节发送
              OUT  DX,AL
              INC  SI                  ;修改内存地址
              DEC  CX                  ;字节数减1
              JNZ  L1                  ;未发送完,继续
        ERR：  …
              MOV  AX,4C00H            ;已送完,回DOS
              INT  21H
        TRA   ENDP
        CSEG  ENDS
              END  START
```

接收方接收程序(略去 STACK 段和 DATA 段)如下：

```
        CSEG    SEGMENT
                ASSUME  CS：REC
        REC     PROC  FAR
        BEGIN：MOV  DX,309H            ;控制端口
              MOV  AL,0AAH             ;空操作
              OUT  DX,AL
              MOV  AL,50H              ;内部复位
              OUT  DX,AL
              NOP
              MOV  AL,0CFH             ;方式控制字
              OUT  DX,AL
              MOV  AL,14H              ;命令字(ER、RxE 置 1)
              OUT  DX,AL
              MOV  CX,2DH              ;传送字节数
              MOV  DI,400H             ;接收区首地址
        L2：  MOV  DX,309H             ;状态端口
              IN  AL,DX                ;检查状态位
              TEST  AL,38H             ;检查错误
              JNZ  ERR                 ;转错误处理程序
              AND  AL,02H
              JZ  L2                   ;接收未准备就绪,则等待
              MOV  DX,308H             ;数据端口
```

```
        IN    AL,DX          ;接收准备就绪,则接收1个字节
        MOV   [DI],AL        ;并存入接收区
        INC   DI             ;修改内存
        LOOP  L2             ;未接收完,继续
    ERR:  ...
        MOV   AX,4C00H       ;已接收完,程序结束,退出
        INT   21H            ;返回DOS
    REC ENDP
    CSEG ENDS
        END   BEGIN
```

习题 7

一、选择题

1. 用8255的PA口接一个矩阵键盘,最多可识别(　　)个按键。

A. 4　　　　　　　B. 8　　　　　　　C. 16　　　　　　　D. 32

2. 由(　　)引脚的连接方式可以确定8255A的端口地址。

A. $\overline{RD}$、$\overline{CS}$　　　B. $\overline{WR}$、A_0　　　C. A_0、A_1　　　D. A_0、A_1、$\overline{CS}$

3. 若8255A接口芯片的A口工作在方式2时,则B口可以工作在(　　)。

A. 方式0　　　B. 位控方式　　　C. 方式2　　　D. 方式0或方式1

4. 8255A的B端口设置为方式1输出,其$\overline{ACK}_B$收到一个负脉冲说明(　　)。

A. CPU已将一个数据写到B端口　　　B. 请求CPU送下一个数据

C. 外设已将数据由B端口取走　　　D. INTRB上的中断请求已被CPU响应

5. 可编程定时/计数芯片8253A共有(　　)种工作方式。

A. 4　　　　　　　B. 5　　　　　　　C. 6　　　　　　　D. 7

6. 8253定时/计数器可实现定时,若输入时钟周期为T_i,计算器预置值为N,则定时时间的计算公式为(　　)。

A. $N \times T_i$　　　B. T_i/N　　　C. $1/(T_i \times N)$　　　D. N/T_i

7. 在8253的以下4种工作方式中,GATE保持高电平,处于(　　)的8253在写入初值以后也不开始定时或计数。

A. 方式0(计数结束中断)　　　B. 方式3(方波发生器)

C. 方式2(频率发生器)　　　D. 方式1(可编程单脉冲)

8. 采用异步串行方式发送具有8个数据位的字符,使用1个奇偶校验位和2个停止位。若每秒发送100个字符,则其波特率为(　　)Band。

A. 1 200　　　B. 1 100　　　C. 1 000　　　D. 800

9. 同步串行通信传输信息时,其特点是(　　)。

A. 通讯双方必须同步　　　B. 每个字符的发送不是独立的

C. 字符之间的传输时间长度可不同　　　D. 字符发送速率由数据传输率确定

10. 在数据传输率相同的情况下,又可以说同步字符传输速度要高于异步字符传输,其原因是(　　)。

A. 发生错误的概率少　　　　　　　　B. 附加位信息总量少

C. 双方通讯同步　　　　　　　　　　D. 字符之间无间隔

11.. 一个 8 位 D/A 转换器,采用双极性电压输出电路,当 $V_{REF} = +5\ V$ 时,输出电压为 $-5 \sim +5\ V$,当输出为 0 V 时,对应输入的 8 位数据(　　　)。

A. 00H　　　　　　B. 0FFmV　　　　　　C. 80H　　　　　　D. 0C0H

12. 一个 4 位的 D/A 转换器,满量程电压为 10 V,其线性误差为 $\pm 1/2$LSB。当输入为 0CH 时,其输出为(　　　)。

A. +10 V　　　　B. -10 V　　　　C. 8.00 V　　　　D. 7.00 V

13. 设被测温度的变化范围为 0~100 摄氏度,要求测量误差不超过 0.1 摄氏度,则应选用的 A/D 转换器的分辨率至少应该为(　　　)位。

A. 4　　　　　　B. 8　　　　　　C. 10　　　　　　D. 12

14. 已知一个 8 位 A/D 转换电路的量程是 0~6.4 V,当输入电压为 5 V 时,A/D 转换值为(　　　)。

A. 00H　　　　　　B. 64H　　　　　　C. 7DH　　　　　　D. 0C7H

15. 一个 10 位 A/D 转换器,若基准电压为 10 V,该 A/D 转换器能分辨的最小电压变化是(　　　)。

A. 2.4 mV　　　　B. 4.9 mV　　　　C. 9.8 mV　　　　D. 10 mV

二、判断题(判断对错,并改正)

1. 通过对 8255A 进行初始化编程,可使其三个端口都工作在双向 I/O 方式下。　　(　　)

2. 8255A 工作于方式 2 时,A 口、B 口均作为双向数据传送端口,C 口各位作为它们的应答控制线。　　　　　　　　　　　　　　　　　　　　　　　　　　　　　　　(　　)

3. 8255A 有两类控制字。一类是方式选择控制字,一类是置位/复位控制字。　　(　　)

4. 8255A 的 C 口是双向输入/输出口并具有三种工作方式。分别为方式 0、方式 1 和方式 2。　　　　　　　　　　　　　　　　　　　　　　　　　　　　　　　　　　　(　　)

5. 一片 8253 定时/计数芯片中有 3 个互相独立的 16 位加法计数器。　　(　　)

6. 微机系统主要有两种方法来实现定时功能,一种是软件定时,一种是可编程的硬件定时。8253 就是完成硬件定时功能的可编程芯片。　　　　　　　　　　　　　　　　(　　)

7. 8253 有六种不同的工作方式,其中工作方式 2 为比率发生器,工作方式 3 为方波产生器,这两种工作方式是应用最为广泛的。　　　　　　　　　　　　　　　　　　　(　　)

8. 异步串行通讯的基本特征是:以字符为单位,传输是字符间异步,字符内同步。(　　)

9. 串行接口中串行的含义是指接口与外设之间数据交换是串行的,而接口与 CPU 之间的数据交换是并行的。　　　　　　　　　　　　　　　　　　　　　　　　　　　(　　)

10. 数据的串行 I/O 方式是以字节为单位进行传送的。　　　　　　　　　(　　)

11. 逐次逼近式 A/D 转换器对不同的模拟量输入需要不同的转换时间。　　(　　)

12. 在满量程相同的情况下,A/D 转换芯片的位数愈高则转换分辨率愈高。　　(　　)

13. ADC0809 可对 8 路模拟信号同时进行 A/D 转换。　　　　　　　　　(　　)

14. ADC0809 只能通过转换结束信号 EOC,利用中断或查询方式实现对模拟量的采集。

　　　　　　　　　　　　　　　　　　　　　　　　　　　　　　　　　　　(　　)

15. D/A 转换器在输入一个数字量后可以立即得到相应的模拟量。　　　　(　　)

16. DAC0832 工作于单缓冲方式时部分控制线可控。　　　　　　　　　　(　　)

三、填空题

1. 从 8255A 的 PC 口读出数据至总线上时,8255 的引脚 $\overline{CS}$,A1,A0,$\overline{RD}$,$\overline{WR}$ 的电平高低依次是_____,_____,_____,_____,_____。

2. INTEL 8255A 的端口 C 的按位置位/复位功能的控制字写入_____端口。

3. INTEL 8255A 工作在方式 0 时,端口 A、B、C 的输入/输出可以有_____种组合。

4. 若 8253 的某计数器输入参考时钟周期为 T_i,计数器初值为 N,则能够实现的定时长度 (T_x)计算式为_____;如果要实现周期性定时,8253 必须工作在方式_____。

5. 若使 8253 输出方波的周期最大,所送的初值为_____。

6. 设 8253 计数器的时钟输入频率为 1 MHz,为产生 200 Hz 的方波输出信号,应向计数器装入的计数初始值为_____。

7. 串行通信协议分为串行异步通信协议和_____。

8. 在串行异步通信时,传送端和接收端的波特率设置应_____。

9. 串行通信根据其连接方式的不同可分为单工、_____和_____等三种。

10. 由于 DAC0832 内部有两个可独立控制的数据寄存器,因而可根据需要连接成_____方式,_____方式和双缓冲方式。

11. 一个计算机控制的温度检测系统,设温度变化范围为 0～100 ℃,检测精度为 0.05 ℃,应选用_____位 A/D 转换器。

12. 某控制系统要求模拟控制信号的分辨率必须达到 1‰,则 D/A 转换器的位数至少是_____位。

四、简答题

1. 什么是并行接口,它有什么作用?

2. 简述 8255A 的作用和特性。

3. 简述 8255A 工作在方式 1 时,A 组端口和 B 组端口工作在不同状态(输入或输出)时,C 端口各位的作用。

4. 假设 8255A 的端口地址为 60H～63H,试编写下列情况下的初始化程序:

(1)将 A 口、B 口设置成方式 0,A 口和 C 口为输入口,B 口为输出口。

(2)将 A 口设置成方式 1 输入,PC_6、PC_7 输出;B 口设置成方式 1 输入。

5. 可编程定时/计数器 8253 有 3 个独立的计数通道。

(1)若输入时钟周期为 T,则一片 8253 可实现的最大定时时间是多少?

(2)8253 用作定时器和用作计数器时有何不同?

6. 以 PC 机的定时/计数器 8253 为例,简单说明 8253 的定时原理(提示:计数初值 N 与时钟 CLK 的关系)。

7. 比较串行通信与并行通信的优缺点。

8. 什么叫同步工作方式?什么叫异步工作方式?哪种工作方式的效率更高?为什么?

9. 用图表示异步串行通信数据的位格式,标出起始位、停止位和奇偶校验位,在数字位上标出各位数字发送的顺序。

10. 若 8251A 的端口地址为 FF0H、FF2H,要求 8251A 工作于异步发送,波特率因子为 16,有 7 个数据位,1 个奇偶校验位,1 个停止位,试对 8251A 进行初始化编程。

11. 什么是 A/D 转换器?有什么作用?举例说明。

12. 一个 8 位 A/D 转换器的分辨率是多少?若基准电压为 5 V,该 A/D 转换器能分辨的最小电压变化是多少？10 位和 12 位呢？

13. A/D 转换器与 CPU 之间采用查询方式和采用中断方式下,接口电路有什么不同？

五、应用编程

1.8255A 与系统总线、模/数转换器(ADC0809)的连接示意如图 7-64 所示。请编写相关的程序段,实现如下功能:通过 8255A 控制外部模拟数据采集,共采集 100 次,并将这些数据依次存入数据段内以 DATA 为首址的单元中。

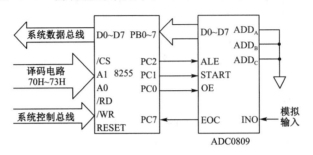

图 7-64　习题五-1 图

2. 如图 7-65 所示,8255A 的 PA 口与 8 个发光二极管相连接,PB 口与 8 个 DIP 开关相连接。请编写初始化程序段,并编写程序段以查询方式实现以下功能:当 8 个 DIP 开关中某个按键闭合,则 PA 口对应号码的发光二极管被点亮。(不考虑抖动)

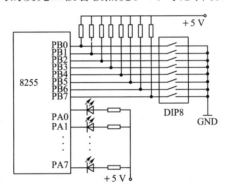

图 7-65　习题五-2 图

3. 某微机系统用串行方式接收外设送来的数据,再把数据送到 CRT 去显示,若波特率为 1200,波特率因子为 16,用 8253 产生收发时钟,系统时钟频率为 5 MHz,收发数据个数为 COUNT,数据存放在以 BUFFER 为首地址的内存单元中。8253 和 8251A 的基地址分别为 300H 和 304H。

(1)画出系统硬件连线图

(2)编写 8253 和 8251A 初始化程序

(3)编写接收数据和发送数据的程序。

4. 由 8253 定时/计数器,DAC0832D/A 转换器构成微机接口电路,设 D/A 转换器占用端口地址为 27CH,8253 端口地址为 278H~27BH,要求微机在执行另一主程序的同时,用上述接口电路形成波形发生器,每 10 ms 从内存 BUFFER 依次取一字节,送 D/A 输出,直至送出 1 000 字节。要求:

(1)用门电路和 74LS138 译码器设计出图 7-66 中的地址译码器。

(2)在下列程序中给有分号的语句后加注释。

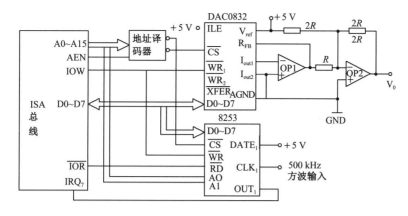

图 7-66 习题五-4 图

```
STACK      SEGMENT   PARA   STACK  "STACK"
           DB 256   DUP(?)
STACK      ENDS
DATA       SEGMENT
BUFFER     DB   00,0AH,0DBH,…,01H
BUFSIZE    EQU   MYM－BUFFER
COUNT      DW  0
DATA       ENDS
CODE       SEGMENT   PUBLIC"CODE"
START      PROC   FAR
           ASSUME CS:CODE,DS:DATA,SS:STACK
           PUSH   DS
           XOR    AX,AX
           PUSH   AX
           MOV    AX,DATA
           MOV    DS,AX
           CLI
           MOV    AX,0
           MOV    ES,AX
           MOV    DI,24H
           MOV    AX,OFFSET TIMEINT
           CLD
           STOSW
           MOV    AX,SEG TIMEINT
           STOSW
           IN     AL,21H
           AND    AL,0111 1111B
           OUT    21H,AL      ;要求编写的 8253 初始化的程序段
           STI
           …;要执行的其他主程序,
           RET
START      ENDP
```

```
TIMEINT   PROC   FAR
          …;要求编制的中断服务程序
TIMEINT   ENDP
CODE      ENDS
          END   START
```

(3)编写 8253 的初始化程序段。

(4)编写中断服务程序。（请加必要的注释说明）

参考文献

[1] 李云. 微型计算机原理及应用[M]. 北京:清华大学出版社,2015.

[2] 孙平,孟祥莲,高宏志. 微型计算机原理及应用教程[M]. 北京:人民邮电出版社, 2015.

[3] 何超. 微型计算机原理及应用[M]. 北京:水利水电出版社,2014.

[4] 秦晓红,孔庆芸. 微型计算机原理及应用[M]. 西安:西北工业大学出版社,2014.

[5] 郭晓红,闫宏印. 微型计算机原理及应用[M]. 北京:人民邮电出版社,2013.

[6] 张开洪,胡久永,姜建山,刘潮涛. 微型计算机原理及应用[M]. 成都:电子科技大学 出版社,2012.

[7] 王霆. 微型计算机原理及应用[M]. 哈尔滨:哈尔滨工业大学出版社,2011.

[8] 常凤筠,孙红星. 微机原理及应用教学辅导与习题解析[M]. 北京:清华大学出版 社,2011.

[9] 陈燕俐,李爱群,周宁宁. 微型计算机原理与接口技术实验指导[M]. 北京:清华大学 出版社,2010.

[10] 陈红卫. 微型计算机基本原理与接口技术学习指导[M]. 北京:科学技术出版社, 2010.

[11] 朱定华. 微机原理、汇编与接口技术(第二版)[M]. 北京:清华大学出版社,2010.

[12] 刘立康,黄力宇,胡力山. 微机原理与接口技术[M]. 北京:电子工业出版社,2010.

[13] 杨文显. 新汇编语言程序设计[M]. 北京:清华大学出版社,2010.

[14] 张荣标. 微机原理与接口技术[M]. 北京:机械工业出版社,2009.

[15] 朱晓华,李彧晟,李洪涛. 微机原理与接口技术[M]. 北京:电子工业出版社,2008.

[16] 周荷琴,吴秀清. 微型计算机原理与接口技术[M]. 4版. 合肥:中国科学技术大学 出版社,2008.

[17] 王慧中. 微机原理与接口技术[M]. 北京:机械工业出版社,2008.

[18] 吉海彦. 微机原理与接口技术[M]. 北京:机械工业出版社,2007.

[19] 周明德. 微机原理与接口技术[M]. 2版. 北京:人民邮电出版社,2007.

[20] 郭兰英,赵祥模. 微机原理与接口技术[M]. 北京:清华大学出版社,2006.

[21] 周明德. 微型计算机系统原理及应用习题集、习题解答与实验指导[M]. 北京:清 华大学出版社,2005.

[22] 冯博琴. 微型计算机原理与接口技术[M]. 北京:清华大学出版社,2002.

[23] 谭浩强,刘星. 微机原理与接口技术[M]. 北京:电子工业出版社,2002.

[24]　沈美明,温冬婵.IBM PC 汇编语言程序设计[M].2 版.北京:清华大学出版社,
　　　 2002.

[25]　杨有君.微型计算机原理与应用[M].北京:机械工业出版社,2001.

[26]　乔瑞萍,欧文.微型计算机原理典型题解析及自测试题[M].西安:西北工业大学出
　　　 版社,2001.

[27]　菊鹏.计算机硬件技术基础[M].北京:清华大学出版社,1997.

[28]　Intel. The 8086 Family User's Manual [M]. 1979.

附　录

常用指令执行时间

指　令		所需时钟周期	访问内存次数
MOV	累加器到内存	10(14)	1
	内存到累加器	10(14)	1
	寄存器到寄存器	2	0
	内存到寄存器	8(12)＋EA	1
	寄存器到内存	9(13)＋EA	1
MOV	立即数到寄存器	4	0
	立即数到内存	10(14)＋EA	1
	寄存器到段寄存器	2	0
	内存到段寄存器	8(12)＋EA	1
	段寄存器到寄存器	2	0
	段寄存器到内存	9(13)＋EA	1
ADD 或 SUB	寄存器到寄存器	3	0
	内存到寄存器	9(13)＋EA	1
	寄存器到内存	16(24)＋EA	2
	立即数到寄存器	4	0
	立即数到内存	17(25)＋EA	2
MUL	累加器乘 8 位寄存器	70～77	0
	累加器乘 16 位寄存器	118～133	0
	累加器和内存字节乘	(76～83)＋EA	1
	累加器和内存字乘	[124(128)～139(143)]＋EA	1
IMUL	累加器乘 8 位寄存器	80～98	0
	累加器乘 16 位寄存器	128～154	0
	累加器和内存字节乘	(86～104)＋EA	1
	累加器和内存字乘	[134(138)～160(164)]＋EA	1
DIV	除数在 8 位寄存器中	80～90	0
	除数在 16 位寄存器中	144～162	0
	除数为 8 位内存数	(86～96)＋EA	1
	除数为 16 位内存数	[150(154)～168(172)]＋EA	1
IDIV	除数在 8 位寄存器中	101～112	0
	除数在 16 位寄存器中	165～184	0
	除数为 8 位内存数	(107～118)＋EA	1
	除数为 16 位内存数	[171(175)～190(194)]＋EA	1
循环和移位	在寄存器中移 1 位	2	
	在寄存器中移若干位	8＋4 ∗ 位数	
	内存数据移 1 位	15(23)＋EA	
	内存数据移若干位	20(28)＋EA＋4 ∗ 位数	

（续表）

指　令		所需时钟周期	访问内存次数
JMP	段内/段间直接转移 段内间接转移 段间间接转移	15 8(12)＋EA 24(32)＋EA	
条件转移	JCXZ 其他条件转移指令	6(不转移) 18(转移) 4(不转移) 16(转移)	

注：1.表中 EA 表示偏移地址，小括号内的数为 8088 进行字操作时的时钟数，因为 8088 的数据线只有位，每个总期只能传送 1 个字节，所以对字操作要加上 4 个时钟周期。

2.对条件转移指令，若条件满足，执行时间比较长，因为要产生转移，就要包括取下一条指令所需的时间，若条件不满足，执行时间就较短，因为此时不产生转移，而是执行下一条指令。

计算偏移地址 EA 所需时间

寻址方式		计算 EA 所需时钟数
直接寻址		6
寄存器间接寻址		5
寄存器相对寻址		9
基址、变址寻址	［BX＋SI］、［BX＋DI］	7
	［BP＋SI］、［BP＋DI］	8
基址、变址加相对寻址	［BX＋SI＋偏移量］、［BP＋DI＋偏移量］	11
	［BX＋DI＋偏移量］、［BP＋SI＋偏移量］	12

注：1.若有段超越，则需再加上两个时钟周期。

2.寻址方式的介绍参见 3.2 节。

附录 B　　　　　　　　　　　　　**8086/8088 指令简表**

汇编格式	指令的操作
1.数据传送指令	
MOV　　dest,source	数据传送
CBW	字节转换成字
CWD	字转换成双字
LAHF	FLAGS 低 8 位装入 AH 寄存器
SAHF	AH 寄存器内容送到 FLAGS 低 8 位
LDS　　dest,source	设定数据段指针
LES　　dest,source	设定附加段指针
LEA　　dest,source	装入有效地址
PUSH　　source	将一个字压入栈顶
POP　　dest	将一个字从栈顶弹出
PUSHF	将标志寄存器 FLAGS 的内容压入栈顶
POPF	将栈顶内容弹出到标志寄存器 FLAGS
XCHG　　dest,source	交换
XLAT　　source	表转换
2.算术运算指令	
AAA	加法的 ASCII 调整
AAD	除法的 ASCII 调整
AAM	乘法的 ASCII 调整
AAS	减法的 ASCII 调整
DAA	加法的十进制调整
DAS	减法的十进制调整
MUL　　source	无符号乘法
IMUL　　source	整数乘法
DIV　　source	无符号除法
IDIV　　source	整数除法
ADD　　dest,source	加法
ADC　　dest,source	带进位加
SUB　　dest,source	减法
SBB　　dest,source	带借位减
CMP　　dest,source	比较
INC　　dest	加 1
DEC　　dest	减 1
NEG　　dest	求补

（续表）

汇编格式	指令的操作
3. 逻辑运算指令	
AND dest,source	逻辑"与"
OR dest,source	逻辑"或"
XOR dest,source	逻辑"异或"
NOT dest	逻辑"非"
TEST dest,source	测试（非破坏性逻辑"与"）
4. 移位指令	
RCL dest,source	通过进位循环左移
RCR dest,source	通过进位循环右移
ROL dest,source	循环左移
ROR dest,source	循环右移
SHL/SAL dest,source	逻辑左移/算术左移
SHR dest,source	逻辑右移
SAR dest,source	算术右移
5. 串操作指令	
MOVS/MOVSB/MOVSW dest,source	字符串传送
CMPS/CMPSB/CMPSW dest,source	字符串比较
LODS/LODSB/LODSW source	装入字节串或字串到累加器
STOS/STOSB/STOSW dest	存储字节串或字串
SCAS/SCASB/SCASW dest	字符串扫描
6. 程序控制指令	
CALL dest	调用一个过程（子程序）
RET［弹出字节数（必须为偶数）］	从过程（子程序）返回
INT int_type	软件中断
INTO	溢出中断
IRET	从中断返回
JMP dest	无条件转移
JG/JNLE short_label	大于或不小于等于转移
JGE/JNL short_label	大于等于或不小于转移
JL/JNGE short_label	小于或不大于等于转移
JLE/JNG short_label	小于等于或不大于转移
JA/JNBE short_label	高于或不低于等于转移
JAE/JNB short_label	高于等于或不低于转移
JB/JNAE short_label	低于或不高于等于转移
JBE/JNA short_label	低于等于或不高于转移
JO short_label	溢出标志为 1 转移（溢出转移）
JNO short_label	溢出标志为 0 转移（无溢出转移）
JS short_label	符号标志为 1 转移（结果为负转移）
JNS short_label	符号标志为 0 转移（结果为正转移）
JC short_label	进位标志为 1 转移（有进位转移）
JNC short_label	进位标志为 0 转移（无进位转移）
JZ/JE short_label	零标志为 1 转移（等于或为 0 转移）
JNZ/JNE short_label	零标志为 0 转移（不等于或不为 0 转移）
JP/JPE short_label	奇偶标志为 1 转移（结果中有偶数个 1 转移）
JNP/JPO short_label	奇偶标志为 0 转移（结果中有奇数个 1 转移）
JCXZ short_label	若 CX 等于 0 则转移
LOOP short_label	CX 不等于 0 时循环
LOOPE/LOOPZ short_label	CX 不等于 0 且 ZF 等于 1 时循环
LOOPNE/LOOPNZ short_label	CX 不等于 0 且 ZF 等于 0 时循环
STC	进位标志置 1
CLC	进位标志置 0
CMC	进位标志取反
STD	方向标志置 1
CLD	方向标志置 0

（续表）

汇编格式	指令的操作
STI	中断标志位置 1（允许可屏蔽中断）
CLI	中断标志位置 0（禁止可屏蔽中断）
ESC	CPU 交权
HLT	停机
LOCK	总线封锁
NOP	无操作
WAIT	等待至 TEST 信号有效为止
7.输入/输出指令	
IN　acc,source	从 I/O 接口输入字节或字
OUT　dest,acc	向 I/O 接口输出字节或字

注：dest—目的操作数、目的串；

　　source—源操作数，源串；

　　acc—累加器；

　　count—计数器；

　　int_type—中断类型号；

　　short_label—短距离标号。

附录 C　　　　　　　　　　　　DOS 系统功能调用简表

功能号	功　能	入口参数	出口参数
1. 设备管理功能			
01H	键盘输入		AL=输入字符
02H	显示器输出	DL=输出字符	
03H	串行设备输入字符		AL=输入字符
04H	串行设备输出字符	DL=输出字符	
05H	打印机输出	DL=输出字符	
06H	直接控制台 I/O		AL=输入字符
07H	直接控制台输入（无回显）		AL=输入字符
08H	键盘输入（无回显）		AL=输入字符
09H	显示字符串	DS:DX=字符缓冲区首地址	
0AH	带缓冲的键盘输入（字符串）	DS:DX=键盘缓冲区首地址	
0BH	检查标准输入状态		AL=0 无键入 AL=FFH 有键入
0CH	清除键盘缓冲区，然后输入	AL=功能号(1、6、7、8、A)	
0DH	刷新 DOS 磁盘缓冲区		
0EH	选择磁盘	DL=盘号	AL=系统中盘的数目
19H	取当前盘盘号		AL=盘号
1AH	设置磁盘传送缓冲区（DAT）	DS:DX=DATA 首地址	
1BH	取当前盘文件分配表（FAT）信息		DS:BX=盘类型字节地址 DX=FAT 表项数 AL=每簇扇区数 CX=每扇区字节数

（续表）

功能号	功 能	入口参数	出口参数
1CH	取指定盘文件分配表（FAT）信息	DL＝盘号	（同上）
2EH	置写校验状态	DL＝0， AL＝状态（0 关，1 开）	AL＝0 成功， AL＝FFH 失败
54H	取写校验状态 AL＝状态	（0 关，1 开）	
36H	取盘剩余空间	DL＝盘号	BX＝可用簇数 DX＝总簇数 AX＝每簇扇区数 CX＝每扇区字节数
2FH	取磁盘传送缓冲区（DTA）首地址		ES:BX＝DAT 首地址

2. 文件管理功能

功能号	功 能	入口参数	出口参数
29H	建立文件控制块 FCB	DS:SI＝文件名字符串首地址 ES:DI＝FCB 首地址 AL＝0EH 非法字符检查	ES:DI＝格式化后的 FCB 首地址 AL＝0 标准文件 AL＝1 多义文件 AL＝FFH 非法盘符
16H	建立文件（FBC 方式）	DS:DX＝FCB 首址	AL＝0 成功 AL＝FFH 未找到
0FH	打开文件（FCB 方式）	DS:DX＝FCB 首地址	AL＝0 成功 AL＝FFH 未找到
10H	关闭文件（FCB 方式）	DS:DX＝FCB 首地址	AL＝0 成功 AL＝FFH 已换盘
13H	删除文件（FCB 方式）	DS:DX＝FCB 首地址	AL＝0 成功 AL＝FFH 未找到
14H	顺序读一个记录	DS:DX＝FCB 首地址	AL＝0 成功 AL＝1 文件结束 AL＝3 缓冲不满
15H	顺序写一个记录	DS:DX＝FCB 首地址	AL＝0 成功 AL＝FFH 盘满
21H	随机读一个记录	DS:DX＝FCB 首地址	AL＝0 成功 AL＝1 文件结束 AL＝3 缓冲不满
22H	随机写一个记录	DS:DX＝FCB 首地址	AL＝0 成功 AL＝FFH 盘满
27H	随机读多个记录	DS:DX＝FCB 首地址 CX＝记录数	AL＝0 成功 AL＝1 文件结束 AL＝3 缓冲不满
28H	随机写多个记录	DS:DX＝FCB 首地址 CX＝记录数	AL＝0 成功 AL＝FFH 盘满
24H	置随机记录号	DS:DX＝FCB 首地址	

（续表）

功能号	功　能	入口参数	出口参数
3CH	建立文件（文件号方式）	DS:DX＝文件号首地址 CX＝文件属性	若CF＝0，AX＝文件号 否则失败，AX＝错误代码
3DH	打开文件（文件号方式）	DS:DX＝文件号首地址 AL＝0只读 AL＝1只写 AL＝2读/写	若CF＝0，AX＝文件号 否则失败，AX＝错误代码
3EH	关闭文件（文件号方式）	BX＝文件号	CF＝0成功，否则失败
41H	删除文件（文件号方式）	DS:DX＝文件号首地址	若CF＝0，AX＝文件号 否则失败，AX＝错误代码
3FH	读文件（文件号方式）	BX＝文件号 CX＝读的字节数 DS:DX＝缓冲区首地址	AX＝实际读的字节数
40H	写文件（文件号方式）	BX＝文件号 CX＝读的字节数 DS:DX＝缓冲区首地址	AX＝实际读的字节数
42H	移动文件读写指针	BX＝文件号 CX:DX＝偏移量 AL＝0从文件头开始移动 AL＝1从当前位置移动 AL＝2从文件尾倒移	若CF＝0成功 DX:AX＝新的指针位置 否则失败 AX＝1无效的移动方式 AX＝6无效的文件号
45H	复制文件号	BX＝文件号1	若CF＝0，AX＝文件号2 否则失败，AX＝错误代码
46H	强制复制文件号	BX＝文件号1 CX＝文件号2	若CF＝0，CX＝文件号1 否则失败，AX＝错误代码
4BH	装入一个程序	DS:DX＝程序路径名首地址 ES:BX＝参数区首地址 AL＝0装入后执行 AL＝3仅装入	若CF＝0，成功 否则失败
44H	设备文件I/O控制	BX＝文件号 AL＝0取状态 AL＝1置状态DX AL＝2读数据＊ AL＝3写数据＊ AL＝6取输入状态 AL＝7取输出状态 （＊DS:DX＝缓冲区首地址，CX＝读写的字节数）	DX＝状态

3.目录操作功能

| 11H | 查找第一个匹配文件（FCB方式） | DS:DX＝FCB首地址 | AL＝0成功
AL＝FFH未找到 |

（续表）

功能号	功 能	入口参数	出口参数
12H	查找下一个匹配文件（FCB方式）	DS:DX=FCB首地址	AL=0 成功 AL=FFH 未找到
23H	取文件长度（结果在 FCB RR 中）	DS:DX=FCB首地址	AL=0 成功 AL=FFH 失败
17H	更改文件名（FCB方式）	DS:DX=FCB首地址 (DS:DX+17)=新文件名	AL=0 成功 AL=FFH 失败
4EH	查找第一个匹配文件	DS:DX=文件路径名首地址 CX=文件属性	若 CF=0 成功 DTA 中有该文件的信息 否则失败,AX 错误代码
4FH	查找下一个匹配文件	DAT 中有 4EH 得到的信息	（同 4EH）
43H	置/取文件属性	DS:DX=文件号首地址 AL=0 取文件属性 AL=1 置文件属性	若 CF=0,成功 CX=文件属性（读时） 否则失败,AX 错误代码
57H	置/取文件日期和时间	BX=文件号 AL=0 取日期时间 AL=1 置日期时间(DX:CX)	若 CF=0 成功 DX:CX=日期和时间 否则失败,AX 错误代码
56H	更改文件号	DS:DX=老文件号首地址 ES:DI=新文件号首地址	
39H	建立一个子目录	DS:DX=目录路径串首地址	若 CF=0 成功,否则失败
3AH	删除一个子目录	DS:DX=目录路径串首地址	若 CF=0 成功,否则失败
3BH	改变当前目录	DS:DX=目录路径串首地址	若 CF=0 成功,否则失败
47H	取当前目录路径名	DL=盘号 DS:SI=字符串首地址	若 CF=0 成功 DS:SI=目录路径名首地址 否则失败,AX 错误代码

4.其他功能

功能号	功 能	入口参数	出口参数
00H	程序结束,返回操作系统		
31H	终止程序并驻留在内存	AL=退出码 DX=程序长度	
4CH	终止当前程序,返回调用程序	AL=退出码	
4DH	取退出码		AL=退出码
33H	置取 Ctrl+Break 检查状态	AL=0 取状态 AL=1 置状态 (DL=0 关,DL=1 开)	DL=状态（AL=0 时）
25H	置中断向量	AL=中断类型号 DS:DX=中断服务程序入口	
35H	取中断向量	AL=中断类型号	ES:BX=中断服务程序入口
26H	建立一个程序段	DX=段号	

（续表）

功能号	功　能	入口参数	出口参数
48H	分配内存空间	BX＝申请内存数量 （以 16 个字节为单位）	若 CF＝0 成功 AX:0＝分配内存首地址 否则失败 BX＝最大可用内存空间
49H	释放内存空间	ES:0＝释放内存块的首地址	CF＝0 成功 否则失败,AX＝错误代码
4AH	修改已分配的内存空间	ES＝已分配的内存段地址 BX＝新申请的数量	若 CF＝0 成功 AX:0＝分配内存首地址 否则失败 BX＝最大可用内存空间
2AH	取日期		CX:DX＝日期
2BH	置日期	CX:DX＝日期	AL＝0 成功 AL＝FFH 失败
2CH	取时间		CX:DX＝时间
2DH	置时间	CX:DX＝时间	AL＝0 成功 AL＝FFH 失败
30H	取 DOS 版本号		AL＝0 版本号 AH＝发行号
38H	置/取国家信息	DS:DX＝信息存放地址 AL＝0	CF＝0 成功 DS:DX＝信息区地址